Klatt · Die Konstruktion alter Möbel

Period Furniture Design

Furniture making and cabinet work in the periods of great styles

**Coffers, chests, chests of drawers, beds, tables and chairs in detailed shop drawings.
Supplemented by 185 photographs from the Romanesque to the Biedermeier period**

La Construction des Meubles antiques

Les formes et la technique de l'ébénisterie à travers l'évolution des styles

**Coffres, armoires, commodes, lits, tables, et sièges présentés à l'aide de déssins d'exécution,
complétés par 185 photos à travers l'évolution des styles Romain jusqu'à la Restauration**

Erich Klatt

Die Konstruktion alter Möbel

Form und Technik im Wandel der Stilarten

Truhen, Schränke, Kommoden, Betten, Tische und Sitzmöbel in detaillierten Werkzeichnungen. Ergänzt durch 185 Lichtbilder von der Romanik bis zum Biedermeier

Unter Mitarbeit von Georg Himmelheber

4. Auflage

Julius Hoffmann Verlag Stuttgart

Die Übersetzung der Texte besorgten Hans-Heinz Kaufmann (englisch) und Georg Riedel (französisch), Stuttgart.
Der Entwurf des Schutzumschlags stammt von Manfred Dankleff, Stuttgart

Die Zeichnungen auf Seite 26, 32, 60, 128, 165 oben und 169 unten
stammen aus dem „Stilhandbuch“ von Ernst Rettelbusch, Verlag Julius Hoffmann

Aufgrund neuerer Erkenntnisse ergeben sich folgende Änderungen und Zuschreibungen im Text:

S. 58 statt „um 1800“ lies „um 1820“
S. 108 unten: Entwurf Johann Michael Hoppenhaupt II, 1747 Potsdam, Schloß Sanssouci
S. 113 oben: statt „erstes Drittel 19. Jh.“ lies „Ende 18. Jh.“
S. 113 unten: statt „um 1800“ lies „Anfang 19. Jh.“
S. 114 unten: statt „um 1780“ lies „um 1760“
S. 116 unten links: „Nähtischchen, das rechte von Abraham Roentgen, Neuwied, 1765/70“
S. 130 unten: „Tirol, Anfang 16. Jh. (Seiten- und Fußteil ergänzt)“
S. 134 oben: statt „München“ lies „Süddeutsch“
S. 144 statt „1809“ lies „um 1820“
S. 158 oben rechts: Abraham Roentgen, 1765/70
S. 182 oben: statt „um 1770“ lies „um 1700“
S. 189 oben: statt „um 1830“ lies „um 1820“
S. 189 unten: statt „um 1830“ lies „um 1815“

CIP-Kurztitelaufnahme der Deutschen Bibliothek

Klatt, Erich:

Die Konstruktion alter Möbel : Form u. Technik im Wandel d. Stilarten ; Truhen, Schränke, Kommoden, Betten, Tische u. Sitzmöbel in detaillierten Werkzeichn. ; erg. durch 185 Lichtbilder von d. Romanik bis zum Biedermeier / Erich Klatt. Unter Mitarb. von Georg Himmelheber. — 4. Aufl. — Stuttgart : Hoffmann, 1982.

ISBN 3-87346-014-9

Druck: Johannes Illig, Buch- und Offsetdruckerei, Göppingen

Inhalt
Contents
Table de Matière

Wenn man ein altes Möbelstück betrachtet, läßt sich oft nicht mit Sicherheit feststellen, ob es sich um ein Original oder nur um eine Nachbildung handelt. Jedenfalls reicht selbst eine gründliche Kenntnis der Stilformen allein zu einem fundierten Urteil nicht aus. Erst eine genaue Untersuchung auch der zunächst nicht ins Auge fallenden Merkmale kann Klarheit schaffen. Je kunstfertiger die Nachahmer und Fälscher werden, desto diffiziler muß diese Prüfung sein. Wer dabei weiß, welche Techniken oder Materialien in einer bestimmten Epoche üblich, oder — noch wichtiger — welche nicht gebräuchlich waren, hat für Datierungen oder zur Beantwortung der Frage „Echt oder Falsch" ein ausgezeichnetes Kriterium.

Auch für ein wirklich stilgerechtes Instandsetzen alter Möbel muß man wissen, wie sie konstruiert sind. Jede Zeit verwendet die für sie charakteristischen Hölzer; ihre Bearbeitung und die Oberflächenbehandlung wechselt ebenso wie die Holzverbindungen und die Art der Beschläge. In der Literatur ist jedoch über diese konstruktiven Zusammenhänge kaum etwas zu finden. Was an Kenntnissen darüber noch im Handwerk lebendig ist, wird immer weniger, zumal solche Dinge früher vielfach absichtlich geheim gehalten wurden.

Der Verfasser dieses Buches, Herr Dipl.-Ing. Erich Klatt, stammt aus einer Tischlerfamilie und ist gelernter Kunsttischler sowie Meisterschüler der Staatl. Hochschule für bildende Künste Berlin-Charlottenburg. Er hat viele Jahre als Geselle und Meister u. a. bei der Firma Kimbel und Friedrichsen, ehemalige Hoftischlerei S. M. Kaiser Wilhelm II., gearbeitet. Dort hat er hochwertige Originale aller Stilarten aus Museen und Privatbesitz restauriert und später kopiert. An Hand dessen hat er eine Fülle praktischer Erfahrungen gewonnen. Dann war er als Innenarchitekt bei der ehemaligen Hoftischlerei C. Prächtel und bei den „Antiken Wohnräumen", Berlin tätig und konnte dabei wie in späteren Jahren in Verbindung mit dem Kunsthandel, in der dauernden Auseinandersetzung mit diesem Fachgebiet und in ständigem Kontakt mit den einschlägigen Handwerkern sein Wissen weiter abrunden. Er hat das wichtigste davon in einem ausführlichen Manuskript niedergelegt und dabei seine Beobachtungen durch genaue Maßaufnahmen ausgewählter Möbelstücke (Schloß Heiligenberg) belegt.

Für die vorliegende Veröffentlichung mußte sein Textmanuskript aus Raumgründen an vielen Stellen stark konzentriert werden. Auf der anderen Seite galt es, den Kreis der in Zeichnungen dargestellten Möbel durch weitere Stücke zu schließen. Durch Lichtbilder charakteristischer Objekte sollte zudem das Thema noch weiter veranschaulicht und ein Eindruck von der Gestaltfülle gegeben werden, die sich auf den jeweiligen Grundformen aufbaut. Bei allen diesen Arbeiten fand der Verlag in Herrn Dr. Georg Himmelheber, Stuttgart, einen sachkundigen und gewissenhaften Helfer. Ihm sei an dieser Stelle, auch im Namen des Verfassers, herzlich gedankt.

Unser Dank gilt darüber hinaus all denen, die zum Entstehen dieses Buches beigetragen haben, indem sie uns erlaubten, ihnen gehörende Möbel aufzunehmen und zu veröffentlichen. Allen voran ist hier S. D. Fürst Karl Egon zu Fürstenberg zu nennen, aus dessen Besitz auf Schloß Heiligenberg ein großer Teil der hier in Zeichnungen des Verfassers wiedergegebenen Stücke stammt. Herr Dipl.-Ing. Bernhard Himmelheber, Karlsruhe, hat uns nicht nur eine Reihe ausgezeichneter Maßaufnahmen aus seiner eigenen Sammlung zur Verfügung gestellt, sondern auch noch einige weitere Objekte eigens für dieses Buch aufgenommen. Herr Direktor Dr. Rudolf Schnellbach gab uns die Erlaubnis zur Veröffentlichung einiger Möbel des Badischen Landesmuseums Karlsruhe.

Julius Hoffmann

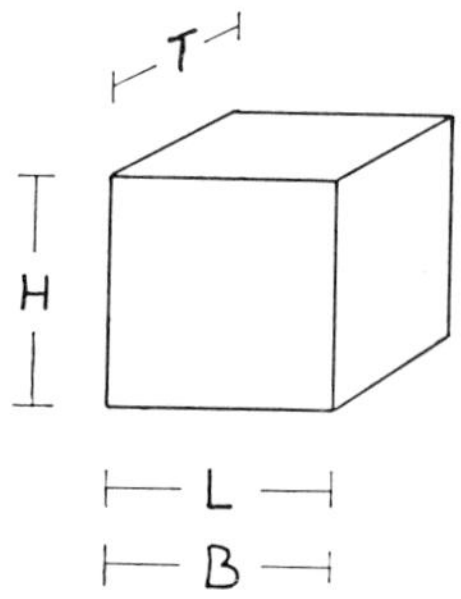

L = Länge	Length	Longeur
H = Höhe	Height	Hauteur
B = Breite	Width	Largeur
T = Tiefe	Depth	Profondeur

Angabe der Maße in Metern
Dimensions in meters
Dimensions in mètres

Form und Technik im Wandel der Stilarten

Möbel haben in erster Linie den Anforderungen des Gebrauchs zu genügen. Formbestimmend sind für sie aber auch Material und Werkzeug, wenngleich sich jede Epoche das ihr gemäße Material sucht und das erforderliche Werkzeug schafft. Die zu allen Zeiten beibehaltene Bindung an das Holz hat in technischer Hinsicht eine kontinuierliche Entwicklung zur Folge, die das reine Gebrauchsgerät bald zum Kunstwerk erhob. In den Werkstätten wurden Kenntnisse und Fähigkeiten verfeinert, das erforderliche Werkzeug weiterentwickelt, Traditionen weitergegeben. Die Anfertigung von Kunstmobilar war aber nur dann möglich, wenn dem Hersteller auch das geeignete Material zur Verfügung stand.

So entwickelten sich die Schreiner zu Kunsthandwerkern, ja sie stellten schließlich andere Handwerker in ihren Dienst, wie Goldschmiede, Bronzegießer und Bildschnitzer. Die Herstellung eines Möbels beginnt aber immer mit der Auswahl des Materials, das den technischen Anforderungen und denen des Gebrauchs genügen muß, das stets aber auch so zugeschnitten wurde, daß die Struktur des Holzes gut zur Geltung kam.

In der Frühzeit wurden sämtliche Holzarbeiten wohl von e i n e m Handwerker, dem Zimmermann, ausgeführt. Es gibt Truhen aus romanischer Zeit, die mit der Axt aus einem einzigen Baumstamm herausgeschlagen worden sind. Daher hatten auch die Schreiner lange Zeit keine eigenen Zünfte, sondern blieben den Zimmerleuten angeschlossen. Aber schon in karolingischer Zeit wurde zwischen Schreinern, Drechslern und Zimmerleuten unterschieden. 1397 schließlich erhielten die Kölner Kistenmacher ihren ersten Zunftbrief.

Die echte Schreinerarbeit beginnt mit der Verwendung des Brettes. Die Säge, die zu seiner Herstellung erforderlich ist, war schon in der Bronzezeit bekannt. Das in ein Holzgestell eingespannte Sägeblatt — die Rahmen- oder Spannsäge — scheint von den Römern erfunden worden zu sein. Nur wenig ist aber über Möbel aus dieser oder noch früherer Zeit bekannt. An Hand von Darstellungen auf antiken Bildwerken, durch Ausgrabungen in ägyptischen Königsgräbern und durch Beschreibungen antiker Schriftsteller ergeben sich Hinweise auf die Möbel des Altertums. Erhalten sind allerdings nur wenige und zumeist nur solche, die aus Metall oder Stein gefertigt waren.

In romanischer Zeit sind als Werkzeuge nachweisbar: Axt, Beil, Breitbeil, Queraxt (Dexel), Säge, einfacher Hobel, Stemmeisen, Hohleisen, Schneidemesser, Schnitzmesser, Bohrer und Hammer. Wenn sich auch keines dieser Werkzeuge erhalten hat, so sind sie doch an den Merkmalen der Arbeit nachzuweisen. Die Handwerker gebrauchten Beil und Axt mit so großer Fertigkeit, daß man ihre Arbeiten von gehobelten Hölzern kaum unterscheiden kann.

Der Hobel war schon im alten Ägypten bekannt; auch Griechen und Römer verwendeten ihn. Den Handwerkern des Mittelalters ist sein Gebrauch wohl durch die Klosterwerkstätten übermittelt worden. Der Presbyter Theophilus beschreibt ihn in seiner um 1100 entstandenen „Schedula diversarum artium" als ein Instrument, in dem Eisenteile so zusammengepaßt sind, „daß kein Lichtstrahl dazwischen fallen kann". Es handelt sich also hier schon um einen Doppel- oder Putzhobel. Die deutsche Bezeichnung „Hobel" kommt von „hauen", d. h. stoßend beschneiden, und ist aus „Hauel", niedersächsisch „Hövel", entstanden. Zum Hobeln gehört notwendigerweise die Hobelbank, die auch sonst als Werkbank stets erforderlich war. Auch Drehbänke gehören zur Frühgeschichte des Möbelbaues, sind doch die frühesten erhaltenen Sitzmöbel mit Ausnahme der Sitzfläche selbst reine Drechselarbeit. Auf dem karolingischen Klosterplan von St. Gallen ist eine Drechslerwerkstatt eigens verzeichnet.

Zum Schneiden der Bretter wurden die Baumstämme auf Böcke oder über eine Grube gerollt und mit Schnurschlag für die Stärke der zu schneidenden Bretter versehen. In mühsamer Arbeit schnitten zwei Männer mit einer Rahmensäge oder mit einem starken Sägeblatt, das an beiden Enden mit Griffen versehen war, — der eine oben, der andere unten stehend — die Stämme zu Brettern. Starke Unebenheiten waren dabei selbstverständlich nicht zu vermeiden. Kürzere und schmalere Stücke wurden vielfach von den großen Holzblöcken abgespalten. Gespaltenes Holz ist widerstandsfähiger als über die Faser geschnittenes (so werden z. B. Wagenradspeichen, Leitersprossen und Schindeln für den Hausbau heute noch gespalten). Zum Spalten ganzer Baumstämme wurden in kleinen Abständen beiderseits genau gegenüber liegend Löcher mit der Axt geschlagen und Keile angesetzt. Die Keile wurden gleichmäßig angezogen, bis der Stamm in der ganzen Länge gespalten war. Da abgelagertes Holz schlecht spaltet, wurden vermutlich die Stämme gleich nach dem Fällen in brauchbarer Länge zerteilt.

Die Fläche des gespaltenen oder gesägten Brettes wurde mit der Axt und bald ausschließlich mit dem Hobel geglättet. Da vor allem die Bearbeitung von Hartholz große Körperkräfte erforderte, wurde der Hobel mitunter durch zwei Personen bedient. Der Hobel wurde gleichzeitig geschoben und durch einen an ihm befestigten Riemen gezogen. Es war nicht zu vermeiden, daß bei bewegter Holzstruktur einzelne Stellen mit dem Hobel herausgerissen wurden. Um dieses Ausreißen des Holzes möglichst zu vermeiden, wurde das Hobeleisen in späterer Zeit steiler als bisher in sein Holzgestell gekeilt, wodurch es mehr schabte als schnitt. (Die Kenntnis des schabenden Hobels ist im Handwerk erhalten geblieben. So kommt es vereinzelt vor, daß das Hobeleisen umgekehrt, mit der Fase nach vorn einge-

Joseph und das Christkind bereiten durch Schnurschlag einen Stamm zum Zersägen vor. Holzschnitt aus „Die Wallfahrt unserer lieben Frau“ von Johann Reger. Ulm 1487

Joseph and the Christ-child cording a log in preparation of subsequent sawing. Wood-cut fom "Die Wallfahrt unserer lieben Frau" (The Pilgrimage of our Lady) by Johann Reger, Ulm, 1487

Josef et l' Enfant Jésus, préparation d'un tronc avant le sciage. Gravure sur bois „Die Wallfahrt unserer lieben Frau“ (Le pèlerinage de notre chère femme), de Johann Reger, Ulm 1487

keilt wird, wodurch Einrisse verhindert und Hobelstriche restlos beseitigt werden können).

Das Brett wurde in romanischer Zeit in seiner vollen Breite verarbeitet. Erst wesentlich später erkannte man, daß das Werfen, das Verziehen des Holzes durch Herausschneiden des „Kerns“ verhindert werden kann. Verleimt wurde nur dann, wenn größere Breiten erforderlich waren. Die verleimte Fuge wurde gesichert durch eingelassene Schwalbenschwänze und durch im Grat eingeschobene Querleisten. Auch war das Überleimen der Fugen auf der Rückseite mit Leinwand gebräuchlich. Aufgedübelte Querleisten, Gratleisten oder Hirnleisten fehlten bei unverbundenen Brettern — etwa bei Truhendeckeln — auch dann fast nie, wenn sie nicht verleimt waren. Sie sollten das Werfen, Aufreißen oder Brechen verhindern.

Der Zusammenbau der frühesten erhaltenen Eichentruhen erfolgte durch derbe Eisenbeschläge, die jedoch bald schon rein schreinermäßigen Verbindungen wie Feder, Grat, Holznägel und Dübel weichen mußten. Für die Herstellung von Truhen bildete sich ein einfaches System heraus. Vorder- und Rückwand bestehen aus je zwei breiten Brettstollen, die gleichzeitig die Füße bilden und in einer Nut das Wandfeld aufnehmen. Sie werden durch mehrere eingezapfte Leisten, auf denen mit Holznägeln Bretter befestigt wurden, miteinander verbunden. Die Vorderfront konnte durch Flachschnitzereien oder durch ornamental geführte Eisenbänder — die gleichzeitig einen sicheren Zusammenhalt gewährleisteten — geschmückt werden. Ihre Deckel bewegten sich zunächst mit einem angeschnittenen Rundzapfen in einem Bohrloch, schon frühzeitig jedoch auch in einfachen Scharnieren.

Die Schreinerarbeiten des frühen Mittelalters waren zumeist der Wortbedeutung nach keine Möbel. Schlafnischen und Wandschränke wurden in die Häuser fest eingebaut, außerdem findet sich der Klapptisch, der Nischenschrank und das Regal in fester Verbindung mit der Wand. Nur Truhen, Tische und Sitzmöbel waren beweglich und transportabel.

Stühle und Sessel waren seit altersher in Pfostenkonstruktion hergestellt. Der Zusammenbau erfolgte durch Zapfen, die zusätzlich mit einem Holznagel verbohrt und — da sie zumeist durchgestemmt waren — verkeilt wurden.

In der Frühzeit blieb die Oberfläche der Möbel im allgemeinen unbehandelt, sie wurde höchstens durch Einlassen von heißem Wachs oder Firnis geschützt. Eine öftere Erneuerung dieser Isolierung im Zusammenwirken mit der natürlichen Bräunung durch das Sonnenlicht hatte im Lauf der Zeit den herrlichen dunklen Holzton zur Folge. In Einzelfällen wurden die Möbel — vor allem wenn sie kirchlichen Zwecken dienten — auch bemalt.

Gotik

Der bis zur Gegenwart wesentlichste Schritt in der technischen Entwicklung des Möbelbaus erfolgte in der Gotik. Wie die Bauten jener Zeit aufgelöst sind in tragende Elemente und dazwischen gespannte Flächen, so erhalten auch die Möbel ihr konstruktives Gerüst. Das entscheidende Merkmal der Schreinerarbeit wird jetzt zur Vollkommenheit geführt: die durchsteckte Arbeit. Die tragenden Teile werden betont, die nur schließenden Flächen treten zurück. Der technische Fortschritt ist von größter Tragweite. Bei großen Holzflächen war es bis dahin nicht möglich, das Reißen der Bretter und das Aufgehen der Fugen bei verleimten Stücken zu verhindern. Jetzt wurde die Fläche in kleinere Felder aufgeteilt, die zwischen die konstruktiv wichtigen Teile gefügt wurden. Dieses tragende Gerüst bestand zunächst aus starken Stollen mit Querhölzern, die nach Art der Zimmermannsarbeit verzapft und verbohrt waren. Die so entstehenden Rahmen erhielten eine Nut, in die beim Zusammenbau eine aus dünnerem Holz hergestellte Füllung eingefügt wurde. In der Nut konnten sich die Füllungsbretter dehnen und zusammenziehen, ohne zu reißen. Die Herstellung der dünnen Füllungsbretter wurde durch die Erfindung der Sägemühle zu Beginn des 14. Jahrhunderts wesentlich erleichtert.

Die geschnitzten Schmuckformen der Möbel erlebten in der Gotik einen großen Aufschwung. Neben der immer wiederkehrenden Blattranke waren es aus der Baukunst übernommene Ornamentformen wie Zinnen und Maßwerk, die im Möbelbau zu höchster Vollendung gelangten. Mit dem großen technischen Fortschritt in der Gotik Hand in Hand geht jedoch auch die Entwicklung eigener, schreinermäßiger Holzornamentformen. Die Füllungen wurden von Profilen, von Kehlstößen gerahmt. Die älteste Art, Profile an den Stollen und Querstücken zu ziehen, ist das Einkratzen eines Viertelstabes mit dem Kratzeisen, einem Stück Flacheisen, das in einen Holzgriff gespannt wird. Daraus entwickelten sich dann die Profilhobel, mit denen Kehlstöße in allen erdenklichen Formen hergestellt werden konnten. Schon bald wurden diese Profile auf Gehrung geschnitten und rings um die Füllung geführt. Daneben war es aber durchaus üblich — weil in der Herstellung einfacher — Profile nur an den senkrechten Rahmenhölzern anzubringen und stumpf gegen die waagrechten Friese stoßen zu lassen. Auch gibt es einfache Viertelstäbe an den senkrechten, reiche Profile am oberen und eine einfache Schräge — den Wasserschlag — am unteren Fries.

Für die Füllungen wurde im Faltwerk eine eigene Ornamentform gefunden, die ebenfalls vom Schreiner selbst mit dem Hobel hergestellt werden konnte. Seine Formen wurden mit einem großen Kehlhobel geschaffen. Zum Einstoßen der scharfkantigen Rinnen dienten Simsoder Falzhobel. Die Verschneidung der Faltmuster an den Hirnenden erfolgte mit Stech- und Hohleisen. Zur Aufnahme der Füllung in der Nut mußte diese ja auf allen Seiten die gleiche Stärke haben. Das Faltwerk findet sich in allen Ländern Europas außer Italien und den Alpenländern. In den Gebirgsgegenden, wo das Nadelholz vorherrscht, das sich zur Profilierung mit dem Hobel weniger eignet, überwiegt das geschnitzte Ornament. Zur Veredelung der Nadelholzflächen treten hier schon in der Spätgotik Furnierarbeiten aus Esche und Ahorn auf. An Chorgestühlen oder anderen, besonders prächtigen Möbeln gibt es auch eine Vorform der Intarsie, bei der mosaikartig zusammengesetzte, verschiedenfarbige Holzstücke in das Massivholz eingelassen wurden.

Schon in der Frühgotik sind Schränke und Truhen mit Kufenfüßen bekannt. Die vollen Brettseiten sind mit den Kufen verzapft. Der Sinn dieser Füße ist, durch ihr Hervorragen das Gewicht des Schrankes aufzufangen und ein Kippen beim Öffnen der Tür zu verhindern. Durch Kufenfüße lassen sich Truhen auf dem Boden besser schieben, da Langholz besser und ohne Beschädigungen zu erleiden rutscht. Als Eckverbindung der Kastenmöbel wurde das Zinken eingeführt.

Bereits in romanischer Zeit wurden Schlösser und Bänder kunstvoll gestaltet. Mit eisernen Nägeln wurden die Beschläge, deren ornamentale Formen mitunter das ganze Möbel bedeckten, befestigt. In der Gotik wurden sie in reicheren Formen ausgeschnitten, auch graviert und verzinnt. Sie glichen sich in der Größe den Rahmenbreiten an, konnten aber auch im Winkel auf die waagrechten Friese geführt werden. Um sie besonders hervortreten zu lassen, wurden sie mit rotem oder blauem Papier unterlegt. Bei Eichenholz ist dieses Papier gleichzeitig als Isolierschicht wichtig, um die dunklen Flecken zu vermeiden, die bei Feuchtigkeitseinwirkung durch die Verbindung von Eisen mit der im Eichenholz enthaltenen Säure entstehen. Diese Säure wußte man aber auch zu nutzen, um das Holz dunkel zu färben, zu „räuchern". Man brachte das Holz in die Nähe von Pferdemist, dessen Ammoniakgehalt die Farbveränderung bewirkte. Auch erste Beizversuche mit Kalkwasser und Sauerkrautbrühe wurden in der Gotik angestellt.

Renaissance

Die völlige Umwälzung, die in stilgeschichtlicher Hinsicht die Renaissance mit sich brachte, hat auch die Entwicklung des Möbelbaus erfaßt. So vollständig sich auch das Äußere der Möbel änderte, in technischer Hinsicht erwuchsen hieraus keine wesentlichen Neuerungen. Das in der Gotik entwickelte System des Möbelbaus und die erlangte Kenntnis über die sachgemäße Verarbeitung des Holzes bildete eine feste und sichere Grundlage für die ganz anders gearteten formalen Bestrebungen der Renaissance.

Der ganze Formenschatz der Antike wird jetzt auf die Möbel übertragen: Säulen aller Ordnungen, Gebälke mit Triglyphen und Metopen, mit Eierstab, Zahnschnitt und Palmetten, Pilaster, Halbsäulen mit Kanneluren, Hermen und Karyatiden. Noch war das wichtigste Kastenmöbel die Truhe, die in Italien, dem Ursprungsland des neuen Stils, besonders reiche und prächtige Ausbildungen erfuhr. Die neuen Ornamentformen wurden zunächst in die Füllungen geschnitzt, eingelegt oder aufgemalt. Teilweise wurden die ganzen Truhen mit einer plastisch ornamentierten, farbig gefaßten oder vergoldeten Stuckauflage überzogen. Freilich waren derartig empfindliche Möbel für den täglichen Gebrauch schlecht geeignet. Für Gebrauchsmöbel wurde das zähe und schön gemaserte Nußbaumholz bevorzugt. Man beließ ihm seine Naturfarbe, behandelte es lediglich mit Wachs.

Als neue Schmuckform findet die Intarsie, mit der Architekturformen, aber auch ganze Stilleben und Genreszenen dargestellt wurden, ein breites Feld der Anwendung. In der Gesamtgestaltung entfernen sich die italienischen Truhen im 16. Jahrhundert oft von der konstruktiv bedingten reinen Rechteckform. Wannen- oder sarkophagartige Truhenkörper sind jetzt keine Seltenheit. Bei ihnen tritt die Arbeit des Schreiners hinter der des Bildhauers zurück. Sitztruhen mit Rücken-

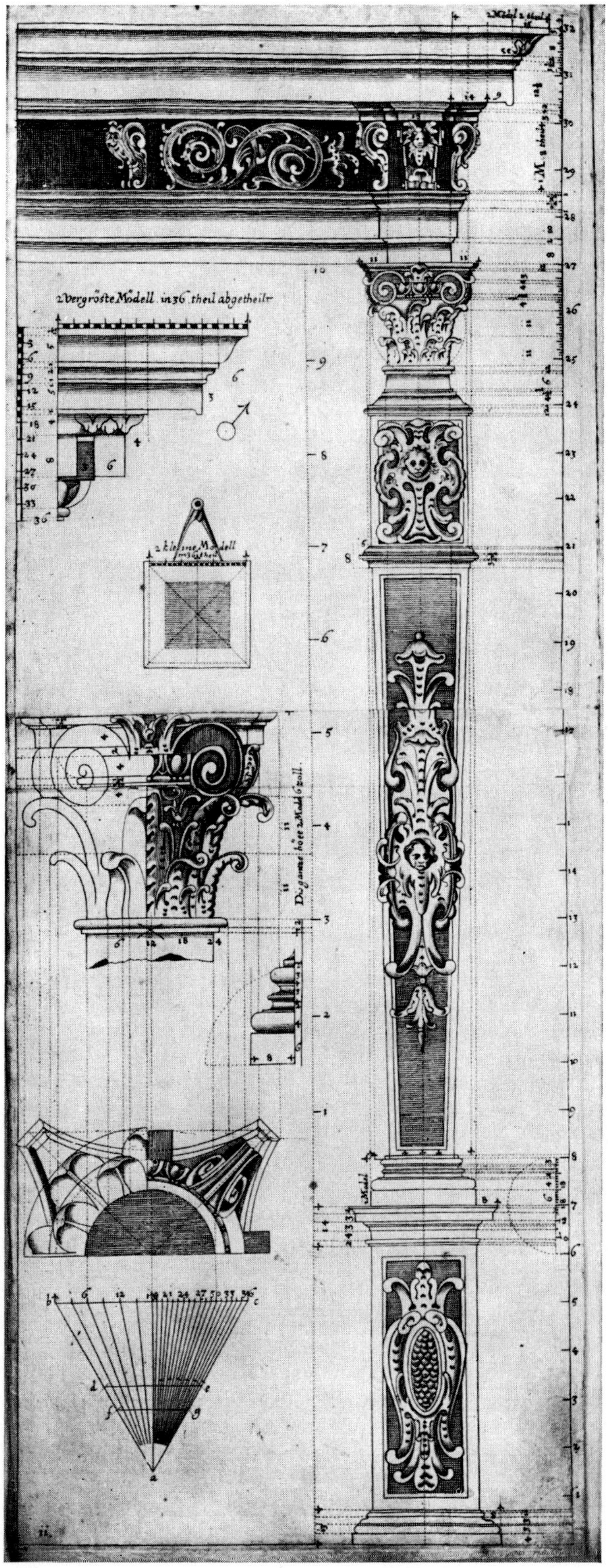

Aus dem „Säulenbuch" das Georg Caspar Erasmus, Nürnberg 1666

From the „Säulenbuch" ("The Book of Columns") by Georg Caspar Erasmus, Nuremberg, 1666

Extrait du „Säulenbuch" (Livre des Colonnes) de Georg Caspar Erasmus, Nürnberg 1666

Stuhllehne, aus „Der architektonische Tischler" des Marcus Nonnenmacher, Prag 1710.

Chair back from „Der architektonische Schreiner" (The architectonic Cabinet maker) by Marcus Nonnenmacher, Prague, 1710

Dossier de chaise, tiré de „Der architektonische Tischler" (l'architecte — ébéniste) de Marcus Nonnenmacher, Prag 1710

und Armlehnen — die Cassapanca — gemahnen mitunter an Polstermöbel. Aus der Truhe entwickelt sich die halbhohe Kredenz, die statt des aufklappbaren Deckels an der Vorderfront mit zwei Türen ausgestattet ist.

Kenntnis der antikischen Formen und der neuen Ornamente erhielten die Tischler durch Kupferstiche und Vorlagenbücher, die in jener Zeit größte Verbreitung fanden. Der von Italien ausgehende neue Stil bewog nicht nur die Künstler der nordischen Länder sondern auch Handwerker, die Reise über die Alpen anzutreten. So hat z. B. der Nürnberger Peter Flötner an Ort und Stelle die italienische Möbelkunst eingehend studiert und durch Vorlagen im Holzschnitt verbreitet. Langsam vollzieht sich die Aufnahme der neuen Formen. Zunächst wird das Faltwerk der Füllungen durch reiche Schnitzereien ersetzt. Die Profile des Rahmenwerks werden feiner und vielfältiger und sind immer auf Gehrung zusammen geschnitten. Ähnlich wie die geschweifte Truhe Italiens setzt sich der süddeutsche Fassadenschrank über die technischen Erkenntnisse des gotischen Möbelbaus hinweg. Die Rahmen-Füllungskonstruktion wird aufgegeben zugunsten einer überreichen, vorgeblendeten Scheinarchitektur. Zwar bestehen die Türen noch aus einem Rahmen, die Füllung ist aber fest in ihn eingeleimt und von gleicher Stärke. Hierauf wird furniert und die zahllosen Pilasterchen, Gebälke und Bogen aufgeleimt, so daß ein völlig starres, „abgesperrtes" Gebilde entsteht.

Ist in der Gotik nur e i n Schreiner mit Namen bekannt — und das auch nur weil er in erster Linie einer der bedeutendsten Bildhauer seiner Zeit in Süddeutschland war und seine Werke stolz signierte (Jörg Syrlin d. Ä. aus Ulm), so sind jetzt die Namen zahlreicher Künstler überliefert, die im Möbelbau — teils entwerfend, teils ausführend — tätig waren: Heinrich Ringelink aus Flensburg, Hans Gudewerth aus Eckernförde, Peter Flötner aus Nürnberg, Bernhard Gomperth aus Rothenburg und mancher andere. In Frankreich sind es die Stiche Jacques Androuet Ducerceaus, die den größten Einfluß auf die Entwicklung der französischen Renaissancemöbel ausübten.
Im 16. Jahrhundert wurde von Georg Renner in Augsburg die Maschine zum Feinschneiden der Furniere erfunden. Damit fand die furnierte Arbeit und die Intarsie auch in Deutschland eine weitere Verbreitung. Reiche Anwendung fand vor allem das Arabeskenmuster. Zu seiner Herstellung wurden dunkle und helle Furniere aufeinandergelegt, sodann wurde das Ornament mit der Laubsäge ausgeschnitten. Nun wurden die dunklen Ausschnitte in die hellen Felder und die hellen Ausschnitte in die dunklen Felder gesetzt, dann mit Papier überklebt und auf das Blindholz geleimt. Vor allem in Italien fand noch eine andere Art der Intarsie häufige Anwendung. Verschiedenfarbige Hölzer wurden aufeinander geleimt und dann Streifen in Furnierstärke davon abgeschnitten. Mit den Furnieren, die zumeist aus wertvollen, ausländischen Hölzern bestanden, wurde sehr sparsam umgegangen. Die großen Seitenflächen der Schränke blieben meistens im Blindholz stehen und wurden mit Schablonenmustern bemalt.

Frankreich hat in der Renaissance neben dem Dressoir, dem beliebtesten Möbel der Zeit, den zweiteiligen Schrank, Armoire à deux corps, geschaffen. Er ist unten zweitürig, auf Kugelfüßen stehend, mit weit überstehendem Blattrahmen. Der obere Teil ist ebenfalls zweitürig und hat einen durchbrochenen Giebelaufsatz.

Im Historischen Museum zu Dresden hat sich ein Verzeichnis von Tischlerwerkzeug erhalten, das wahrscheinlich Kurfürst August von Sachsen (1553—1586) benutzt hat. In diesem Verzeichnis sind 161 Werkzeuge für Tischler, 216 für Bildhauer und 94 Holzschneidewerkzeuge aufgeführt. Zum Tischlerwerkzeug gehörten u. a. folgende Stücke: Rauhbank, Fügebank, Scherfhobel, Schlichthobel, Zahnhobel, Hartholzhobel, Wangenhobel, Stabhobel, Beil, Schrägmodell, Winkelhaken, Winkelmaß, Gehrmaß, Schneideisen und Leimpfanne mit Pinsel. An Bildhauerwerkzeugen sind erwähnt: Balleisen, Hohleisen, flache Hohleisen, aufgeworfene Balleisen, Hohlbohrer, spitze und runde Schabkrücken, ferner Klingen, Raspeln und Zwingen. Außerdem werden noch aufgeführt: Klobsäge, Schließsäge, Stichsäge sowie Grat- und Laubsäge. Der Schnitzer, eine kurze Klinge mit langem Schaft (zusammen ca. 50 cm lang), diente zum Vorschneiden aller Art. Zum Fügen langer Bretter benötigte man neben der Hobelbank den verstellbaren Knecht, beim Verleimen der Bretter Keilzwingen und Schraubknechte. Furniert wurde in Keilböcken zwischen heißen Holzzulagen, die mit Talg oder Seife eingerieben wurden.

Der Behandlung der Oberfläche wurde immer größere Beachtung geschenkt. Das Polieren mit Schellack wurde erst im 18. Jahrhundert gebräuchlich. Vorher wurde der Glanz auf folgende Weise erreicht: die Holzflächen wurden, nachdem sie mit Ziehklinge und Schachtelhalm oder Bimsstein, auch mit Ziegelmehl, Fischhaut, Holzkohle oder Roßhaar geglättet worden waren, mit Firnis bestrichen und nach dem Trocknen erneut geschliffen. Dieser Vorgang wurde so lange wiederholt, bis eine glatte, glänzende Fläche vorhanden war. Dem Firnis konnte auch ein Farbzusatz beigegeben werden. Eine Nachbehandlung mit Wachs, das mit einem weichen Tuch poliert wurde, ergab einen schönen, matten Glanz.

Um besonders reiche und vielfarbige Intarsien herstellen zu können. wurde der Furnier in allen Tönungen gefärbt. Hierzu verwendete man zumeist Galläpfel mit den verschiedenartigsten Zusätzen. Auch Ebenholz wurde durch geschwärztes Birnbaum- oder Ahornholz ersetzt. Schattierungen an den Einzelformen wurden durch Brennen in heißem Sand erzielt.

Barock und Rokoko

Barock und Rokoko stellten an das handwerkliche Können der Schreiner die höchsten Anforderungen. Die Herstellung der geschweiften Formen, der mächtigen, weit ausladenden und vielfach verkröpften

Kleiderschränke, Meisterzeichnungen von Nicolaus Lotz und Seydel, Mainz 1681 und 1687

Wardrobes, Master drawings by Nicolaus Lotz and Seydel, Mainz, 1681 and 1687

Armoire à vêtements, dessin de maître dû à Nicolaus Lotz et Seydel, Mainz 1681 et 1687

Bibliothek des Kunstgewerbemuseums Berlin

Profile, der in den raffiniertesten Formen zusammengesetzten Furniere erforderte nicht nur größte handwerkliche Fertigkeiten sondern ebensosehr künstlerisches Gefühl und räumliches Vorstellungsvermögen. Das flache Brett, das naturgemäß, Ausgangspunkt jeden Möbelbaus sein sollte, mußte sich alle nur erdenklichen Umformungen gefallen lassen. Die immer zierlicher werdenden Formen bedingten oftmals sogar ein Außerachtlassen der technischen Erfordernisse, so etwa bei den in zwei Richtungen geschweiften Beinen der Ziertische. Aus starken Kanthölzern wurden diese Füße in mühevoller Arbeit mit der Schweifsäge ausgeschnitten. Mit Raspel, Feile und Eisen aller Art gab ihm der Bildhauer die endgültige Form. Dabei sollte ein Teil der Längsfasern in ganzer Länge durchgehen, um ein Brechen zu verhindern. Oft ist jedoch die Schweifung so groß, daß diese Regel nicht mehr eingehalten wurde.

Der Herstellung eines Möbels ging wohl stets die Anfertigung einer genauen, maßstäblichen Zeichnung voraus. In der Staatlichen Kunstbibliothek zu Berlin hat sich eine umfangreiche Sammlung von Meisterrissen der Mainzer Schreinerzunft erhalten. Die zumeist datierten und signierten Risse, die sich über einen Zeitraum von der zweiten Hälfte des 17. Jahrhunderts bis in den Beginn des 19. Jahrhunderts erstrecken, sind in stilgeschichtlicher, wie in technischer Hinsicht äußerst aufschlußreich.

Im 18. Jahrhundert ist auf dem Kontinent Frankreich im Möbelbau führend. Die einzelnen Stilepochen werden nach den Namen der

Kimmhobel, Küferwerkzeug aus dem 18. Jahrhundert

Croze, coopering tool from the 18th century

Jabloir, outillage de tonnelier du 18ème siècle

Technisches Museum für Industrie und Gewerbe, Wien

Federhobel aus dem Jahr 1794

Tonguing plane from 1794

Bouvet mâle, à languette. De l'année 1794

Technisches Museum für Industrie und Gewerbe, Wien

Schreibschrank. Meisterzeichnung von Johannes Förster, Mainz 1747

Secrétaire. Master drawing by Johannes Förster, Mainz, 1747

Secrétaire. Dessin de maître dû à Johannes Förster, Mainz 1747

Bibliothek des Kunstgewerbemuseums Berlin

jeweils herrschenden französischen Könige bezeichnet: Louis XIV., Regence, Louis XV. und Louis XVI. Die Namen der Pariser Schreiner, unter denen sich auch zahlreiche Deutsche befanden, erlangten Weltruhm: André Charles Boulle, François Oeben, Charles Cressent, Antoine Robert Gaudreau, Joseph Baumhauer, Jean Demoulin, Jacques Dubois, Jean Henri Riesener, Johann Ferdinand Schwerdfeger und viele andere. Fast unabhängig von Italien und Frankreich vollzieht sich die Entwicklung der Möbelstile in England. Auch dort benennt man die einzelnen Epochen zunächst nach den jeweiligen Herrschern. In der zweiten Hälfte des 18. Jahrhunderts sind einzelne Meister stilbildend geworden: Thomas Chippendale, Robert Adam, George Hepplewhite, Thomas Sheraton. Ihr großer Einfluß, auch auf die Niederlande und Norddeutschland, erklärt sich vor allem durch die Herausgabe umfangreicher Vorlagenwerke. Sheratons „Cabinet Maker's and Upholsterer's Drawing Book" erschien sogar 1794 in einer deutschen Ausgabe. In Deutschland ist es vor allem die Werkstatt von Abraham und David Roentgen in Neuwied, die die Fürstenhöfe mit ihren reich intarsierten Möbeln belieferte. Daneben sind zahlreiche weitere Schreiner bekannt: Johann Christian Fiedler in Berlin, die Brüder Spindler in Bayreuth, Benedikt Schlecht in Würzburg, Jakob Kieser in Mannheim.

Klassizismus und Biedermeier

Erst im Klassizismus und Biedermeier wurde der Möbelbau wieder auf die einfachen, technisch bedingten Grundformen zurückgeführt. Große, glatte Flächen wurden jetzt erstrebt. Um ein Reißen oder Verziehen dieser Flächen möglichst zu verhindern, wurde im Verlauf des 19. Jahrhunderts die Absperrtechnik entwickelt. Durch beidseitiges Aufleimen von dickem Furnier, dessen Faserrichtung quer zu der des Blindholzes verläuft, wird aus dem Brett eine starre Fläche. Damit war der Weg gewiesen zur Entwicklung immer besserer Sperrholzplatten, zu den sogenannten Tischlerplatten mit immer schmaleren „Riemen" des Blindholzes und schließlich heute zur Spanplatte mit dem in kleinste Späne zerlegten Rohmaterial, wodurch aus dem Holz eine fast homogene Masse entsteht, die dann beiderseits mit Furnier überleimt wird. Eine Entwicklung die zu ganz neuen Konstruktionen geführt hat.

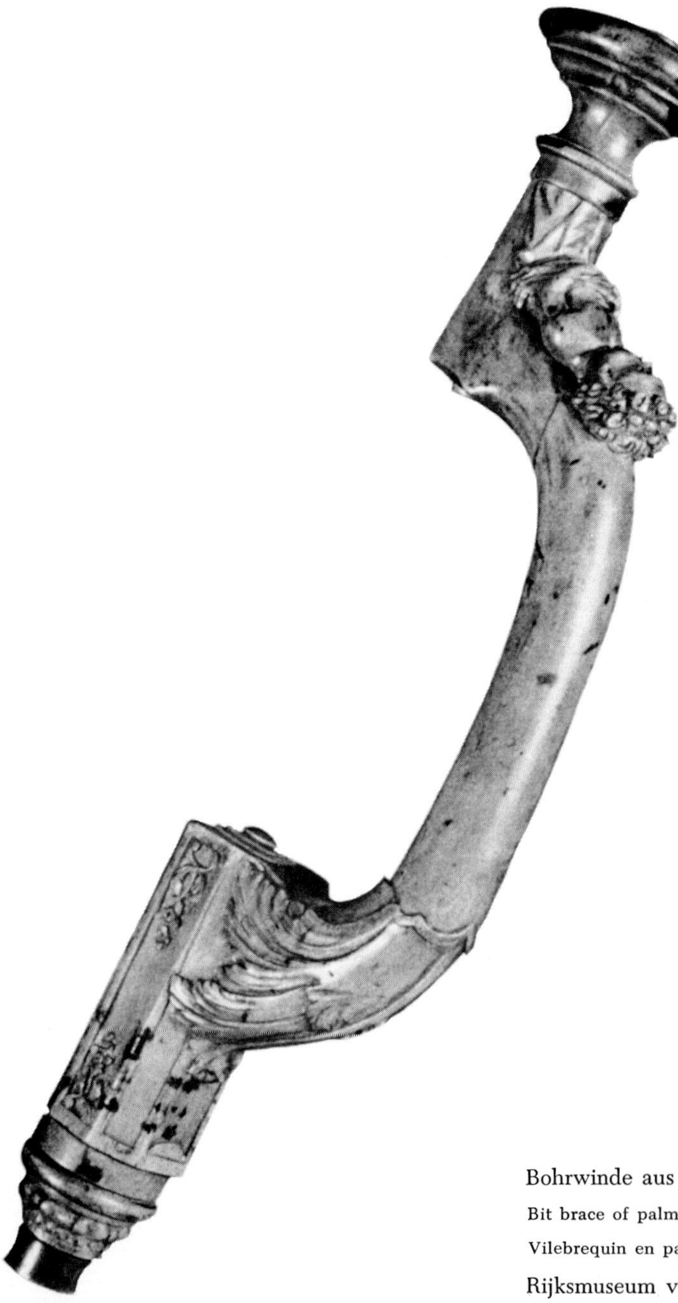

Bohrwinde aus Palmenholz

Bit brace of palm-wood

Vilebrequin en palmier

Rijksmuseum vor Volkskunde, Arnhem

Furniture making and cabinet work in the periods of great styles

Furniture has to be primarily suitable for the intended uses. However, the form of furniture is also determined by the material and the tools, although each epoque searches for the material appropriate to its style and develops the tools required for making the peculiar furniture. On the technical side, the close links to wood as a material for furniture construction maintained through all periods lead to a continuous development which soon lifted the one-time utility product to the level of a piece of art. Knowledge and skill were improved and refined in the workshop, the necessary tools were developed, traditions were passed on. But real pieces of art could only be produced where the suitable material was available to the cabinet-maker.

The cabinet-makers thus became artisans, and finally they even employed other craftsmen such as goldsmiths, bronze founders and carvers. However, the production of a piece of furniture always begins with selecting the material to suit its construction and use. In addition, wood has always been cut in a manner revealing its structure.

In the early times of cabinet-making, probably all the woodwork was done by o n e craftsman, the carpenter. From the Romanesque period chests have been preserved which by means of an axe were hewn out of a single log. The cabinet-makers, therefore, had no guilds of their own for a long time but remained affiliated with the carpenters. But as early as in the Carolingian time a distinction was made between cabinet-makers, turners, and carpenters. In 1937, finally, the box-makers of Cologne received their first guild certificate.

Real cabinet-work begins with the use of the board. The saw required for cutting the bord was known in the Bronze Age. The frame saw with a saw blade stretched in a wooden frame appears to have been invented by the Romans. But little we know of furniture of that or even earlier times. Our knowledge of ancient furniture is derived from antique drawings, recoveries from the graves of Egyptian kings, and descriptions of ancient writes. Only very few pieces of furniture of that time have been preserved and most of these are made of metal or stone.

In the Romanesque period the following tools have evidently been used: axe, hatchet, cross-axe, saw, simple plane, chisel, hollow chisel, cutting knife, carving knife, drill and hammer. Although none of these tools has been preserved, their existence is evidenced by the features of the work. The craftsmen used the axe and hatchet with a skill great enough to make it almost impossible to tell the difference between their work and planed wood.

Planes were known in ancient Egypt; the Greek and Romans used them, too, The craftsmen of the Middle Ages may have obtained them from the workshops of the monasteries. Theophilus, a Presbyterian, describes the plane in his "Schedula diversarum artium", written about 1100, as an instrument in which iron parts are fitted together "in a manner that no ray of light can fall between them". This description identifies the plane as a double-cutter or smoothing plane. For the planing operation a woodworking bench was required, which in the form of a regular workbench was required for all other work as well. Turning-lathes were also used in ancient furniture construction, for the oldest chairs we know are strictly turning-work, with the exception of the seat. A turning shop is expressly listed on the Carolingian monastery plan of St. Gallen.

For the purpose of cutting the boards, the logs were placed on trestles or over a pit and then the thickness of the boards to be cut was cord-marked. In a tiring effort, two men, one standing above the other, cut up the log into boards by means of a frame-saw or a thick sawblade having handles at both ends. Even major irregularities could not, of course, be avoided. Often, the shorter and narrower pieces were split from big logs. Splitwood is more resistant than wood cut across the fiber (spokes for wheels, rungs for ladders, and shingles for roofs, for instance, are still produced by splitting). To cleave complete logs of timber, holes were cut into the timber at opposite sides by means of an axe. The holes were cut at short and equal intervals. Wedges were then introduced into the holes and forced into the log at a uniform rate until the log was split over its entire length. Since seasoned timber is difficult to cleave, the logs were probably divided into suitable lengths immediately after the tress had been felled.

The surface of the cleaved or sawn board was smoothened by means of the axe. Soon, the plane was exclusively used for this purpose. Since the working of wood, especially of hardwood, requires great physical strength, planes were not infrequently handled by two persons. The plane was then simultaneously pushed and pulled by means of a strap. It was unavoidable, therefore, that in the presence of curly grain some wood was torn out by the plane. To prevent this wherever possible, the cutter was later arranged at a steeper angle and this resulted in a more shaving than cutting action. (The knowledge of the shaving plane has been preserved and in some, though rare, cases it will be found that the cutter is placed into the plane with the beveled cutting edge towards the front of the plane. Cuts in the surface are thereby prevented and the wood is surfaced perfectly smooth.)

In the Romanesque period, boards were used in their full width. It was not until very much later that cabinet-makers realized that the tendence of the wood to warp can be prevented by cutting out the "heart". Boards were only glued where greater widths were required. The glue-joint was additionally secured by dovetails and dovetail dadoed cross cleats. It was also usual to glue linen over the joints on the back. To prevent unglued boards — such as chest lids — from warping and splitting, doweled or dadoed cross cleats were almost invariably used.

The oldest chests preserved were assembled by means of coarse iron hardware, which, however, soon had to give way to tongue-and-groove, dado, peg and dowel joints. A simple system evolved for the manufacture of chests. The front and back consist of two wide stiles each, forming the legs und receiving the panel in a groove. They are mortise-and-tenon jointed by means of several cleats to which boards are secured by means of wood pegs. The front could be decorated by flat carving or ornamental iron hinges which at the same time offered added security. The first lids were dowel-pivoted, but it was not long before the first simple iron hinges appeared.

The cabinet-maker's product in the early Middle Ages was not, at least in the strict sense of the word, furniture. Bed niches and wall cabinets were of the built-in type and folding tables, niche cabinets and shelving were firmly secured to the walls. Chests, tables and chairs were the only movable pieces.

Chairs have always been post and frame constructions. The parts were assembled by mortise and tenon joints which were pegged for added security. Frequently, the joints were wedged or keyed in addition because most of them were of the open or through type.

In the beginning, the surfaces of furniture generally received no treatment other than a protective hot wax or varnish coating. Frequent recoating together with the effects of age and sunlight produced the wonderful dark shades. In individual cases the furniture was also painted, above all when used in churches.

Gothic

The most essential technical development in the construction of furniture to this day took place in the Gothic period. Similar to the architecture of that time, furniture constructions are divided into supporting and fill-in elements. The decisive feature of joinery is developed to perfection: The supporting elements are emphasised, less attention is given to the mere skin. The technical progress is of extreme significance. In large panels it had not been possible up to then to prevent the boards from splitting and the glue joints from separating. Now, the surfaces were divided into smaller areas arranged between the most important structural parts. At first, the resulting supporting frame or carcass consisted of thick posts and stiles with cross members mortise-and-tenon jointed and pegged in carpentry fashion. Grooves were provided in the resulting frames to receive a panel of thinner wood when the frame was assembled. The grooves permitted the panels to shrink and expand without splitting. The production of the thin panels was greatly facilitated by the invention of the sawmill at the beginning of the 14th century.

The wealth of carved ornaments in furniture rose to unprecedented heights in the Gothic period. Besides the time and again recurring tendril pattern, architectural forms of ornament such as pinnacles and traceries were developed to a stage of perfection in the construction of furniture. Hand in glove with the great technical progress in the Gothic period went the development of forms of ornament in wood peculiar to the craft of cabinet-making. Panels were beaded and framed with moldings. The earliest method of beading the posts or stiles and cross members used a type of scratch stock, consisting of a piece of flat iron clamped in a wooden handle, to gouge out a quarter-round molding. This was the forerunner of the molding planes which were suitable for making moldings of any conceivable form and type. It was not long before these moldings were mitered and glued around the panels. Still, it was quite usual — because simpler to make — to arrange moldings at the vertical frame members only and these moldings were merely butt jointed to the horizontal cleats. We also find simple quarter-round moldings at the vertical members, rich moldings at the upper pieces, and simple chamfers at the lower cleats.

A peculiar form of ornament for panels was found in the "foldwork", a type of ornament the cabinet-maker himself could make by means of the plane. A big molding plane was used for tooling the shape of this ornament. The sharp-edged channels were cut with rabbeting planes. In the end-grain the pleats were with cut straight and hollow chisels. For the panel had to be of equal thickness on all sides to fit in the frame grooves. The "pleatwork" ornament is found in all European countries with the exception of Italy and Alpine regions. In mountain areas where most of the timber is of the coniferous type, which does not lend itself so well to be molded by plane, the carved ornament is predominant. In the late Gothic period ash and maple veneers were, for the first time, used to cover coniferous timber surfaces. In choir-stalls and other luxurious furniture we also find the earliest type of marquetry in which pieces of wood of different color are assembled in mosaic fashion and inlaid in the solid stock.

Cabinets and chests with skid feet were known as early as in the early Gothic period. The sides consisting of solid boards are secured to the skids by means of tenons. These skids were used for the purpose of assuring perfect stability when the door of the cabinet was opened. Skid feet also make it easier to move chests on the floor because long-grained wood slides better and with less likelihood of damage. The dovetail-corner was adopted for box-shaped furniture.

As early as in the Romanesque period locks and hinges were designed as decorative elements. They were secured by means of iron nails and their

Windmühle zum Brettersägen. Holland 1592

Windmill for sawing boards, Holland, 1592

Moulin à vent pour scierie, Hollande 1592

Rijksmuseum vor Volkskunde, Arnhem

ornamental shape sometimes covered the entire piece of furniture. In the Gothic, their forms grew more decorative and not infrequently they were engraved and tinned as well. Their size was reduced to match the frame widths while it was not unusual to bend them at right angles and along the horizontal cleats. For a special contrast, red or blue paper was sandwiched between the wood and the hinges. In oak furniture such paper was particularly useful as an insulation layer to avoid the dark spots caused by the reaction of the iron to the tannic acid in oak-wood due to moisture.

On the other hand, good use was made of the acid to darken the wood. The wood was brought near horse dung whose content of ammonia caused the change in color. First staining attempts with lime-water and sauerkraut pickle were also made in the Gothic period.

Renaissance

The drastic revolution of styles in the wake of the Renaissance period also had a profound influence on furniture making and cabinet work. However, the complete change in the appearance of furniture was not parallelled by any essential technical innovations. The system of furniture making developed in the Gothic and the acquired knowledge of suitable woodworking techniques remained a firm and secure basis for the radically different formal approach of the Renaissance period.

The entire wealth of forms of antiquity is now incorporated in furniture: columns of any type and description, friezework ornamented with triglyphs and metopes, egg and tongue ornamentation, denticulations, palmate ornaments and pilasters, channeled half-round columns, Hermes pillars and caryatids. The chest remained the most important box-type piece of furniture and was made with particularly sumptuous ornamentation in Italy, the country that gave birth to the new style. Initially, the new forms of ornament were carved into the panels, inlaid or painted. In some cases, the entire chest was coated with stucco in high relief and with painted or gilded borders. Naturally, such delicate furniture was poorly suited for everyday use. For the practical type of furniture, tough and beautifully grained walnut was preferred in its natural color and with merely a wax finish.

Marquetry made its appearance as a new decoration and was widely used not only for architectural forms of ornament but also for "painting" complete still-life and genre pictures. In general concept, the Italian chest of the 16th century departs from the strictly rectangular plan and chests of tub and sarcophagus shape are not infrequently found in that period. In such chests the work of the cabinet-maker comes in second place behind that of the sculptor. The "cassapanca", a bench-type chest with back und arm rests, reminds us of upholstered furniture. The chest gradually grows into a sideboard of medium height having two doors in its front instead of the hinged top.

The new style originating in Italy prompted not only the artists but also the craftsmen of the northern countries to journey across the Alps. The new forms are gradually absorbed. In the beginning, "pleatwork" in the panels is replaced by rich carving. The moldings on the framework become more delicate and varied and they are invariably mitered. Similar to the curved Italian chest, the ornamental face cabinet of Southern Germany grows beyond the technical knowledge of the Gothic period. The frame-and-panel construction is relinquished to a preference of lavish, pseudo-architectural facings. While the doors still consist of a frame, the panels are glued into the frame and are of equal thickness. The surface is then veneered and, finally, a paraphernalia of small pilasters, friezework, and arches are glued to the face, resulting in a completely rigid element of "plywood" character.

The knowledge of the antique forms and of the new ornaments came to the cabinet-makers by way of copper engravings and pattern books, which were widely used at that time. Peter Flötner of Nuremberg, for instance, left for Italy to study the Italian art of furniture-making on the spot and he did not hesitate to make the results generally known by woodcuts.

If only a *single* cabinet-maker of the Gothic period is known by name — this only because he was one of the most significant sculptors of that time in Southern Germany and proudly signed his creations (Jörg Syrlin the elder of Ulm) — this changes now. Now, we know the names of many of the masters, such as Heinrich Ringelink of Flensburg, Hans Gudewerth of Eckernförde, Peter Flötner of Nuremberg, Bernhard Gomperth of Rothenburg, and many more of celebrated standing in the art of designing and making furniture. In France, the engravings by Jacques Androuet Ducerceau had the profoundest influence on the development of French Renaissance furniture.

In the 16th century, Georg Renner of Augsburg was the first to invent a machine for cutting thin veneers. This invention made it possible for the German cabinet-maker to use veneers and inlays on a far greater scale than ever before. Arabesque designs, in particular, were widely used. The ornaments were assembled in a pad made up from consecutive layers of dark and light veneer and then sawed out with a very thin blade. The single pieces were then assembled, dark in blonde and vice versa, pasted on paper and, after drying, the complete assembly was glued to the backing panel. Another type of marquetry was very popular especially in Italy. Wood of different color was glued into a block of consecutive layers. Strips of veneer thickness were then cut from the block and used for inlays. Very thrifty use was made of veneers as this material was for the most part of costly foreign origin. This is also the reason why the big lateral surfaces of cabinets were frequently just painted with stenciled designs.

In the Renaissance period, the French cabinet-makers produced the *dressoir,* a dresser and the most popular piece of furniture of that time, and also the *armoire a deux corps,* a cabinet consisting of two parts. The cabinet has two doors in the lower part and a far projecting top frame and stands on ball feet. The upper part also has two doors and an open-work gable top.

In the Historic Museum of Dresden a list of cabinet-maker's tools was preserved which probably had been used by the elector August von Sachsen (1553 to 1586). The list includes 161 tools for cabinet-makers, 216 tools for sculptors and 94 wood-carving tools. Among the cabinet-maker's tools we found: fore-plane, jointer plane, jack plane, tooth plane, hardwood plane, side plane, bar plane, hatchet angle gauge, T-squares, goniometer, miter gauge, chisels, and glue pot with brush, Sculptor's tools included in the list are: oblique-edged carving iron, hollow chisels, flat hollow chisels, bent carving irons, hollow drills, pointed and round scrapers, knives, rasps and clamps. The list also mentions a variety of saws from the frame-saw to the fret-saw. The carving knife, a short blade with long shank (with a total length of approx. 20 in.) was used for all kinds of preparatory work. For shooting the edges of long boards, long adjustable clamps were required in addition to the carpenter's bench; wedge and screw clamps were used for gluing up the boards. All veneering was done in wedge press frames between hot timber pads greased with tallow or soap.

Increasingly more attention was given to surface treatment and finish. However, it was not until the 18th century that it became usual to polish with shellac. Before that time, the following method was used for polishing: after the wood had been worked to smooth surface by means of scrapers and shavegrass or pumice, or also by means of brick grit, fishskin, charcoal or horse-hair, the surface was primed with varnish and smoothed again after the varnish had dried. This was repeated until a smooth and shining surface had been obtained. Coloring was sometimes added to the varnish. To obtain a dull satin finish, the surfaces were waxed and polished with a piece of soft cloth.

For rich marquetry in many colors the veneers were dyed in a rainbow of colors. Gall nuts with a variety of additions were used for this purpose. Ebony was replaced by pear or maple stained black. Ornaments were shaded by browning in hot sand.

Baroque and Rococo

The Baroque and Rococo periods asked the most in craftsmanship. Baroque and Rococo furniture with its curved forms, its wealth of florid ornamentation, and its sophisticated marquetry patterns not only called for expert skill but also for an artistic vein and spatial imagination. The flat board as the natural basis of furniture-making was transformed in all possible and conceivable ways. The forms grew ever more delicate and frequently made it necessary to neglet the established rules of craftsmanship, as in the case of table legs curved in two different directions. Cabriole legs of this type were laboriously cut from square stock by means of a compass saw and tooled to their final form with rasp, file and all kinds of chisels. Frequently, the old rule of retaining part of the longitudinal fiber uncut could not be observed because of the excessive curving.

Furniture has apparently always been made to precise and scaled drawings. In the Berlin National Library of Arts a comprehensive collection of drawings of the Mainz master cabinet-makers was preserved. The drawings, which for the most part are dated and signed and cover a period from the second half of the 17th century to the beginning of the 19th century, are extremely informative and instructive as regards the development of styles and the working techniques used by the cabinet-maker of that time.

In the 18th century, France takes the lead in the construction of furniture on the Continent. The various styles are identified by the names of the then ruling kings of France: Louis XIV, Regence, Louis XV and Louis XVI. The cabinet-makers of Paris, including many German masters, attain international reputation: André Charles Boulle, François Oeben, Charles Cressent, Antoine Robert Gaudreau, Joseph Baumhauer, Jean Demoulin, Jacques Dubois, Jean Henry Riesener, Johann Ferdinand Schwerdfeger, and many more. The development of furniture styles in Great Britain was almost independent of Italy and France. As in France, the various styles were at first identified by the names of the British rulers at that time. In the second half of the 18th century, the great masters. Thomas Chippendale, Robert Adam, George Hepplewhite, Thomas Sheraton, shaped the style of furniture. Their marked influence on the Netherlands and Northern Germany is explained in particular by the disclosure of their work in comprehensive publications. The "Cabinet Maker's and Upholsterer's Drawing Book" by Sheraton was even published in German in 1794. The German courts of that time obtained their richly inlaid furniture for the most part from the workshop of Abraham and David Roentgen. But we know the names of many more master cabinet-makers of that time, including Johann Christian Fiedler of Berlin, the Spindler brothers of Bayreuth, Benedict Schlecht of Würzburg, Jakob Kieser of Mannheim.

Classicism and Biedermeier

It was not until the periods of Classicism and Biedermeier in the second half of the 18th and the first half of the 19th centuries that furniture was again reduced to simple and functional forms. The trend was towards big and plane surfaces. To prevent these surfaces from checking, splitting and warping, plywood was invented in the course of the 19th century. By gluing layers of thick veneer on a core board with the grain at angles of ninety degrees a perfectly rigid panel was produced. This was the first step in the direction of the plywood and particle board of our day which constitute almost homogenous products.

Sägegatter aus der Windmühle Seite 16

Saw frame from the windmill on page 16

Scie à grille du moulin à vent page 16

Rijksmuseum vor Volkskunde, Arnhem

Nuthobel aus Buchenholz, 1760

Grooving plane of beechwood, 1760

Bouvet en hêtre, 1760

Rijksmuseum vor Volkskunde, Arnhem

Les formes et la technique de l'ébénisterie à travers l'évolution des styles

Tout meuble a pour but de rendre service et de faire plaisir à celui qui s'en sert. Sa forme se détermine par le matériau et par les outils disponibles à l'époque de son origine bien que les ébénistes de toute époque aient cherché à obtenier ou à créer le matériau ainsi que les outils appropriés aux nécessités qui s'imposaient au moment donné. Mais s'était toujours au bois que les ébénistes se fiaient surtout et voici pourquoi l'évolution de leur technique est caractérisée par une continuité remarquable et pourquoi le meuble ne restait pas longtemps une simple chose utilitaire mais devint un objet d'art dont on appréciait la valeur esthétique aussi, et cela même après une évolution relativement peu prolongée. Les ateliers de nos ancêtres étaient de vraies écoles qui assuraient le perfectionnement des méthodes techniques et du goût et où la bonne tradition artisanale se transmettait de génération en génération.

Dans ces circonstances, les ébénistes tendaient de plus en plus vers l'art décoratif est les maîtres ébénistes ne tardèrent pas à prendre recours aux services d'autres artisans tels que orfèvres, fondeurs en bronze et sculpteurs en bois. Le premier pas dans la création d'un meuble est le choix du matériau qui réponde aux exigences techniques et qui soit découpé ou équarri de façon à faire valoir la structure de l'essence de bois.

Au début de l'évolution de la menuiserie, tous les travaux se réalisaient probablement par les bons soins d'un seul artisan qui était un simple charpentier. Il existe des bahuts de l'époque romane qui ont été sculptés avec la hache d'un tronc d'arbre plein. Dans ces circonstances, les menuisiers n'étaient, longtemps, pas organisés dans le cadre de syndicats spéciaux de leur métier mais affiliés aux charpentiers. Mais à l'époque carlovingienne déjà, on faisait une distinction entre les menuisiers, les tourneurs et les charpentiers. En 1397 enfin les huchiers de Cologne reçurent les premiers statuts d'un corps de métier.

La véritable menuiserie prit son début dès que l'on commença d'utiliser des planches. La scie — indispensable pour la fabrication de planches — était connue à l'âge de bronze déjà. La scie à monture dont la lame se trouve tendue dans un châssis de bois a été inventée par les Romains probablement. Mais les renseignements dont nous disposons au sujet des meubles de cette époque ou des époques précédentes sont très incomplets. Il n'y a que certaines reproductions figurant sur des images antiques et certains objets que l'on a trouvés dans les sépulcres des pharaons d'Égypte ou les déscriptions émanant de quelques écrivains de l'antiquité qui nous permettent de nous faire une idée des meubles de cette époque ancienne. La plupart des meubles qui ont étés conservés depuis ce temps-là sont des meubles métalliques on en pierre.

Nous savons que les menuisiers de l'époque romane se servaient de la hache, de l'herminette, de la scie, du rabot, du fermoir, de la bédane, de la gouge, de couteaux à couper et à sculpter, de forets et de marteaux. Aucun de ces outils n'a été conservé jusqu'à nos jours mais nous en trouvons les traces sur les réalisations qui datent de cette époque. Les artisans du passé savaient faire bon usage de leurs haches et de leurs autres outils et il est assez difficile de discerner le bois raboté du bois usiné en son temps à l'aide d'une hache.

Le rabot était bien connu aux anciens Égyptiens déjà. Les Grecs et les Romains s'en servaient également. C'était probablement par l'intervention des ateliers des couvents que l'emploi du rabot s'est répandu dans les ateliers du Moyen-Âge. Le presbytre Théophile décrit le rabot dans sa «Schedula diversum artium» parue en 1100 dans ces termes: «C'est un instrument dont les éléments métalliques sont assemblés de façon que nul rayon de lumière ne puisse pénétrer entre les éléments dont il se compose«. Il s'agit donc évidemment déjà d'un rabot à double fer ou de finissage. L'utilisation du rabot entraîne forcément l'emploi d'un établi qui est toujours utile pour servir de banc de travail. Les tours aussi font partie de l'outillage des menuisiers anciens qui construisaient des meubles. Les piétements, montants et entretoises des sièges les plus anciens que nous connaissions ont déjà été façonnés au tour à l'exception du plateau de siège proprement dit. Le plan du couvent carlovingien de Saint-Gall mentionne tout particulièrement un atelier des tourneurs.

Pour découper les planches on plaçait les troncs des arbres en dessus d'une fosse et on traçait l'épaisseur des planches sur le tronc à l'aide d'un cordeau. Deux hommes dont l'un se plaçait en haut et l'autre en bas dans la fosse découpaient alors les planches avec une scie à monture ou d'une scie dotée de poignées sur ses extrémités ce qui était une véritable corvée assez dure. Bien entendu les planches ainsi fabriquées n'étaient jamais parfaitement lisses ni planes. Pour obtenir des pièces moins longues et moins larges on fendait souvent les grands billots. Le bois fendu est plus solide que le bois scié en travers au fil. On fend le bois de nos jours encore pour fabriquer des rais, des échelons ou des bardeaux. Pour refendre des troncs entiers on pratiquait de petits trous avec la hache l'un près de l'autre sur les côtés opposés du tronc et on y enfonçait des cales. On enfonçait ces cales uniformément de plus en plus jusqu'à ce que le tronc se fendit en toute sa longueur. Probablement on tronçonnait le bois par longueurs appropriées immédiatement après l'abattage des arbres puisque le bois reposé se fend moins facilement.

On aplanissait les planches fendues ou sciées d'abord avec la hache et, par la suite, uniquement avec le rabot. L'usinage du bois dur surtout requiert toujours pas mal de force physique. C'est pourquoi deux ouvriers manoeuvraient souvent le rabot que l'on poussait en avant pour le retirer à l'aide d'une courroie. Compte tenu de cette méthode, il était inévitable de détériorer parfois la surface lorsque la madrure était plus ou moins complexe. Pour supprimer ces inconvénients on clavetait le fer du rabot, par la suite, moins incliné dans le corps en bois. Ces rabots anciens constituaient donc plutôt un racloir mais pas un instrument à couper. Les artisans de nos jours connaissent toujours le rabot racleur. Il arrive parfois que l'on monte le fer d'un rabot à l'inverse, soit avec le chanfrein orienté en avant. Cette méthode supprime des déchirures et élimine les traces de rabotage.

À l'époque romane on exploitait toute la largeur des planches. Ce ne fut que beaucoup plus tard que l'on découvrit la possibilité de prévenir le gauchissement du bois en découpant le coeur. On assemblait plusieurs planches par collage uniquement dans le but d'obtenir la largeur requise. En ce cas-là, on renforçait les joints collés par des tenons à queue d'aronde et avec des réglettes anti-gauchissement encastrées de travers à queue d'aronde. D'autre part on revêtait souvent les joints en collant de la toile sur le dos panneau assemblé. D'autre part on renforçait la presque totalité des panneaux — et même ceux qui n'étaient pas assemblés par collage mais constitués par une seule planche — moyennant des traverses y fixées avec des chevilles et moyennant des réglettes anti-gauchissement encastrées dans la médiane ou aux bouts du panneau pour en prévenir le gauchissement et la fissuration, notamment quand il s'agissait du couvercle d'une huche.

Pour assembler les huches ou bahuts on se servait au début du Moyen Âge de robustes ferrures qui furent remplacées plus tard par des éléments d'assemblage en bois entrant dans la menuiserie proprement dite, tels que: languette et rainure, queues d'aronde, chevilles et tenons en bois. Les huchiers de cette époque ont étudié une conception très simple pour leurs réalisations: les parois frontale et dorsale étaient constituées par deux planches larges qui servaient également de pieds et qui recevaient les côtés dans leurs rainures. L'assemblage de ces éléments se faisait à l'aide de plusieurs traverses dotées de tenons et sur lesquelles on chevillait des planches. On ornait souvent les faces de ces bahuts de sculptures en bas-relief ou de bandes de fer plat décoratives qui renforçaient l'assemblage de l'ensemble. Les couvercles pivotaient au début sur des pivots ronds dans un trou foré mais on adopta sous peu l'usage de charnières simples.

Les réalisations des menuisiers de la première époque du Moyen Âge n'étaient pas encore de meubles proprement dits. Les alcôves à coucher et les placards étaient toujours des éléments fixes de la maison. D'autre part on trouve des tables à abattant, le placard encastré dans une niche et le rayonnage fixé au mur. Ce n'étaient que les bahuts, les tables et les sièges qui étaient des meubles indépendants et portatifs.

Les chaises et les fauteuils se construisaient depuis longtemps en forme d'une ossature à montants que l'on assemblait avec des tenons fixés par une cheville. Ces tenons affleuraient en général dans la surface du bois et c'est pourquoi on les clavetait souvent en plus.

À l'époque la plus ancienne, on n'appliquait en général aucune peinture sur la surface des meubles. On se bornait à y passer de la cire ou du vernis gras réchauffés. Le renouvellement réitéré de cette couche isolante et la brunissure naturelle due à la lumière du soleil produisaient à la longue cette merveilleuse nuance en brun foncé qui caractérise souvent les meubles antiques. Ce n'était que rarement que l'on peignait certains meubles, notamment ceux qui étaient destinés au culte réligieux.

Gothique

C'est à l'époque gothique que se réalisa le perfectionnement le plus important qui ait été inventé dans le domaine de la construction des meubles jusqu'au présent. Les bâtiments de cette époque se décomposaient en éléments porteurs et en remplissages disposés entre ces éléments. Il en est de même pour les meubles de cette époque qui se distinguent, par rapport aux réalisations précédentes, par leur ossature porteuse qui entoure également des remplissages y emboîtés. Cette conception souligne les éléments porteurs alors que les panneaux de remplissage attirent moins l'attention. Mais c'est le perfectionnement technique qui importe dans cette évolution. Il n'y avait pas moyen jusque-là de supprimer ni la fissuration des planches ni la rupture des joints des panneaux assemblés par collage quand il s'agissait de superficies importantes. Cela changea aussitôt que l'on subdivisa les superficies importantes en des carreaux moins grands que l'on emboîtait entre les membrures porteuses. L'ossature porteuse se composait au début de montants et de traverses robustes assemblés avec des tenons comme une charpente. Les châssis construits de cette façon étaient dotés de rainures où l'on emboîtait les remplissages moins épais au cours de l'assemblage. Les planches des panneaux de remplissage pouvaient travailler dans les rainures sans se fissurer. L'invention de la scierie qui date du début du XIV-e siècle facilita la fabrication des planches minces.

Ce fut à l'époque gothique que les sculptures ornementales se trouvèrent à leur apogée. Outre l'acanthe que nous rencontrons un peu partout, c'étaient des ornements empruntés à l'architecture, tels que les créneaux ou les broderies, réseaux et tracés qui, dans la conception des meubles ont été portés à leur perfectionnement sublime. Les importants progrès techniques de cette époque entraînèrent toutefois une évolution caractéristique des ornements réalisés en bois. On entourait les panneaux de moulures profilées. Pour profiler les montants et traverses on se servait au début d'un racloir qui façonnait un quart de rond. Ces racloirs n'étaient qu'un fer plat serré dans une poignée en bois. Par la suite on inventa des rabots spéciaux qui permettaient de profiler toute sorte de moulures imaginables. On commença bientôt de découper ce moulures à onglet pour en garnir tous les côtés des panneaux. Mais on se bornait souvent à garnir les membrures verticales de moulures profilées et à fixer les moulures bout à bout par rapport aux membrures horizontales, et cela tout simplement dans le but de simplifier de travail. Nous trouvons parfois une sobre moulure en quart de rond sur la membrure verticale alors que la traverse supérieure est garnie d'une moulure richement profilée mais que la traverse inférieure n'est que tout simplement chanfreinée.

Les ébénistes de cette époque inventèrent un genre spécial d'ornements propres aux panneaux, soit l'ornement «en serviette». Tout menuisier était capable de tailler cet ornement lui-même à l'aide du rabot. On taillait les formes de ces ornements avec une grande varlope profileuse. Pour entailler les rainures à coins vifs on se servait d'un guillaume et d'une gouge carrée ou ronde. Pour recevoir le panneau, les rainures devaient être dimensionnées régulièrement sur tous les côtés. L'ornement en plis se trouve dans tous les pays à l'exception de l'Italie et des régions alpestres. On préférait les ornements sculptés dans les régions montagneuses où les essences de bois conifères prédominent, essences qui sont moins faciles à profiler avec le rabot. À l'époque de la Gothique tertiaire déjà, on utilisait des placages en fréne et en érable pour revêtir le bois confière.

Sur les stalles de choeur et sur d'autres meubles prétencieux, il existe parfois un précurseur de la marqueterie sous forme d'une mosaïque qui se compose de différentes essences de bois encastrées dans le bois de bâti et présentant des couleurs variées.

On connaît des armoires et des bahuts de l'époque gothique primaire qui étaient dotés de pieds à barre d'assise. Les côtés de ces meubles sont constitués par une planche pleine qui est fixée sur sa barre d'assise avec des tenons. Ces barres faisant saillie avaient pour but d'assurer la stabilité de l'armoire quand on en ouvrait la porte. D'autre part ces pieds à barre facilitent le déplacement d'un bahut sur le sol car le bois long y glisse plus facilement qu'un pied en bois de bout. On adopta, à cette époque, les tenons à queue d'aronde pour assembler les coins des meubles.

Les serrures et pentures étaient devenues des éléments décoratifs à l'époque romane déjà. On fixait avec des clous ces ferrures dont les ornements recouvraient parfois le meuble entier. À l'époque gothique, on utilisait des ferrures plus richement ornementées, gravées ou étamées dont les dimensions se conformaient à la largeur des membrures mais que l'on faisait également traverser les membrures horizontales en un certain angle. On soulignait parfois l'effet décoratif des ferrures par une doublure en papier rouge ou bleu que l'on appliquait sous celles-ci. Cette couche de papier était particulièrement utile sur les meubles en chêne car le papier forme une couche isolante entre le métal et le bois de chêne qui contient de l'acide tannique. Cet isolant protège donc le fer contre cet acide agressif qui produirait des taches dans une ambiance humide en se combinant au fer. On savait pourtant faire bon usage de l'acide tannique pour conférer au bois une teinte foncée ce que l'on appelait »fumer«. On rangeait le bois à cet effet à proximité de fumier de cheval dont la teneur en ammoniac provoquait ce changement de couleur. Enfin on essaya à l'époque gothique pour la première fois de teinter le bois avec de l'eau de chaux et avec le jus de choucroute.

Renaissance

La Renaissance provoqua une véritable révolution du style tout en influant sur la conception des meubles aussi. Le style des meubles changea mais ce changement n'entraîna pas d'innovations importantes au point de vue technique. La construction des meubles étudiée et mise au point pendant l'époque gothique et les expériences acquises jusque-là dans l'emploi du bois se poursuivaient toujours dans l'ébénisterie de la Renaissance aussi dissemblable que ce style ait été aux formes précédentes. Soudain les ébénistes adoptèrent toute la richesse des formes de l'art antique: colonnes de tous styles, poutrages ornés de triglyphes, de métopes d'oves, d'entrelacs, de palmettes, pilastres, colonnes demirondes cannelées, hermès et cariatides. Le bahut constituait au début le meuble caissonné le plus important et le plus répandu et ce fut en Italie, origine du style nouveau, que l'on ornait ce meuble le plus richement et le plus somptueusement. Au commencement on sculptait les nouveaux ornements sur les panneaux de remplissage ou bien on les y encastrait ou peignait. On recouvrait même des bahuts entiers d'un enduit ornementé en relief à bordures en couleurs ou doré. Bien entendu les meubles tellement délicats ne se prêtaient pas à l'usage quotidien. Pour les meubles pratiques, on préférait le bois de noyer qui est tenace et qui se distingue par sa belle madrure. On laissait au noyer sa finition naturelle et on se bornait à cirer le bois naturel.

La marqueterie fait son apparition et se répand de plus en plus sous forme d'ornements purement architectoniques ou reproduisant des scènes de genre ou la nature morte. La conception générale des bahuts du XVI-e siècle originaires de l'Italie s'écarte des formes rectangulaires qui s'imposent, pour ainsi dire, pour les meubles de cette nature. Nous trouvons à cette époque assez souvent des bahuts dont le coffre ressemble à une baignoire ou à un sarcophage. Dans la réalisation de ces meubles, l'ébéniste joue un rôle moins important que le sculpteur. Des bahuts-sièges dotés d'un dossier et d'accoudoirs — la «Cassapanca» — constituent de véritables canapés rembourrés. Par la suite le bahut prend la forme d'une crédence de faible hauteur dotée de deux battants frontaux qui remplacent le couvercle rabattable.

Le nouveau style créé en Italie amena non seulement les artistes mais les artisans aussi des pays nordiques à traverser les Alpes. Les formes nouvelles se répandaient pas à pas. On remplaça d'abord les ornements plissés des panneaux par des sculptures plus riches. Les profils des membrures deviennent plus fins et plus variés et elles sont toujours découpées à onglet. Similaire aux bahuts bombés de l'Italie, l'armoire à face ornementale du Midi de l'Allemagne dépasse les méthodes des ébénistes gothiques. On abandonna la construction caractérisée par des panneaux emboîtés dans les membrures pour accorder la préférence à une architecture très riche feinte sur les faces. En effet, les portes sont toujours constituées par un châssis mais les panneaux de remplissage y sont collés et ils ont la même épaisseur que le châssis. On collait les placages sur les panneaux en y ajoutant d'innombrables petits pilastres et des arcs pour créer un élément latté et absolument rigide.

Les ébénistes de cette époque se renseignaient sur les formes antiques et sur les ornements nouveaux à l'aide de gravures et de livres présentant les ornements en vogue, livres qui étaient très répandus à ce temps. Le Nurembergeois Peter Flötner, par exemple, a étudié de près l'ébénisterie italienne au pays de

Falzhobel und Rauhbank aus China. Ihre Messer werden durch Eisenkeile gehalten.

Rabetting plane and jointing plane from China. Their cutters are held by iron wedges

Feuilleret et Varlope de Chine. Leurs couteaux sont tenus par des coins de fer

Technisches Museum für Industrie und Gewerbe, Wien

son origine et il n'a pas tardé à publier les résultats de ses études sous forme de modèles reproduits sur des gravures.

Nous ne connaissons que le nom d'un seul ébéniste de l'époque gothique du fait que cet artisan était un des sculpteurs les plus célèbres de l'Allemagne du Sud qui signait ses créations »Jörg Syrlin Aîné d'Ulm«. Cela changea brusquement dès le début de la Renaissance. Nous connaissons nombre d'artistes de cette dernière époque et leurs activités dans le domaine de l'ébénisterie, tels que: Heinrich Ringelink de Flensburg, Hans Gudewerth d'Eckernfoerde, Peter Flötner de Nuremberg, Bernhard Gomperth de Rothenburg et beaucoup d'autres qui s'occupaient soit de la conception artistique soit de la réalisation de meubles Renaissance. En France s'étaient surtout les gravures de Jacques Androuet Ducerceau qui influaient sur l'évolution des meubles Renaissance d'origine française.

Georg Renner d'Augsbourg inventa au XVI-e siècle la machine à découper les minces feuilles de placage. Cette invention permit aux ébénistes allemands aussi d'employer les placages et les marqueteries sur une échelle plus vaste que par le passé. Ce furent surtout les ornements arabesques qui se répandaient de plus en plus et que l'on réalisait en collant des placages foncés et clairs les uns sur les autres après quoi on contourait le dessin avec la petite scie à chantourner pour arranger les découpures foncées entre les surfaces claires et les découpures claires entre les surfaces foncées. Enfin on collait du papier sur le dessin composé que l'on collait sur le bois de bâti. En Italie, toutefois, on se servait souvent d'une autre méthode pour réaliser des marqueteries. On collait des essences de bois de couleurs variées l'une sur l'autre. Puis on découpait de ce bloc des bandes minces comme un placage. De toute façon on cherchait à réduire la consommation des placages au minimum possible car ce matériau en essences de bois importées coûtait bien cher. On s'abstenait, par exemple, de plaquer les grandes surfaces latérales des armoires et on se bornait en général d'y appliquer une peinture décorative à l'aide de patrons sur le bois de bâti.

À l'époque de la Renaissance, les ébénistes français ont créé le dressoir qui était très en vogue en son temps ainsi que l'armoire à deux corps. Les portes des corps inférieur et supérieur de ces armoires étaient à deux battants et le meuble couronné d'un fronton brisé reposait sur des pieds sphériques disposés sous les châssis saillant de base.

Le Musée Historique de Dresde possède une liste d'outils d'ébénisterie. Ce fut probablement le Prince Électeur Auguste de Saxe (1553—1586) qui se servait des outils figurant sur cette liste qui mentionne 161 outils d'ébéniste, 216 outils de sculpteur et 94 outils de graveur sur bois. Les outils destinés à l'ébénisterie comprennent, par exemple, une varlope, une colombe à joindre, un riflard, un rabot à repasser, un rabot à fer bretté, un rabot à bois dur, un guillaume de côté, un rabot à boudin, des haches, des sauterelles, des équerres, des goniomètres, des béveaux, des verges, un pot à colle avec pinceau. Comme outils à sculpter cette liste mentionne: les fermoirs à nez rond, le fer de congé, le fer plat, des fers de congé dentés, des évidoirs, des racloirs pointus ou ronds, toute sorte de lames, de râpes et de serre-joint. D'autre part cette liste comprend: les scies à refendre, à tenon, à queue d'aronde, à marqueterie, le passe-partout. Le couteau de sculpteur, une lame assez courte avec une longue manche (50 cm environ de longueur totale) s'utilisait pour toute sorte de travaux préparatoires. Pour assembler des planches longues on se servait de l'établi et de la servante réglable, et du serre-joint à cale ou à vis pour assembler des planches par collage. On appliquait les placages entre des sergents à cale réchauffés que l'on graissait avec du suif ou du savon.

Le traitement des surfaces jouait un rôle de plus en plus important.

Le vernissage ne se répandit qu'au XVIII-e siècle. Avant cette époque, on se servait de la méthode suivante pour lustrer les surfaces: Après avoir aplani les surfaces du bois avec le racloir on les polissait avec de la prêle, la ponce ou bien avec de la farine de briques, la peau de chien de mer, du charbon de bois ou du crin de cheval et on y passait du vernis gras que l'on laissait sécher pour répéter le polissage et séchage à plusieurs reprises jusqu'à ce que la surface soit bien lisse et brillante. On ajoutait parfois des colorants au vernis. Pour obtenir un beau lustre mat on cirait enfin les surfaces que l'on polissait avec un linge doux.

On colorait les placages dans toutes les nuances les plus variées pour composer des marqueteries particulièrement riches et polychromes. Comme teinture on utilisait surtout l'extrait de noix de galle additionné de toute sorte d'autres produits. On remplaçait l'ébène, par exemple, par le bois de pommier ou d'érable teinté noir. D'autre part on nuançait les ornements en brunissant certaines parties dans un bain de sable réchauffé.

Baroques

Les styles qui suivirent la Renaissance jusqu'à l'époque Louis XV exigeaient beaucoup des ébénistes qui devaient jouir d'une habilité artisanale parfaite pour réaliser les formes baroques bombées ou les prétentieuses moulures coudées et complexes qui exigeaient non seulement de l'habilité mais une compréhension et une imagination artistiques inouïes. La planche plane qui, jusque-là était l'élément constitutif dans la construction des meubles subit toutes les transformations imaginables et possibles. Les formes de plus en plus courbes et élégantes nécessitent parfois même certaines aux règles de l'art artisanales. Cela se manifeste par exemple dans les pieds décoratifs des tables qui étaient caractérisés par deux courbures très prononcées en deux sens différents. On découpait ces courbures avec la scie à échancrer dans une épaisse planche équarrie ce qui était un travail assez pénible après quoi le sculpteur procédait au façonnage définitif à l'aide de râpes, de limes et de racloirs de toute nature. On cherchait toujours à faire passer une partie au moins des fibres du bois par toute la longueur du pied pour en assurer la robustesse. Mais les courbures sont souvent trop importantes et, dans ces circonstances, les ébénistes de ces époques se voyaient dans l'impossibilité de respecter cette règle traditionnelle de leur art.

Il était évidemment coutume d'établir un plan précis dessiné à l'échelle avant de procéder à la réalisation d'un meuble. La Bibliothèque Nationale des Arts à Berlin a conservé une importante collection de plans des maîtres ébénistes de Mayence. La plupart de ces plans sont signés de datés de la deuxième moitié du XVII-e siècle au début du XIX-e siècle. Tous ces plans sont très instructifs quant à l'évolution du style et quant à la technique des ébénistes de cette époque.

Au XVIII-e siècle la France était à la tête de l'évolution dans la construction de meubles en Europe continentale. On dénommait alors les étapes de cette évolution par les noms des rois de France: Louis XIV, Régence, Louis XV et Louis XVI. Les ébénistes de Paris parmi qui on remarque nombre d'Allemands jouissaient d'une réputation mondiale: André Charles Boulle, François Oeben, Charles Cressent, Antoine Robert Gaudreau, Joseph Baumhauer, Jean Demoulin, Jacques Dubois, Jean Henri Riesener, Johann Ferdinand Schwerdfeger, etc. étaient des noms connus dans le monde entier. En Angleterre l'évolution des styles des meubles se déroulait à peu près indépendamment de l'Italie et de la France. On dénommait d'abord, en Angleterre aussi, les styles selon les souverains. Mais au cours de la deuxième moitié du XVIII-e siècle, ce furent déjà certains maîtres ébénistes dont on retenait les noms pour dénommer les styles, tels que: Thomas Chippendale, Robert Adam, George Hepplewhite, Thomas Sheraton. L'influence décisive que ces maîtres exerçaient aux Pays-Bas et en Allemagne du Nord s'explique surtout par la publication de leurs ouvrages nombreux et volumineux qui présentaient des modèles de leurs créations à leurs collègues. Le «Cabinet Maker's and Upholsterer's Drawing Book» rédigé par Sheraton fut même édité en allemand en 1794. En Allemagne c'étaient surtout les ateliers des maîtres Abraham et David Roentgen de Neuwied qui fournissaient leurs meubles ornés de magnifiques marqueteries aux cours des princes de leur époque. D'autre part nous connaissons nombre d'autres ébénistes de cette époque: Johann Christian Fiedler de Berlin, les Frères Spindler de Bayreuth, Benedikt Schlecht de Wurtzbourg, Jakob Kieser de Mannheim.

Grundhobel aus dem Jahre 1703

Plowing plane from 1703

Guimbarde de l'année 1703

Technisches Museum für Industrie und Gewerbe, Wien

Ce ne fut qu'à l'époque du Classicisme et de la Restauration que les formes des meubles furent ramenées aux lignes simples et fonctionnelles. On favorisait tout d'un coup les grandes surfaces planes et unies. Pour prévenir le gauchissement de ces surfaces importantes on inventa les panneaux lattés au cours du XIX-e siècle. On collait sur un bois de bâti des placages épais dont les fibres étaient perpendiculaires aux fibres de leur support pour réaliser un panneau absolument rigide. Ces panneaux lattés constituèrent le début du contreplaqué que l'on perfectionnait par la suite pour arriver enfin aux panneaux lattés de nos jours qui se composent de couches très minces ou de particules de bois qui forment un support homogène revêtu de placages sur ses deux faces.

Alpenländische Truhe, um 1500

Badisches Landesmuseum Karlsruhe

Die Truhe besteht aus zwei getrennten Teilen, dem eigentlichen Truhenkasten und dem Sockelteil. Der Truhenkasten ist von oben eingesetzt und liegt auf zwei kräftigen, von vorn nach hinten verlaufenden Leisten. Die Truhe kann also zum Transport jederzeit zerlegt werden. Die Längs- und Querwände beider Teile sind jeweils miteinander verzinkt.

Im Innern befindet sich links oben ein von vorn nach hinten verlaufender kleiner Kasteneinbau mit eigenem Deckel und doppeltem Boden (Geheimfach). Wird der Deckel dieser „Beilade" hochgeklappt, so verhindert er ein Zufallen des großen Truhendeckels. Ein ähnliches Innenfach war entlang der Rückwand vorgesehen, wie die entsprechenden Nuten in den Seitenwänden zeigen, kam aber wohl nie zur Ausführung. Einbauten dieser Art sind bis zum 17. Jahrhundert in Truhen allgemein üblich.

Alle Teile der Truhe — auch die geschnitzten — bestehen aus ziemlich astfreiem Tannenholz. Lediglich das kleine Innenfach ist aus Lindenholz. Front und Seitenwände sind außen mit 4 mm starkem Ahornmaserfurnier belegt. Dieses ist aus verschieden großen rechteckigen Teilen ohne Rücksicht auf symmetrische Einteilung oder Fugenverlauf zusammengesetzt. Die Deckeloberseite ist in Eschenholz längs furniert.

Die Schnitzereien sind flüchtig ausgeführt. An den Außenteilen ist der Grund zwischen dem Rankenmuster ausgestochen und dann als rauhe Fläche, wie sie durch dieses Ausstechen entstand, schwarz gefärbt worden. Am Innenkästchen ist das Rankenmuster in Kerbschnitt ausgeführt. Hier hat sich die alte Bemalung erhalten. Die Grundflächen sind dunkelblau und sorgfältig bis an den Rand des Kerbschnitts mit Farbe bedeckt. Die Ranken selbst sind rot und grün, wobei der Pinsel so geführt ist, daß beiderseits unregelmäßige Ränder des Naturholzes stehen geblieben sind.

Ob auch das äußere Ornament bemalt war, ist nicht mehr eindeutig festzustellen, aber sehr wahrscheinlich, zumal sich schwarze Farbe im Grund erhalten hat. Die Löwen und Wappen im Sockel sind sehr flüchtig und ohne jede Binnenzeichnung geschnitzt. Erst durch die Bemalung hätten sie ihr endgültiges Aussehen erhalten. Die Schmiedearbeit der reichen Schloßplatte ist hervorragend präzise gearbeitet.

Alpine Chest, about 1500

The chest consists of two separate parts, the actual chest and the base. The chest box is attached from above and is seated on two strong cross cleats. The chest is thus easily dismounted for transporting. The long and narrow sides of both parts are joined by dovetailing.

The interior houses in the left upper part a transverse box with individual lid and double bottom (secret compartment). If lifted up, the lid of that box will keep the desk top from dropping back. A similar compartment was intended along the back, as the grooves in the sides seem to indicate, but was probably never completed. Interior compartments of this type were generally used in chests up to the 17th century.

All parts of the chest, including the carved parts, consist of rather knotless fir. Only the small interior shelf is made of lime-wood. The front and sides are on the outside covered with 5/32" maple burl. The veneer was assembled of irregularly sized square pieces, desregarding symmetry and match. The upper side of the chest top is veneered in ash-wood along the grain direction.

Carving is superficial. The area between the tendril pattern was chiselled out and the resulting rough surface was stained black. The tendril pattern on the inside box was incised and here the old painting has been preserved. The ground is a dark blue and is carefully covered with paint up to the edges of the carving. The tendrils are painted red and green and the paint was brushed on to leave irregular edges of natural wood exposed on both sides.

It is no longer possible to ascertain exactly whether the exterior ornaments were painted as well, though this is very likely as black paint was preserved in the ground. The lions and coats of arms are very superficial and are carved solely in outline. Their final appearance still required painting. The richly ornamented forged lock plate is a piece of excellent workmanship.

Coffre de style alpestre (1500 environ)

Ce coffre se compose de deux éléments, d'une part le coffre proprement dit, d'autre part le socle. Le coffre est encastré dans le socle sur lequel il repose par l'intermédiaire de deux traverses placées perpendiculairement à la longueur. Il est ainsi aisé de dissocier l'ensemble pour le transport. Les parois longitudinales et transversales sont assemblées à queue d'aronde.

L'intérieur comporte en haut à gauche un petit compartiment perpendiculaire à la longueur, doté d'un couvercle amovible et d'un double fond (compartiment secret). L'ouverture de ce petit couvercle assure le blocage du grand couvercle en position ouverte. Un compartiment simîlaire était prévu parallélement au dos du coffre; les rainures pratiquées sur les parois en témoignent. Toutefois, ce compartiment n'a probablement jamais été réalisé. Des compartiments intérieurs de cette nature étaient courants dans les coffres que l'on construisait vers la fin du 17 ème siècle.

Tous les éléments de ce coffre, y compris les parties sculptées, sont en bois de sapin à peu près exempt de noeuds. Le devant et les côtés sont plaqués extérieurement de bois d'érable veiné de 4 m/m d'épaisseur. Ce placage se compose de panneaux rectangulaires de différentes dimensions, jointés sans souci de symétrie. Le dessus du couvercle est plaqué de frêne veiné de fil.

Les sculptures sont peu soignées. Sur les faces extérieures, le fond entre les arabesques a été grossièrement équarri et teinté en noir sans aucune finition. Les arabesques des compartiments intérieurs ont été taillées au couteau. Sur ces parties, l'ancienne peinture s'est conservée. Les fonds en bleu foncé ont été soigneusement colorés le long des parties sculptées. Les arabesques elles-mêmes sont colorées en rouge et vert. La peinture suit grossièrement le tracé du dessin sans souci de joindre le fond noir, laissant ainsi apparaître de façon irrégulière le bois brut sur les bords.

Il est très difficile de vérifier si les ornements extérieurs ont été peints à la même époque que l'ensemble, quoiqu'on puisse le présumer, puisqu'il subsiste toujours la peinture noire des fonds. Les lions et les armoiries du socle ont été sculptés succintement et simplement indiqués en silhouettes. C'est la peinture qui leur donnait leur aspect final. Les pièces forgées et l'écusson richement orné de la serrure sont d'une précision remarquable.

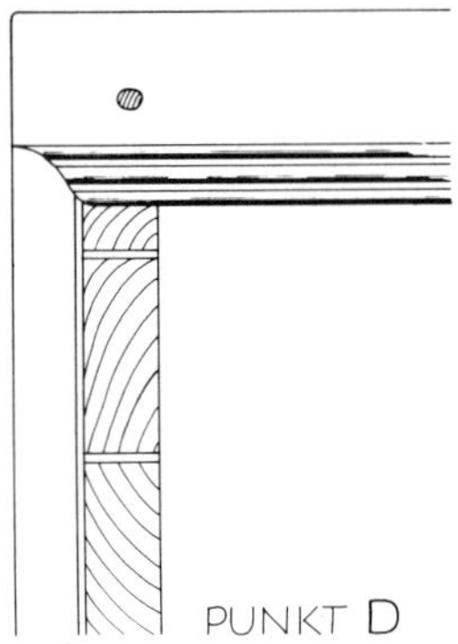

PUNKT D

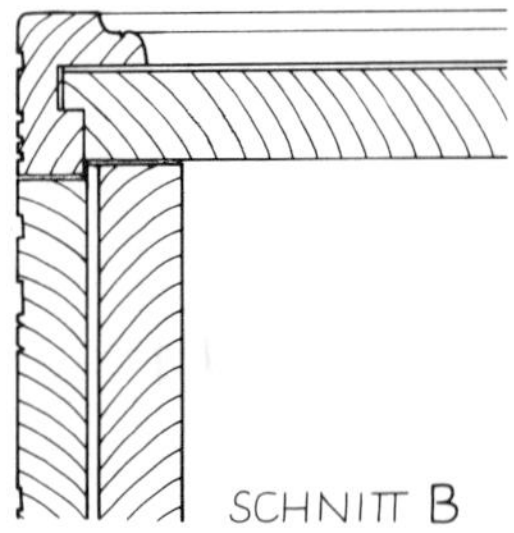

SCHNITT B

SCHNITT F

Ansicht des Deckels

View of lid

Vue de couvercle

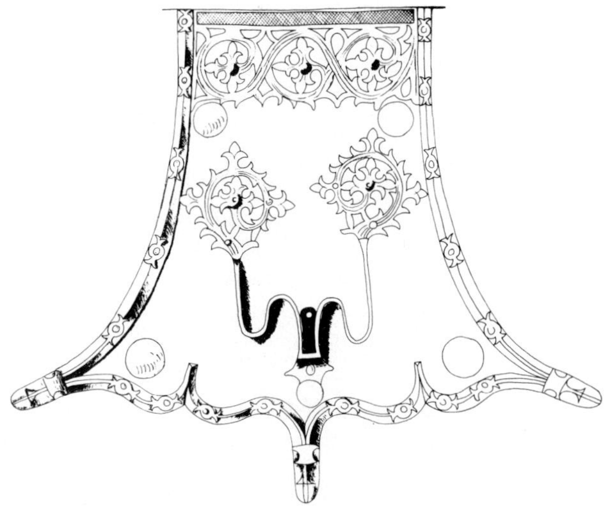

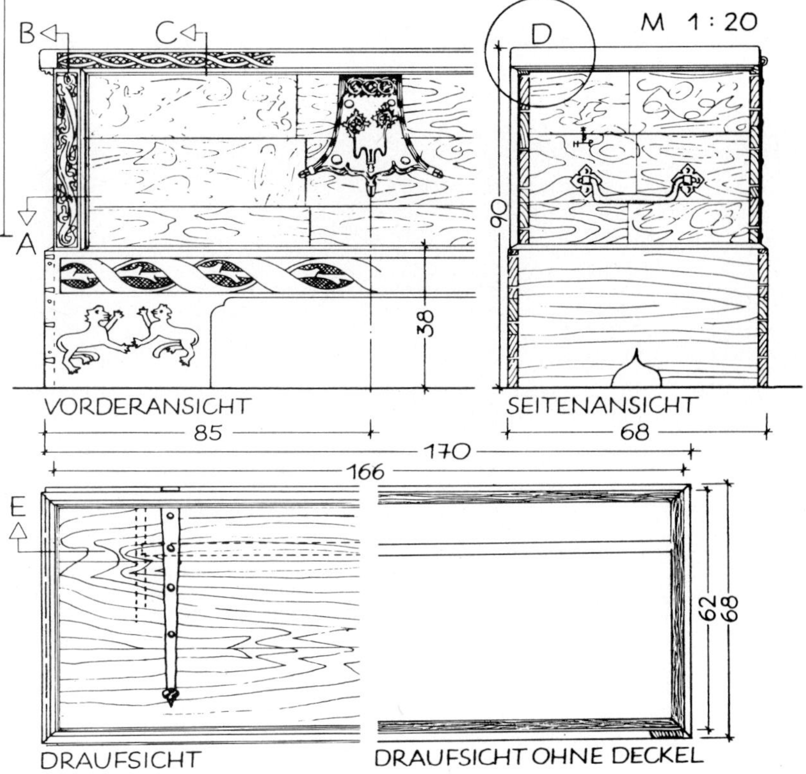

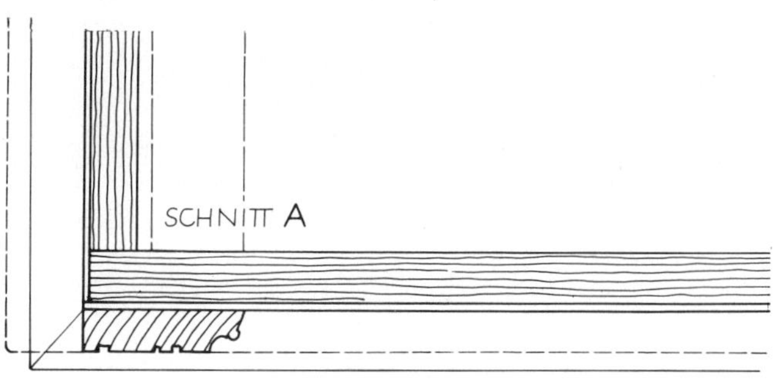

Schnitt	Section	Coupe
Vorderansicht	Front view	Vue de face
Seitenansicht	Side view	Vue de côté
Draufsicht	Top plan view	Vue en plan
Draufsicht ohne Deckel	Top plan view without lid	Vue d'en haut sans couvercle

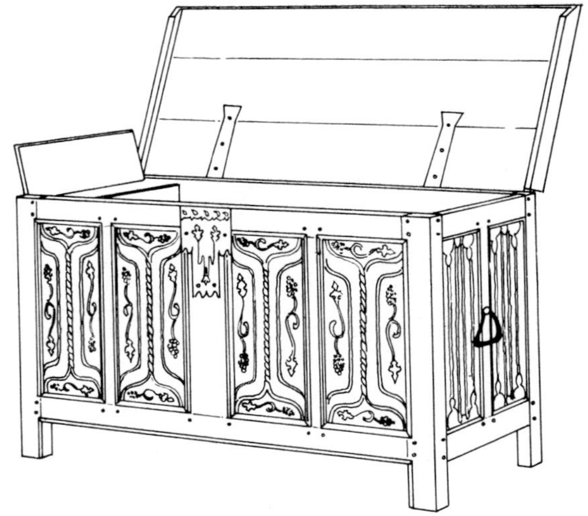

Niederrheinische Truhe, Anfang 16. Jahrhundert

Badisches Landesmuseum Karlsruhe

Die Truhe ist eine Stollenkonstruktion in massivem Eichenholz. In den Ecken befinden sich durchgehende Stollen mit rechteckigem Querschnitt, die gleichzeitig die Füße bilden. In diese Stollen sind die oberen und unteren Friese eingezapft und verdübelt. Diese sind wieder durch senkrechte Friese unterteilt. Dazwischen sind Füllungen aus Massivholz eingeschoben. Ihre ornamentale Schnitzerei zeigt in der Front X-Füllungen und in den Seiten Faltwerk.

Die Stollen und der obere Fries haben zur Füllung hin ein kleines Rundstabprofil, der untere Fries eine flach abgeschrägte Kante, die senkrechten Zwischenfriese außer dem Rundstab noch weitere Profile, die sich oben und unten totlaufen. Auch die scheinbar auf Gehrung herumgeführten Rundstäbe sind tatsächlich nicht auf Gehrung g e s c h n i t t e n.

Im Innern der Truhe befindet sich links oben ein kleines Querfach mit Deckel.

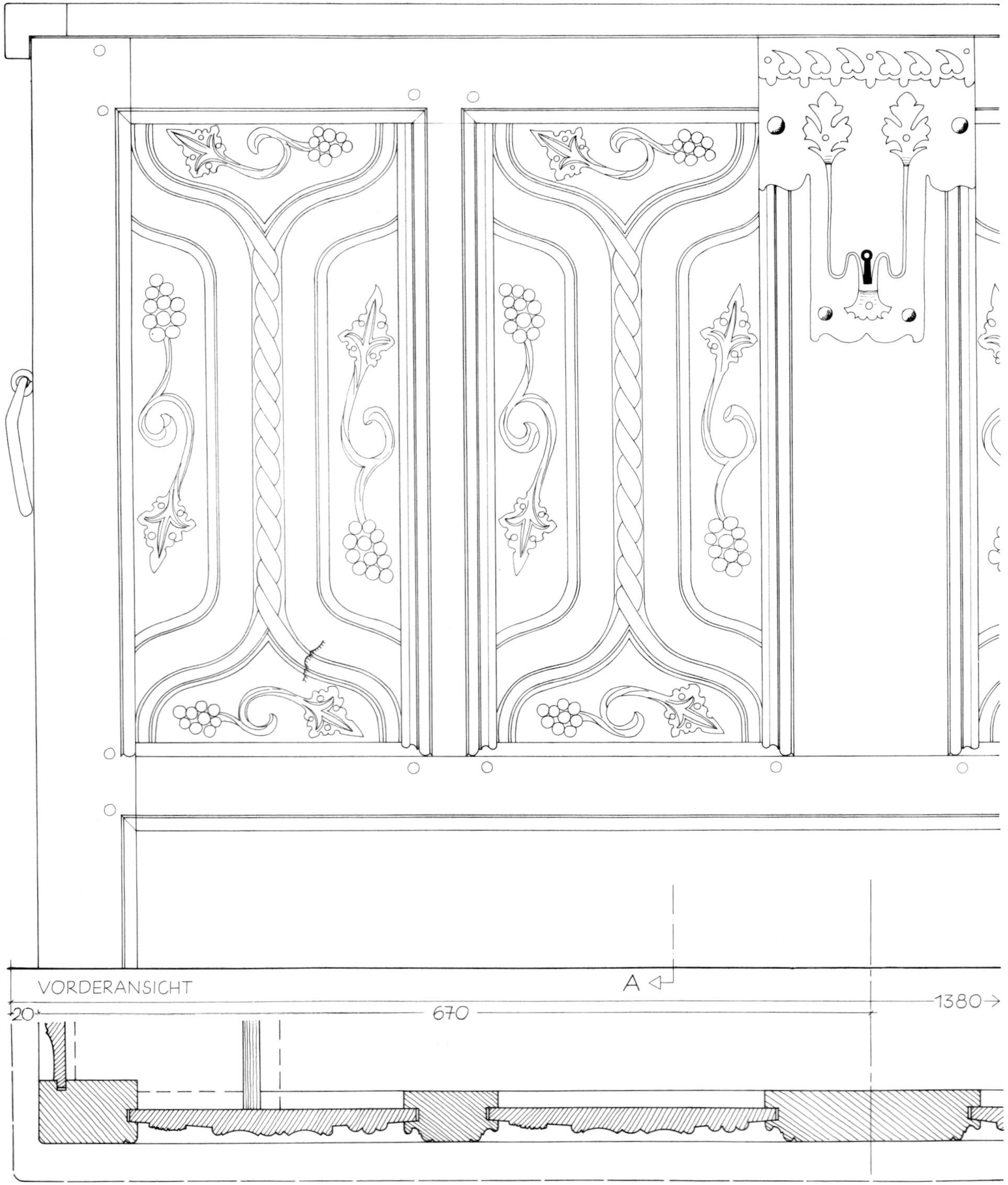

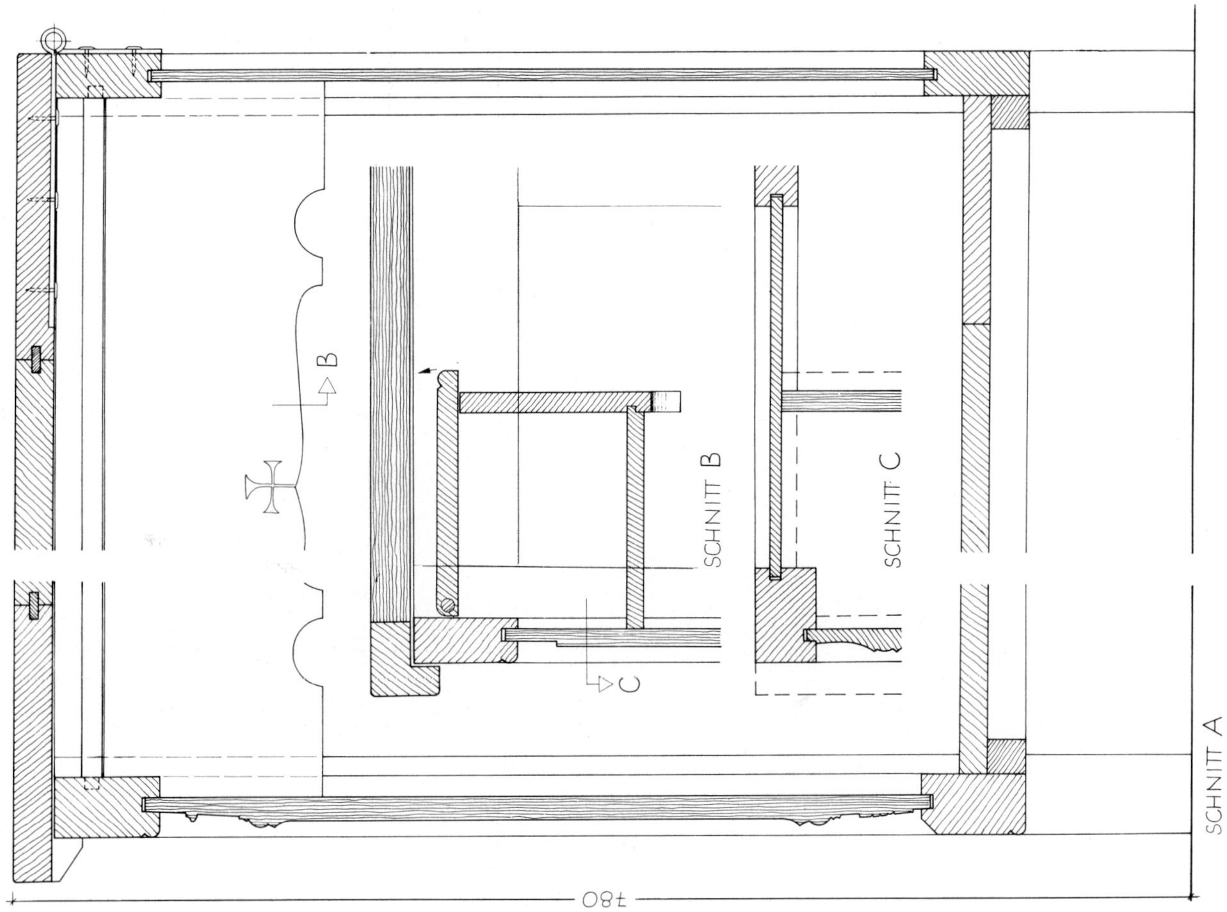

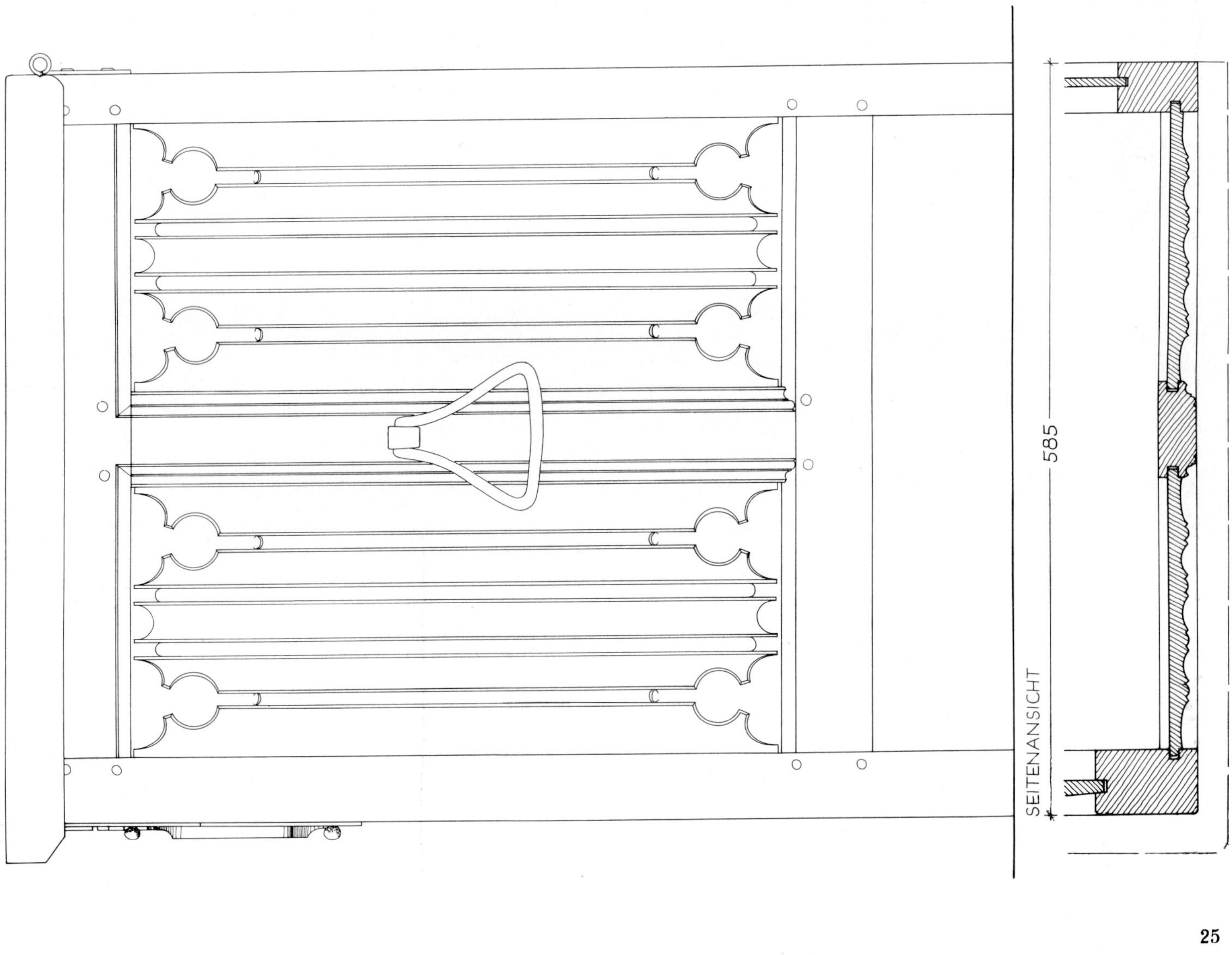

Vorderansicht Front elevation Vue d'en face
Seitenansicht Side elevation Côté
Schnitt Cross-section Élévation verticale

Truhen

Chest from the Lower Rhine Territory, beginning of 16th century

The chest is a stile and panel construction of solid oak. The corner stiles of rectangular cross-section are at the same time the legs. Tenon and dowel joints connect the top and bottom rails to the center and corner stiles. Solid panels are stuck in grooves in the stiles and rails. The ornamental carving reveals X-panels in the front and molded panels in the sides.

Stiles and upper rail are decorated with a half-round molding near the panels. The bottom rail has a beveled edge. In addition to the half-round molding, the center stiles have additional moldings stopped dead above und below. The moldings are all butt-jointed instead of mitered.

The chest accommodates a small compartment with lid across the left upper part.

Coffre de la Basse Rhénanie, début du 16 ème siècle

Ce coffre a été réalisé en chêne massif. Les montants d'angle et les pieds sont d'une seule pièce. Ils sont assemblés par des chevilles aux traverses inférieures et superieures, elles-mêmes subdivisées par des montants verticaux. Les panneaux en feuillet massif sont emboîtés entre les traverses. Ils sont sculptés de motifs en X sur le devant et de moulurations rectilignes sur les côtés.

Le champ de la traverse supérieure, qui s'assemble au panneau, est profilé en quart de rond; celui de la traverse inférieure est chanfreiné. Le montant vertical du centre est aussi décoré d'une moulure plus large qui vient mourir en haut et en bas. Un grain d'orge tourne autour du panneau sauf en partie basse où il se raccorde au chanfrein.

Le coffre est muni en haut et à gauche d'un petit compartiment à couvercle.

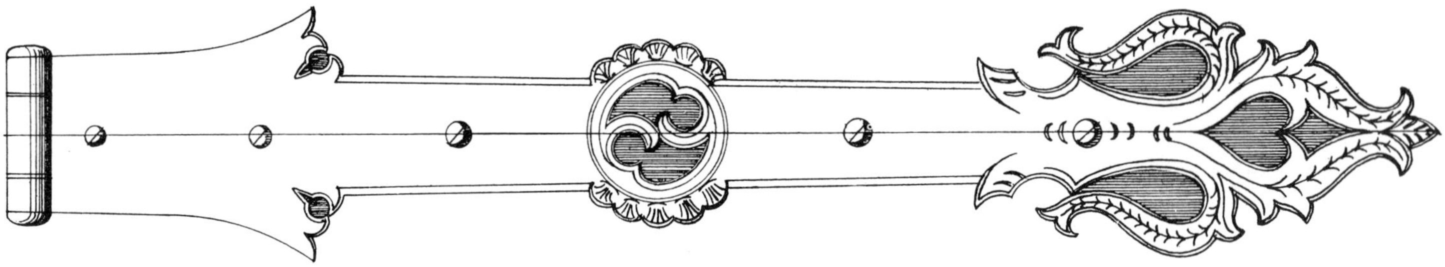

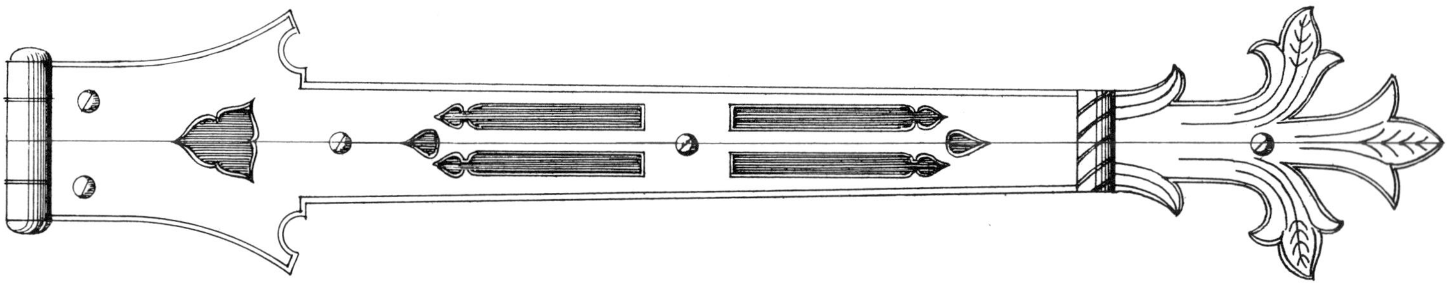

Gotische Beschläge Gothic hardware Ferrures gothiques

Süddeutsche Truhe, um 1600

Schloß Heiligenberg

Das einfache, durch einen Deckel geschlossene Behältnis aus Eichenbrettern wird durch zwei Seitenbretter in Verbindung mit dem Boden-, Vorder- und Hinterstück gebildet. Es steht auf den Seitenbrettern, die zur besseren Standfestigkeit unten in der Mitte ausgeschnitten sind. Die Holzverbindungen sind denkbar einfach. Der Boden ist auf Grat eingeschoben. Diese Art der Verbindung von Hölzern gleicher Faserrichtung hat den Vorteil, daß sie beim Schwinden und Quellen miteinander gehen, ohne Spannungen in der Verbindung oder im Holz selbst hervorzurufen.

Die Verbindung des Vorder- und Hinterstückes mit den Seiten ist sorgfältig durchgeführt. Durch den schrägen Eckanschluß erhalten die Seiten innen einen Anschlag. Dieser bildet einen zusätzlichen Halt, falls die Holznägel locker werden. Und auch bei einem starken Stoß von außen werden die Holznägel nicht beansprucht.

Holznägel werden vom Tischler selbst hergestellt. Sie wurden schräg versetzt und boten dadurch Halt gegen das Abbiegen sich etwa noch ziehender Bretter. Alle Holzteile sind aus einer ganzen Brettseite gearbeitet, also nicht verleimt.

Der Deckel wird durch Hirnleisten gerade gehalten. Ein in der Mitte durch die starke Hirnleiste gestemmter Zapfen des Deckelbretts wird zusätzlich durch einen Holznagel in der Hirnleiste befestigt. (Häufig sind derartige Zapfen auch verkeilt.) Die Feder am Deckelbrett kann sich beim Schwinden und Quellen in der Nut der Hirnleiste bewegen.

Bei älteren Arbeiten finden sich an Stelle der Hirnleisten Gratleisten oder Leisten, die unter dem weit überstehenden Deckel mit Holznägeln befestigt sind.

Die beweglichen Teile werden durch lange, mehr oder weniger aufgespaltene oder verzierte Eisenbänder zusammengehalten. Dieses lange Band ist jedoch nicht zweckmäßig; denn bei dem Deckel, der aus einem Brett besteht, entstehen beim Schwinden und Quellen Zug- und Druckspannungen im Band. Bei den Hirnleisten hat man das Schwinden und Quellen des Holzes berücksichtigt; die großen Eisenbänder sind aber ohne Überlegung traditionsgemäß in voller Länge montiert. Bis zu einem gewissen Grad kann das Holz allerdings arbeiten, wenn die Löcher im Eisenband etwas weiter sind als der Nagelschaft.

Die Befestigung der Eisenbänder geschah nach folgender Methode: Zunächst wurde am Gelenk ein starker Bolzennagel durchgetrieben und vernietet. Die weiteren Nägel wurden durch die im Band befindlichen Öffnungen ins Holz geschlagen, sodaß sie auf der anderen Seite durchkamen. Die Spitzen bog man krumm, den so entstehenden Haken schlug man ins Holz. Die umgebogenen Nägel sind auf der Oberfläche des Deckels sichtbar.

Die Truhe wird durch einen Schnappverschluß geschlossen. Schloß und Schlüsselschild sind mit Eisennägeln angenagelt.

South German Chest, about 1600

The carcass of this simple oak chest, which is closed by a lid, is formed by two side boards in conjunction with the bottom, front and back. The chest stands on the sidepieces which are cut out in the middle to assure firm standing. The joints are of the simplest way conceivable. The bottom is supported in a dovetailed housing. This way of joining wood of equal grain direction offers the advantage of common shrinking and swelling without causing stresses in the joints or the wood itself.

The front and back are carefully joined to the sides. The scarf joint provides an inside stop for the sides. If the pegs should turn loose, this stop will act as an additional backing. And even a heavy blow from outside will not stress the wood pegs.

The pegs were made by the cabinetmaker himself. They were diagonally staggered and thereby counteracted any possible warping. All parts are made of a whole board width, are not glued up, that is.

The lid is kept straight by edge cleats. A tenon of the lid board passing through the thick end cleat is wood-pegged for added security. (Frequently, such tenons are wedged or keyed.) The tongue of the lid board is free to move in the groove of the end cleats as the lid swells or shrinks.

In even older furniture dovetail dado cleats are found in the place of end cleats or cleats wood-pegged to the underside of the far projecting top.

The movable parts are kept together by long and more or less split or decorated iron hinges. Such long hinges are not, however suitable; for tensile and compressive stresses will result in the hinge strap as the lid, consisting of a single board, swells or shrinks. Swelling and shrinking was allowed for by the end cleats; the long iron hinge straps, however, were thoughtlessly mounted over their entire length. Still, the wood is permitted to contract or expand where the nail holes in the iron strap are of bigger diameters than the nail shanks.

The hinges were mounted in the following way: A thick bolt was at first driven through the iron strap and wood near the hinge end and riveted. The further nails were hammered into the wood through the holes in the iron band to penetrate on the opposite side. The points were bent over and the resulting hooks were driven into the wood. The bent nails show on the upper side of the lid.

The chest is closed by a snaplock. The lock and escutcheon are fastened with iron nails.

Coffre originaire de l'Allemagne du Sud, 1600 environ

Ce coffre très simple est construit en chêne massif. Il se compose de planches qui forment le dos et le devant, le fond et le couvercle, ainsi que les deux côtés dont la découpe inférieure constitue le piétement qui, ainsi échancré, est plus stable. L'assemblage de ces éléments est très simple. Les côtés sont assemblés aux parois longitudinales par rainures et onglets chevillés, le fond aux côtés par rainures et languettes en demi-queue. Tous les autres assemblages sont réalisés par les chevilles seules.

Les coupes en onglet des panneaux de côté assurent une meilleure étanchéité du coffre en cas de relâchement des chevilles et une plus grande résistance aux chocs.

Les ébénistes fabriquaient eux-mêmes les chevilles de bois qu'ils enfonçaient en quinconce pour améliorer la résistance à l'arrachement. Tous les éléments sont constitués de planches soit d'une seule pièce, soit jointées sur champ sans collage.

Le couvercle est raidi par une emboîture transversale à ses deux extrémités. Ces emboîtures sont traversées en leur milieu par un tenon chevillé; le couvercle peut ainsi jouer de part et d'autre de ce tenon dans la rainure de l'emboîture sans provoquer de déformation.

Dans les réalisations plus anciennes, les emboîtures d'extrémité sont souvent remplacées par de simples traverses fixées par des chevilles sous le couvercle.

Le couvercle est ferré par de longues pentures plus ou moins ornementées, dont le principe est un peu en contradiction avec la précaution décrite precédemment pour la fixation des emboîtures en prévision des inévitables jeux du bois massif. Ces longues pièces métalliques qui jouent le rôle de traverses sont en effet solidement clouées au coffre par des clous forgés repliés à leur extrémité et qui laissent peu de jeu pour les retraits du bois (seulement le jeu existant entre le diamètre du clou et le trou correspondant dans la penture). Le coffre se ferme par une serrure à houssette fixée, ainsi que son entrée, par des clous forgés.

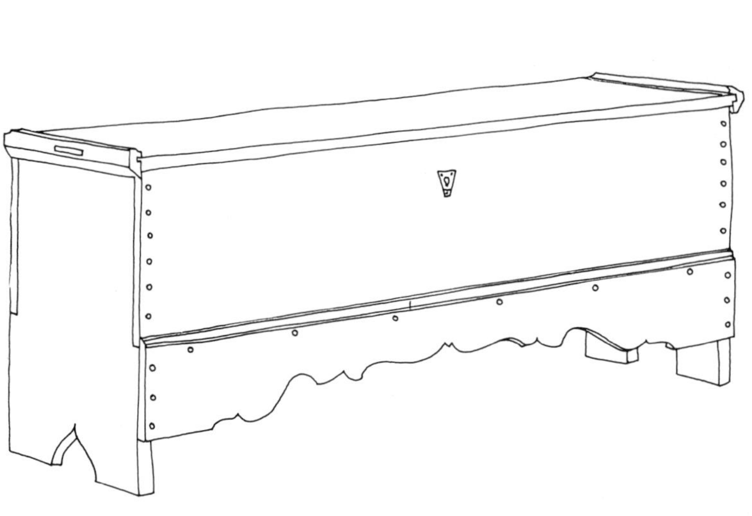

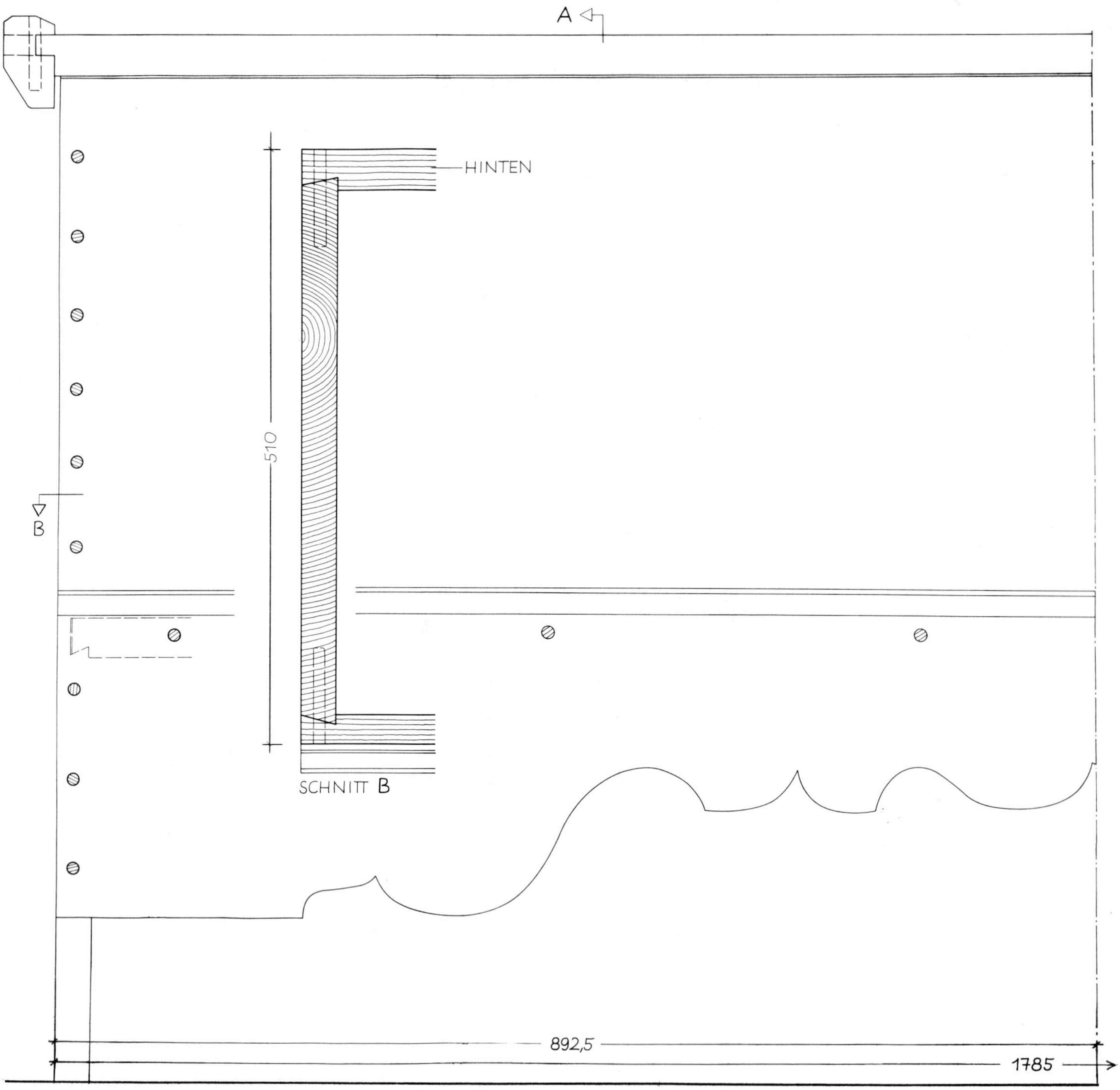

Schnitt hinten	Cross-section Back	Coupe Dos

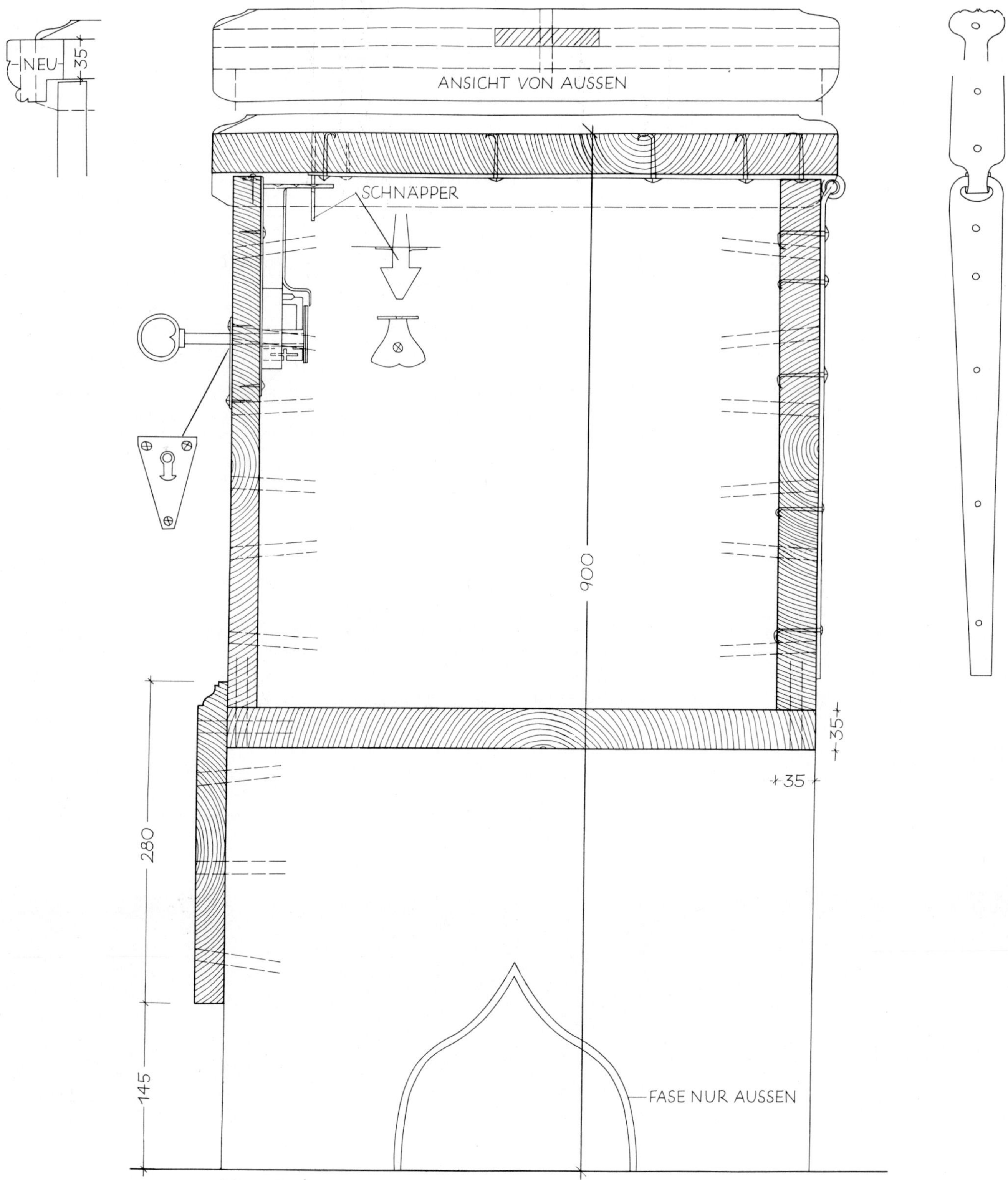

Schnitt	Section	Coupe
Ansicht von außen	Outside view	Vue extérieure
Schnäpper	Snaplock	Houssette
Fase nur außen	Bevel on outside only	Chanfrein uniquement à l'extérieure
neu	new	Nouveau

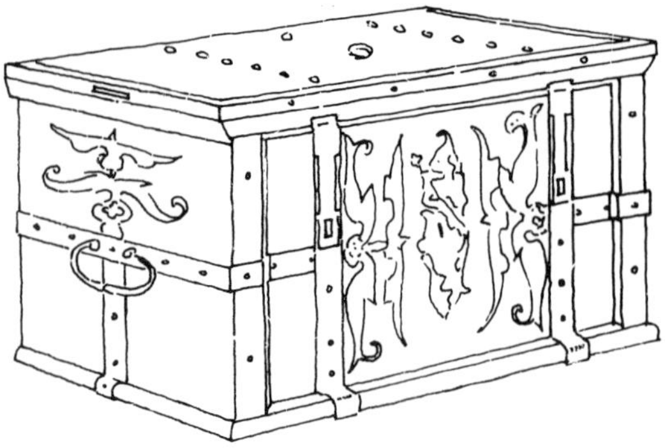

Schatztruhe, erste Hälfte 17. Jahrhundert

Schloß Heiligenberg

Deckel und Seiten sind unverleimt aus Nußbaumholz hergestellt. Die Seiten sind durch vier verkeilte Zinken miteinander verbunden, oben an den sichtbaren Kanten sind sie auf Gehrung zusammengeschnitten. An der Vorderfront sind die Zinken durch eine mit Holznägeln befestigte Lisene verdeckt. Das Rückwandbrett ist außen nur mit dem Schrubbhobel bearbeitet. Der Deckel ist mit Hirnleisten versehen, die in der Mitte durchgestemmt sind und je einen verkeilten Zapfen aufweisen. Dicht daneben sind die Eisenbänder angebolzt, die jegliche Bewegung des Holzes verhindern.

Das Schloß ist am Deckel angebracht (vorgetäuschtes Schlüsselloch an der Vorderseite!) Das eigentliche Schlüsselloch ist in eine Kapsel eingearbeitet, deren Deckel nicht mehr vorhanden ist. Schlösser dieser Zeit sind Schnappschlösser, die bei jedem Zuklappen des Deckels einschnappen und nur durch den Schlüssel wieder geöffnet werden können. Die Haltevorrichtung für den dreiteiligen Schnäpper ist bei dieser Truhe mit Bolzenschrauben (Gewinde von Hand gefeilt) im Holz befestigt. Das Schloß ist mit handgeschmiedeten Nägeln angeschlagen, die auf der oberen Seite des Deckels sichtbar umgebogen sind. Die beiden Vorhängeschlösser gehören wohl zum originalen Bestand. Um ein gewaltsames Öffnen des Deckels — etwa durch Durchfeilen der Scharniere oder Herausschlagen der walzenförmigen Stifte — zu verhindern, hat man den „Eingreifer" angebracht, der sich bei vielen Truhen findet.

Treasure Chest, 1st half of 17th century

The lid and sides are made of unglued walnut. The sides are joined by four wedged dovetails, are mitered at their upper visible edges. Moldings are fastened to the front with wood pegs to cover the dovetailing. On the outside, the back is only jack-planed. The lid is kept straight by edge cleats with one wedged tenon each through the middle of the cleats. Right next to these cleats the iron hinges are bolted to the lid and these hinges prevent any movement of the wood.

The lock is fastened to the lid (sham escutcheon in the front). The actual keyhole is set in a bushing whose cover is missing. The locks of that time are snaplocks which lock the lid whenever the latter is closed and which can be re-opened only by means of the key. The holder for the three-bolt latch is fastened in the wood by screw bolts with hand-filed thread. The lock is mounted with hand-forged nails which are bent over and visible on the upper side of the lid. The two padlocks are the original ones. To prevent any forcible opening of the lid — as by cutting the hinges or driving out the cylindrical pins — a latch as found in many chests was provided.

Coffre fort de la première moitié du 17-ème siècle

Le couvercle et les côtés sont constitués par des planches de noyer massif jointées sur champ sans collage. Les côtés sont assemblés à queue d'aronde avec onglets sur parement. Le bois de bout de ces tenons est caché sur le devant par une moulure chevillée. Le dos du coffre est brut de rabotage. Le couvercle est emboîté à chaque extrémité et chaque emboîture est tenonnée et clavetée en son milieu. Les pentures de fer sont fixées par des rivets qui empêchent le bois de travailler.

La serrure est montée sur le couvercle avec une entrée fictive sur le devant; l'entrée réelle est logée dans un canon dont le couvercle a disparu. Les serrures de cette époque étaient des modèles à houssette qui s'enclanchent chaque

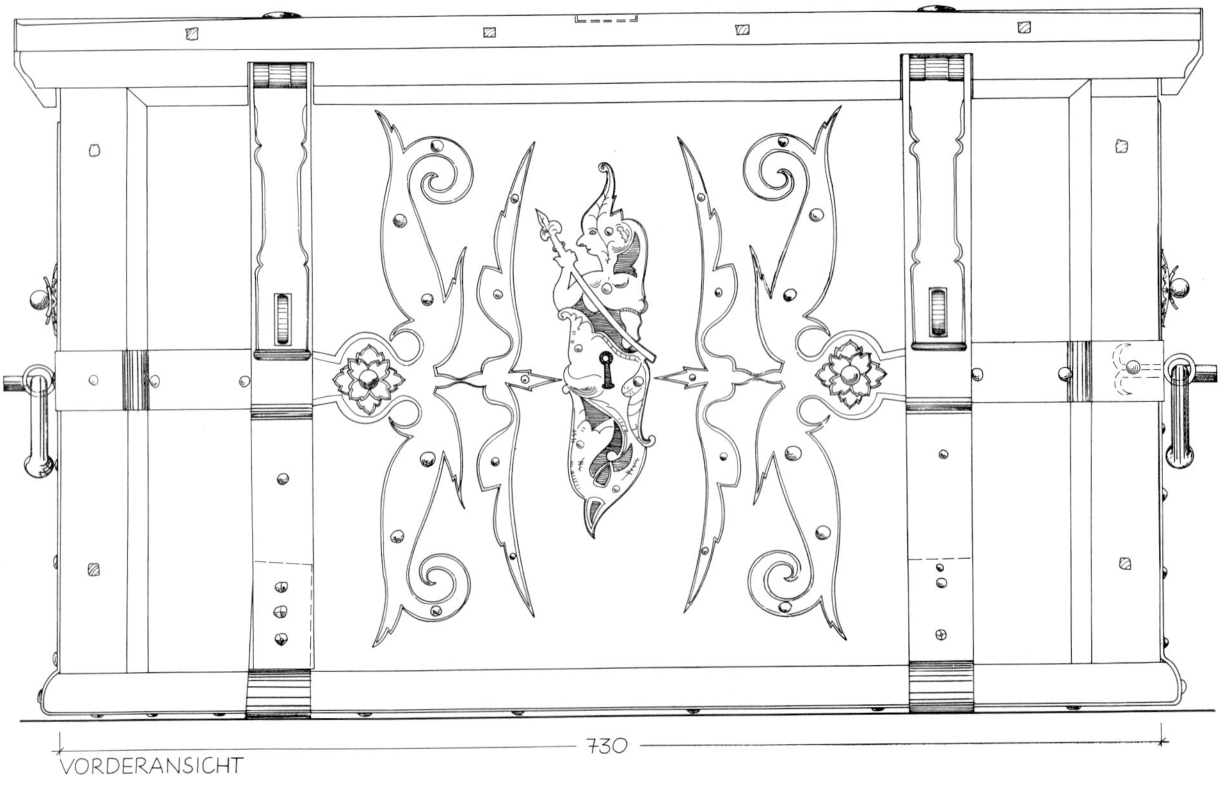

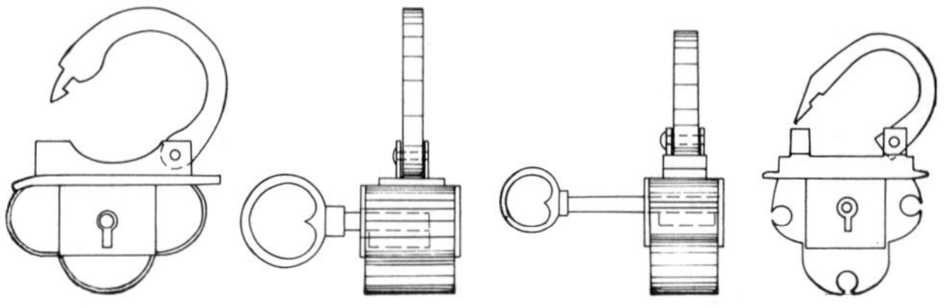

VORHÄNGESCHLÖSSER

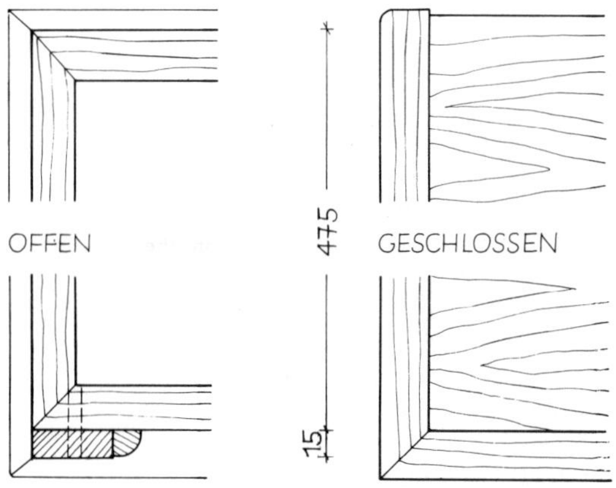

DRAUFSICHTEN

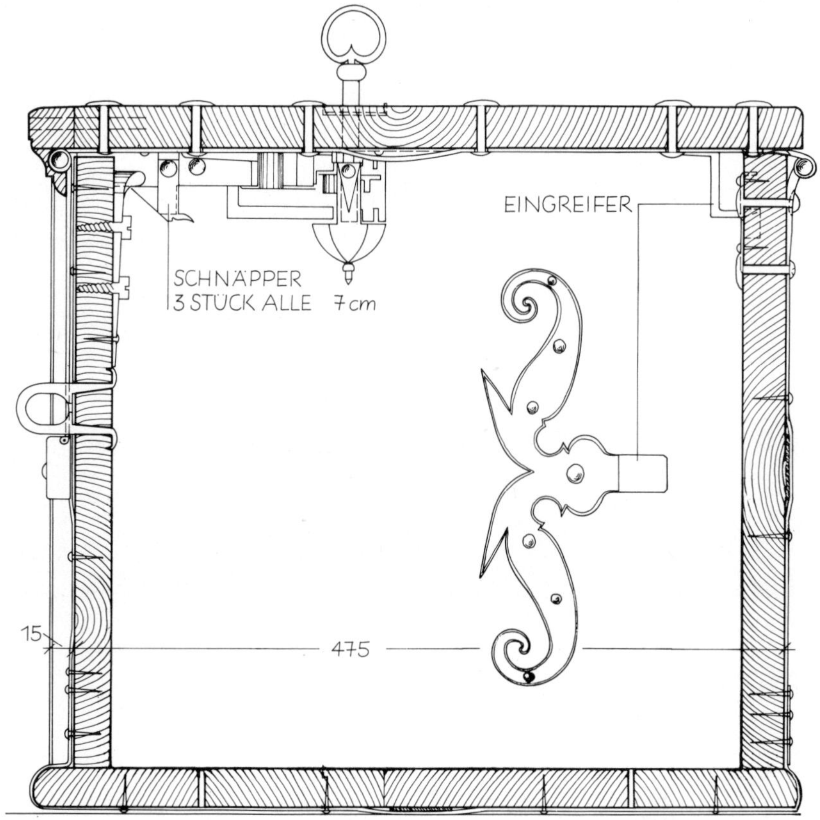

VERTIKALSCHNITT

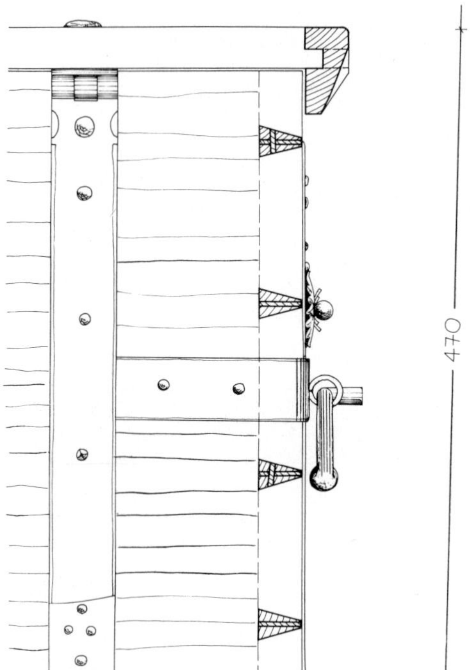

RÜCKSEITE

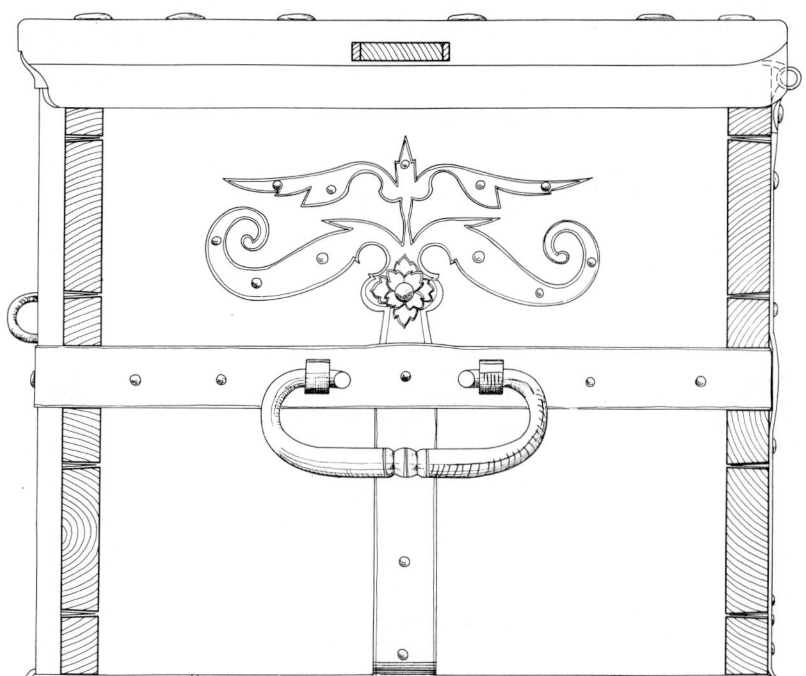

STIRNSEITE

Draufsichten	Top plan views	Vues d'en haut
Vertikalschnitt	Vertical section	Section verticale
Rückseite	Back	Côté dorsal
Stirnseite	Side	Face
offen	open	ouverte
geschlossen	closed	fermée
Vorhängeschlösser	Padlocks	Cadenas
Schnäpper, 3 Stück alle 7 cm	Snaplocks, 3 snaplocks 3 in. each	Houssettes, toutes les trois de 7 cm
Eingreifer	Deadbolt	Gâches

fois que l'on ferme le couvercle. Il fallait donc ouvrir chaque fois avec la clef. La gâche où s'enclanchent les trois éléments de la houssette est fixée par des vis dont le pas était façonné à la main. La serrure est fixée par des clous forgés repliés sur le couvercle. Deux cadenas complètent la fermeture. Pour que l'on ne puisse pas forcer le couvercle en limant les charnières ou en chassant les rivets, on a recouru à des arrêts que l'on retrouve sur un grand nombre de coffres de cette époque.

Truhe aus Brixen, Anfang 16. Jahrhundert

Brixen chest, beginning of 16th century

Coffre de Brixen, début du XVI-e siècle

Truhe aus Wismar, 16. Jahrhundert Wismar chest, 16th century Coffre de Wismar, XVI-e siècle

Englische Truhe, Anfang 16. Jahrhundert

English chest, beginning of 16th century

Coffre anglais, début du XVI-e siècle

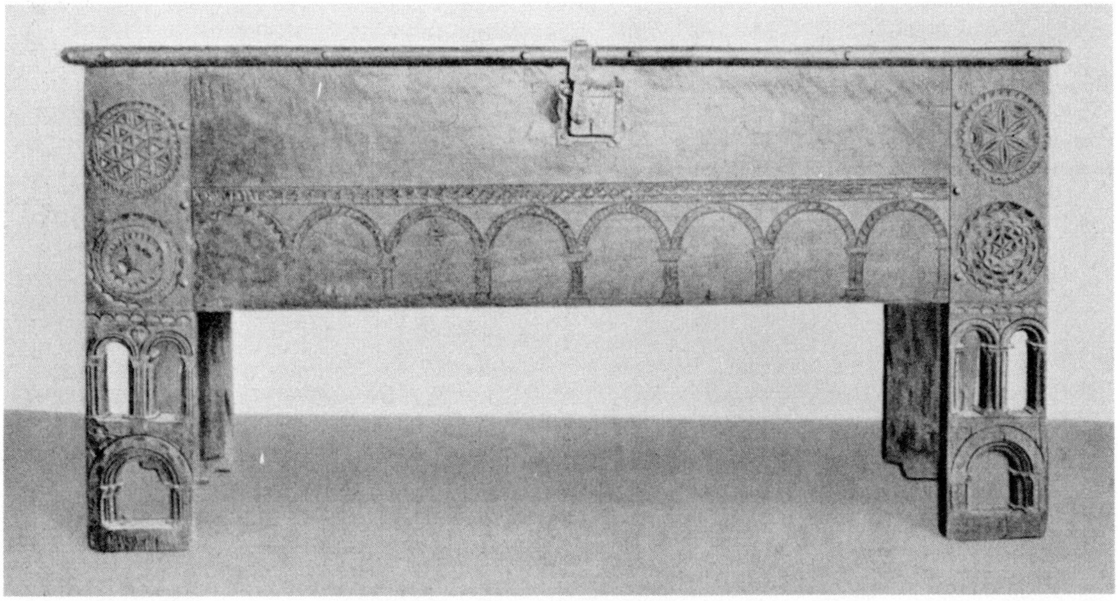

Truhe, Nußholz, 12. Jahrhundert. Deckel und Schloß wiederhergestellt

Walnut chest, 12th century. Lid and lock restored

Coffre en noyer, XII-e siècle. Serrure et couvercle renouvelés

L. 1.90 H 0.95 T 0.49
Sion (Sitten) Musée de Valère

Eichentruhe aus Groß-Biewende bei Wolfenbüttel, um 1300

Oak chest from Gross-Biewende near Wolfenbüttel, about 1300

Coffre en chêne de Groß-Biewende près Wolfenbuettel, aux environs de 1300

L 1.71 H 1.00
Braunschweig, Herzog-Anton-Ulrich-Museum

Eichentruhe aus Lüneburg, 14. Jahrhundert

Oak chest from Lüneburg, 14th century

Coffre en chêne de Lunebourg, XIV-e siècle

L 1.50 H 0.93 T 0.75
Lüneburg, Museum

Die geschnitzte Vorderfront aus verleimten Brettern ist mit Federn in die Brettfüße eingeschoben

The carved front panel of glued-up boards is stuck into the stiles by means of tongues

Le devant sculpté se composant de planches assemblées par collage est emboîté dans les pieds constitués par des planches

Eichentruhe mit Stifterfiguren aus Osnabrück, Westfalen um 1400

Oak chest with carved figures of donators from Osnabrück, Westphalia, about 1400

Coffre en chêne avec portraits sculptés des donateurs. Osnabrück (Westphalie), aux environs de 1400

L 1.47 H 0.65 T 0.55
Köln, Kunstgewerbemuseum

Nadelholztruhe, süddeutsch, 15. Jahrhundert, Konstruktionsart wie Zeichnung S. 21—23

Fir-wood chest, Southern Germany, 15th century. Construction similar to drawings on pages 21 to 23

Coffre en bois conifère, Allemagne du Sud, XV-e siècle. Construction similaire au plan pages 21-23

München, Bayer. Nationalmuseum

Truhenbank aus Nadelholz mit Flachschnitt, Süddeutschland, Ende 15. Jahrhundert

Fir wood chest-bench carved in flat relief, Southern Germany, end of 15th century

Coffre en forme d'un banc en bois conifère, orné de bas-reliefs. Allemagne du Sud. Fin du XV-e siècle

L 1.46 H 0.77 T 0.37
Nürnberg, Germanisches Nationalmuseum

Truhe mit Malerei auf Pergament-Unterlage, Toskana, Mitte 15. Jahrhundert. Beschläge Eisen

Tuscan chest, middle of 15th century. Designs painted on parchment. Iron locks and hinges

Coffre de Toscane, aux environs de 1450. Peinture sur support de parchemin. Garnitures en fer

L 1.58 H 0.47 T 0.43
Kopenhagen, Kunstindustrimuseet

Truhe mit Schnitzerei, Nußholz, z. T. vergoldet (Füße falsch); Oberitalien nach 1550

Carved walnut chest, partly gilded (feet restored); Northern Italy, after 1550

Coffre en noyer sculpté et partiellement doré. Pieds feints. Italie du Nord, après 1550

L 1.69 H 0.55 T 0.53
Berlin, Ehem. Staatl. Museen

Eichentruhe, Stollenkonstruktion, drei Füllungen an der Vorderseite, aufgeleimte Schmuckteile. Amerika, letztes Viertel 17. Jahrhundert

Oak chest, stile-and-panel constructions, three-panel front, ornaments glued to the surfaces. America, last quarter of 17th century

Coffre en chêne. Construction à montants avec trois panneaux, ornements collés sur les faces. Amérique, dernier quart du XVII-e siècle

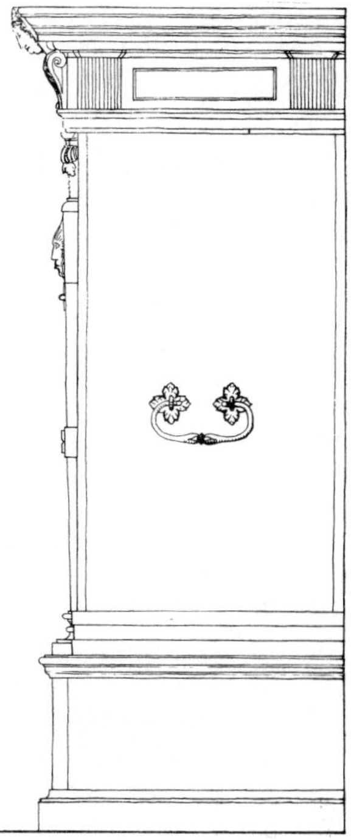

M 1 : 20

Ulmer Renaissanceschrank, erste Hälfte des 17. Jahrhunderts

Schloß Heiligenberg

Der Schrank besteht aus drei für sich gearbeiteten und auseinandernehmbaren Teilen: Sockel mit Schublade — Mittelteil mit Türen — Kranz ebenfalls mit Schubladen.

Die Vorderfront des Schrankes ist durch drei nach unten verjüngte Pilaster gegliedert, die unten durch die vorspringenden Sockelteile aufgenommen werden; am Kranz bilden Konsolen die Verlängerung. Der mittlere Pilaster ist an der rechten Tür aufgeleimt und dient als Schlagleiste.

Die beiden Felder des Unterteils enthalten Schubkästen. Ihre Vorderstücke sind durch feingliedrige Profile aus Eichenholz umrahmt. Darin liegt ein in gleicher Holzrichtung verlaufender Nußbaumfries mit Adern aus hellem Ahorn und Nußbaum, die das Mittelfeld aus Blumenesche einschließen. Die Profile sind nicht über das Furnierwerk, sondern auf das Blindholz geleimt. Die Schubladen sind gezinkt, und zwar sitzen die Schwalbenschwänze — entgegen der üblichen Art — am Vorder- und Hinterstück, um am Kehlstoß möglichst wenig Hirnholz an der Leimfläche zu erhalten. Ein Lösen der Einzelteile verhindert der Schubladenboden, der in der Längsrichtung unter den Kasten geleimt und mit Holznägeln angebohrt ist.

Die Schubkästen werden von dunklen Streifen aus Ahorn eingefaßt, die auf die Unterkonstruktion der Vorderfront geleimt sind. Das Ahornholz ist nicht gefärbt oder gebeizt, sondern in heißem Sand dunkel gebrannt. Durch diese natürliche Bräune bleibt — im Gegensatz zu gefärbten Hölzern — seine Struktur sichtbar. Die Sockelseiten sowie die Seiten des Mittelteils sind aus Tannenholz und mit Schablonen teilweise dunkel bemalt.

Vorder- und Hinterstück des Sockels sind mit den Seiten verzinkt; die Zinken sind verkeilt und seitlich sichtbar. Vorne werden sie durch die Pilaster verdeckt. Ebenso sind Seiten und Böden des Mittelteils zusammengezinkt, und die Zinken durch Profilleisten verdeckt. (Die Teilung in der Mitte, die durch Holzverklammerung zusammengehalten wird, erfolgte erst in späterer Zeit.) Der Zwischenboden ist in die Seiten auf Grat eingeschoben und gehört zur starren Verbindung des Schrankes. Die Rückwand aus vollen Brettern ist überschoben auf den Mittelteil geleimt und mit Holznägeln verbohrt. Ebenso sind die Lisenen der Vorderfront befestigt. Die Nägel bleiben in der Vorderfront an der Außenkante neben dem Pilaster sichtbar.

Die inneren Flächen der Lisenen sind durch dunkle Furnierstreifen und Adern in Feldern geteilt, die in der Mitte mit geflammtem Ahorn, unten und oben mit Birkenmaser ausgefüllt sind. Eine Unterbrechung im Ahornfeld bildet oben ein Streifen aus Apfelholz, der quer und gebogen eingefügt ist. Die Pilaster stehen auf reich profilierten Basen aus Birnbaumholz. Oben werden sie durch Kapitelle aus Nußbaumholz abgeschlossen. Masken aus Ahorn sind unter dem Kapitell aufgeleimt. Unter den Köpfen ist jeweils ein Tuch als Intarsie geschnitten, seine Schattierungen sind gebrannt. Das Ganze wird durch dunkle und helle Adern eingefaßt. Die seitliche Begrenzung bildet massives Apfelholz, das in Stärke des Pilasters vorgeleimt ist.

Die Ausbildung der Türen ist besonders reich. Die sehr breiten Rahmenhölzer, die den größten Teil der Türfläche einnehmen, sind durchgeschlitzt und haben somit an den Ecken den Charakter von

Sperrholz. Der Zapfen ist etwas dicker als ein Drittel der Gesamtstärke. Durch die breite, sperrholzartige Verzapfung werden die Türen gerade gehalten. In der Mitte bleibt eine verhältnismäßig kleine Öffnung für die Intarsienfüllung. Das ganze Architekturwerk ist auf die Vorderfront der Rahmen geleimt. Innen im Schrank bleibt das Tannenholz sichtbar. Furnieren von Innenteilen kannte man damals im allgemeinen noch nicht. Das Mauerwerk-Ornament besteht aus Stükken von angebranntem Nußbaumfurnier mit hellen Ahornadern. Das den mittleren Pilaster begleitende reich geschwungene Auflagewerk von starkem Ahorn- und Nußbaumfurnier ist auf die Fläche geleimt; ebenfalls die Schnitzereien über dem giebelförmigen Aufbau und unter der Basis der Aufdoppelung der Türen. Zwischen den beiden Profilen dieser Basis ist die Fläche von einem Birnbaumfries eingefaßt und in drei Felder geteilt. Die beiden äußeren kleinen quadratischen Teile sind aus Ahornfurnieren so zusammengesetzt, daß sie wie Diamanten wirken, das Mittelfeld besteht aus geflammter Birke. Die Bogenzwickel sind durch Rollwerk-Intarsien aus hellem Ahorn und dunklem Birnbaum ausgefüllt. Die als Intarsie einseitig ausgebildete kleine Füllung in der Mitte ist in einen Falz gelegt und dann durch die aufgeleimte Verdoppelung gehalten. Der helle, schlichte Ahorngrund ist von einem breiten, dunklen Streifen sowie von hellen und dunklen Adern eingefaßt.

So, wie sich der Pilaster als Schlagleiste staubdicht auf die linke Tür legt, so ist auf der Bandseite der beiden Türen je eine Schuppenleiste aus Birnbaumholz angeleimt, die die Fuge verdeckt. Die Türen schlagen vor den feststehenden Mittelboden, an dem eine Schnappfeder den Schnapphaken der linken Tür festhält.

Schloß und Bänder sind reich graviert. Sie sind durch Kugelkopfnägel angeschlagen. Die Bänder reichen an der Innenseite fast über die ganze Breite der Tür.

Am unteren Boden des Mittelteiles ist an jeder Seite eine Leiste befestigt, die in den Sockel eingreift. Am Kranz deckt das umlaufende Profil die Fuge. Der Kranz wird durch Keile mit dem Mittelteil zusammengehalten.

Die Form des Kranzes mit Schubladen ist selten. Das Mittelfeld des Vorderstückes, aus Blumenesche, ist mit dunkel gebranntem Ahorn und hellen und dunklen Adern eingefaßt. Kranzseiten, Vorder- und Hinterstück, sind miteinander gezinkt. Vorn und seitlich sind die Zinken durch dunkles Ahornfurnier verdeckt. Die Kranzseiten sind im Gegensatz zu den Mittelteil- und Sockelseiten furniert. Das Feld zwischen den Triglyphen ist aus geflammtem, hellem Ahornfurnier, von Adern und einem breiten dunklen Fries eingefaßt. Der Boden ist wie die Seiten und Rückwände aus vollen Brettern verleimt. Um ein Werfen zu verhindern, ist er auf Nut und Feder in die Seite eingeschoben. Am Vorder- und Hinterstück halten ihn Holznägel. Das Gesims besteht aus Tannenholz mit einer dünnen Eichenholzdickte. In der Mitte ist es durch einen Kopf aus Ahornholz unterbrochen.

Ulm Renaissance Cabinet from the first Half of the 17th Century

The cabinet consists of three separate and dismountable parts: stand with drawers, center section with doors, and the top, also with drawers. The front of the cabinet is characterized by three tapered pilasters supported on the projecting stand; brackets to top the pilasters. The central pilaster is glued to the right-hand door and serves as a door stop.

The two sections of the stand contain drawers. Their fronts are framed by delicate oak moldings. A walnut band of equal grain direction with lines of white maple and walnut encloses the central area of burly ash. The moldings are glued right to the core and not the veneer. The drawers are dovetailed. But contrary to the usual practice the dovetails are cut in the front and the back to leave very little end-grained wood in the drawer front for the glue blond. The drawer bottom is glued to the underside of the drawer frame in longitudinal grain direction to prevent the frame from being pulled apart.

Strips of dark maple framing the drawer fronts are glued to the understructure of the front. The maple strips are not stained or otherwise colored but are darkened in hot sand. This retains the texture of the wood, contrary to wood treated with coloring matter. The sides of the stand and the center part are of fir-wood and are partly painted in dark shades by means of patterns.

The carcass of the stand is dovetailed. The dovetails are fox-wedged and visible on the side. In front, they are covered by the pilasters. The sides and bottoms of the center part are also dovetailed and the dovetailing is covered by moldings. (Separation in the middle, with wood fasteners to hold the two parts together, is a subsequent alteration.) The intermediate panel ist fastened in dovetail housings and is part of the rigid structure of the cabinet. The back of solid boards overlaps the central part and is glued to it. The left and right uprights of the front are fastened in the same manner. The pegs are visible in the front next to the pilasters.

On the opposite side of the pilasters the uprights are divided into areas of rippled maple, in the center, and birch burl, above and below, by bands and lines of dark veneers. The maple area is interrupted by a bent cross band of apple-wood. The pilasters are seated on richly molded pear-wood bases, are topped by capitals of walnut. Masks of maple are glued to the pilasters below the capitals. Below each head scarf inlays have burnt shading. The inlays are bordered by blonde and dark lines .Solid apple-wood of pilaster thickness is glued to the uprights as the lateral borders.

The doors are particularly lavishly decorated. The very wide frame boards, making up most of the door surface, are open mortise and tenon jointed and therefore have a plywood character at the frame corners. The tenons are slightly thicker than one third of the entire thickness. These wide plywood-like joints keep the doors straight. Only a relatively small opening remains in the center for the marquetry panel. The entire ornamentation is glued to the face of the frames. The fir-wood remains visible inside the cabinet. It was not usual at that time to veneer the interior. The masonry decoration consists of pieces of lightly burnt walnut veneer with blonde maple lines. The elaborately curved ornaments of thick walnut and maple veneers along the central pilaster are glued to the cabinet front like the carved ornaments above the gable-like headpiece and below the base. The pear-wood band between the two moldings of that base is divided into three areas. The two square areas are inlaid in diamond-matched maple veneer, the central field is birch burl. The "spandrels" of blonde maple are inlaid with a scroll pattern of dark pear-wood. Glued-on moldings hold the small central marquetry panel in place in a rabbet. The light, uniformly grained maple background is framed by wide dark banding and light and dark lines.

Similar to the central pilaster, closing over the left-hand door and acting as door stop and dust seal, a scale-patterned strip of pearwood is glued to both doors near the hinges to cover the joints. The doors close on the upper shelf where a snapspring engages the snaphook of the left-hand door.

Lock and hinges are elaborately engraved. They are fastened with ball-head nails and the hinges extend over almost the entire inside width of the doors.

A cleat engaging with the stand is fastened to each side of the lower bottom. The joint in the top is covered by the molding. Top and central parts are held together by wedges.

Drawers are rarely found in cabinet tops. The ash burl central area of the drawer fronts is framed with dark-burnt bands of maple and light and dark lines. The sides, back and front of the top are dovetail jointed. Dark maple veneer covers the dovetails in the front and the sides. In contrast to the side of the central part and the stand, the top sides are veneered. The area between the triglyphs is veneered with blonde maple burl veneer and framed with lines and wide dark banding. The bottom, like the sides and the backs, is glued up of solid boards. It is tongue-and-groove joined to the sides to prevent warping. It is secured with wood pegs in front and back. The cornice is fir-wood with thin oak facing. It is interrupted by a maple head in the middle.

Teilansicht von vorn und Schnitte 1 : 10
Front detail and sections 1 : 10
Vue partielle d'en face et coupes 1 : 10

Ober- und Mittelteil, Vertikalschnitt	Upper and middle part, vertical section	Coupe verticale des corps supérieur et principal
Unterteil, Vertikalschnitt	Lower part, vertical section	Coupe verticale du corps inférieur
Mittelteil, Horizontalschnitt	Middle part, horizontal section	Coupe horizontale du corps principal
Ansicht von vorn	Front view	Vue de face
Kippleiste	Drawer hold-down cleat	Baguette de retenne
Streichleiste	Drawer guide	Baguette guide
Laufleiste	Drawer slide	Glissière
Tür unten	Lower door	Partie inférieure de la porte
Intarsie	Marquetry	Marqueterie
Eisen verzinnt	Iron, tin-plated	Fer étamé

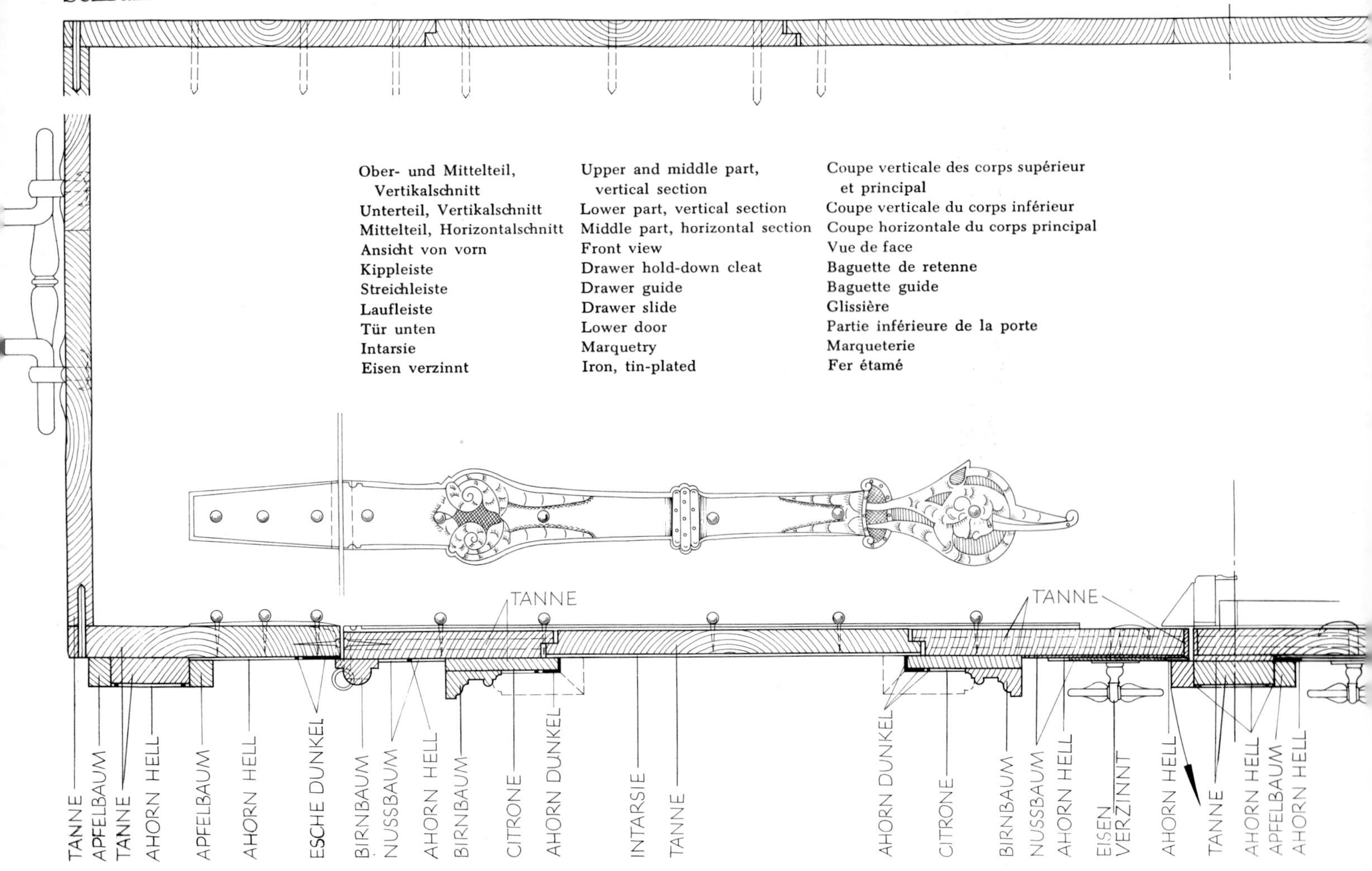

MITTELTEIL HORIZONTALSCHNITT

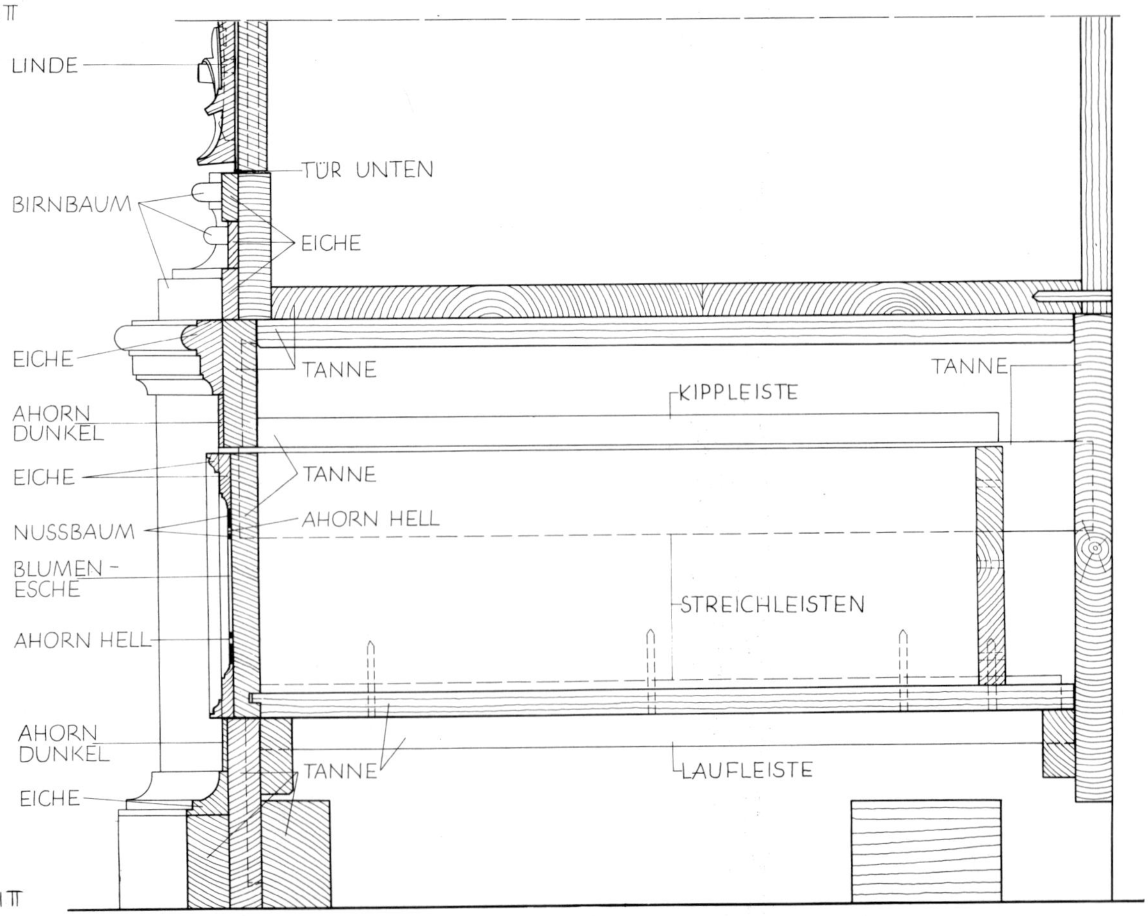

UNTERTEIL VERTIKALSCHNITT

Ahorn dunkel
Maple, dark
Érable foncé

Ahorn hell
Maple, blonde
Érable clair

Apfelbaum
Apple
Pommier

Birke
Birch
Bouleau

Birnbaum
Pear
Poirier

Blumenesche
White ash
Frêne à fleurs

Citrone
Ayan
Citronnier

Eiche
Oak
Chêne

Esche dunkel
Ash
Frêne foncé

Linde
Lime
Tilleul

Nußbaum
Walnut
Noyer

Tanne
Silver fir
Sapin

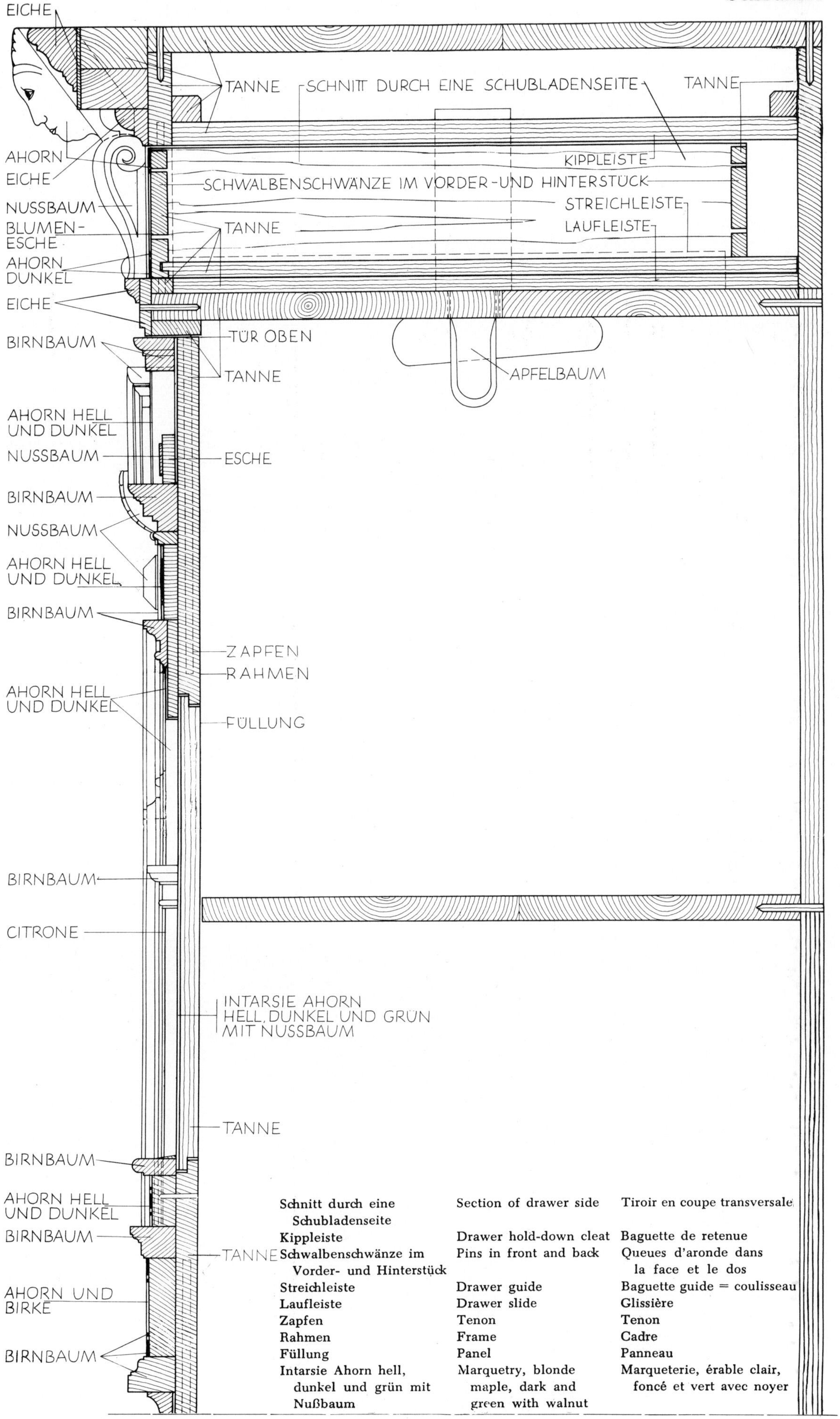

OBER-UND MITTELTEIL
VERTIKALSCHNITT

Schnitt durch eine Schubladenseite	Section of drawer side	Tiroir en coupe transversale
Kippleiste	Drawer hold-down cleat	Baguette de retenue
Schwalbenschwänze im Vorder- und Hinterstück	Pins in front and back	Queues d'aronde dans la face et le dos
Streichleiste	Drawer guide	Baguette guide = coulisseau
Laufleiste	Drawer slide	Glissière
Zapfen	Tenon	Tenon
Rahmen	Frame	Cadre
Füllung	Panel	Panneau
Intarsie Ahorn hell, dunkel und grün mit Nußbaum	Marquetry, blonde maple, dark and green with walnut	Marqueterie, érable clair, foncé et vert avec noyer

Armoire Renaissance d'Ulm, première moitié du 17 ème siècle

Cette armoire se compose de trois parties que l'on peut dissocier: le socle, renfermant deux tiroirs, le corps central et le corps supérieur, comportant également des tiroirs.

La façade de l'armoire est divisée par trois pilastres s'amincissants vers le bas et reposants sur les éléments correspondants du socle. Trois chapiteaux terminent chacun des pilastres. Le pilastre central est solidaire de la porte droite dont il cache le joint avec la porte gauche.

Les façades des deux tiroirs incorporés dans le socle sont constituées par un élément central de placage en loupe de frêne, entouré d'une série de moulures d'essences différentes, collées directemment sur la façade et qui sont successivement, en partant du motif central, en noyer de fil, en érable clair, puis à nouveau en noyer de fil pour se terminer par une moulure en chêne.

Ces tiroirs sont assemblés à enfourchement simple. Les fonds sont rapportés sur champ et chevillés sur trois côtés; sur la façade, ils sont assemblés à rainure. Le champ plat qui entoure les logements de tiroir est en érable foncé. Ce vieillissement artificiel, qui fait apparaître la veinure du bois, est obtenu par un bain de sable chaud.

Les retours du socle et du corps principal sont en sapin en partie coloré au pouvoir d'une teinte sombre.

La face avant et le dos du socle sont assemblés aux côtés par des queues d'aronde. Les tenons sont clavetés et visibles sur les côtés mais cachés sur la façade par les pilastres. Les côtés et les fonds du corps principal sont assemblés de la même manière. Ces tenons sont cachés par des moulures. Le fond intermédiaire est emboîté à queue d'aronde et assure la rigidité de cette armoire. Le dos, en planches massives, est collé sur le corps central et chevillé. Les moulures appliquées sur la façade sont fixées de la même manière. Le long des pilastres on peut voir des chevilles. Les pilastres sont décorés par des bandes de placage sombre; en lisière des petits panneaux plaqués d'érable et de bouleau ramageux. Dans sa partie supérieure, le placage d'érable est interrompu par un placage de pommier. Les socles des pilastres sont en poirier richement ornementé. Sous les chapiteaux, au sommet de chaque pilastre, sont collés des mascarons en érable. Sous chacune de ces têtes, une marqueterie reproduit un drapé, dont les plis sont nuancés par pyrogravure. La bordure latérale est constituée par une baguette de poirier massif.

Les portes se distinguent par la richesse de leurs ornements. Les traverses très larges, qui constituent la plus grande surface des portes, sont assemblées par enfourchement. De ce fait, les angles vus sur champs, ressemblent à du contreplaqué. L'épaisseur du tenon central dépasse d'un tiers celle de la porte. Le panneau central, relativement petit, est revêtu de marqueterie. Les ornements architecturaux sont rapportés par collage sur la porte. Le sapin est apparent à l'intérieur de l'armoire. À cette époque, on ne plaquait pas les intérieurs de meubles. L'imitation de briquettage est obtenue par des rectangles de noyer bruni au sable chaud et par des filets d'érable clair imitant le jointage. Des ornements, en feuillets d'érable et de noyer, richement découpés, sont rapportés par collage en bordure du pilastre central, des frontons triangulaires et sous la base de la fausse allège de chaque porte. Celle-ci est entourée d'une frise en poirier qui se décompose en trois parties dont les deux extrêmes, en pointe de diamant, sont en érable et celle du centre en bouleau ramageux. Les motifs à droit et gauche, au dessus de l'arc central, sont faits d'une marqueterie d'érable clair et de bouleau foncé. Le panneau central, revêtu de marqueterie, est monté en feuillure et bloqué par les éléments du décor qui constituent une contre-feuillure. La partie unie du fond est en érable clair bordé d'une large bande foncée et de filets clairs et sombres.

Le pilastre central constitue la feuillure de la porte gauche. Une moulure en poirier cache le joint d'ouverture du côté charnières. Les portes battent contre le rayon central doté d'un ressort à lame qui crochette la porte gauche.

La serrure et les pentures sont fixées par des clous à tête bombée et richement décorées. Les pentures font à peu près la largeur de chaque porte.

Deux baguettes fixées sous le fond du corps principal servent à caler celui-ci dans le socle. Quant au chapiteau, une moulure le cale sur le corps central et cache le joint. L'assemblage de ces deux dernières parties est assuré par des clavettes.

La présence de tiroirs dans le corps supérieur est une conception assez rare. Le corps supérieur est assemblé à queue d'aronde, dont les tenons sont cachés par le placage. Sur les côtés, seuls, les retours de chapiteaux sont plaqués. Les façades des tiroirs supérieurs sont qlaquées d'érable clair bordé d'une bande sombre et d'un filet veiné. L'ensemble de ce meuble est construit avec des planches en massif assemblées par collage. Le fond est emboîte à rainure et façades des tiroirs supérieurs sont plaquées d'érable clair bordé d'une bande Le bâti de la corniche est en sapin habillé de planchettes de chêne. Un mascaron sculpté dans de l'érable est fixé au centre.

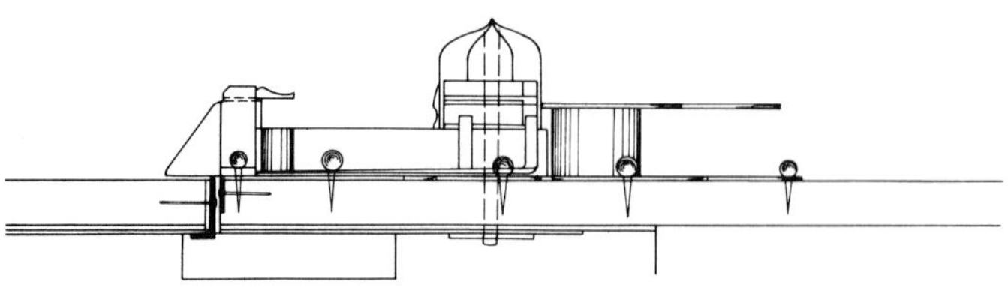

Schloß, Eisen blank
Lock, bare iron
Serrure fer poli

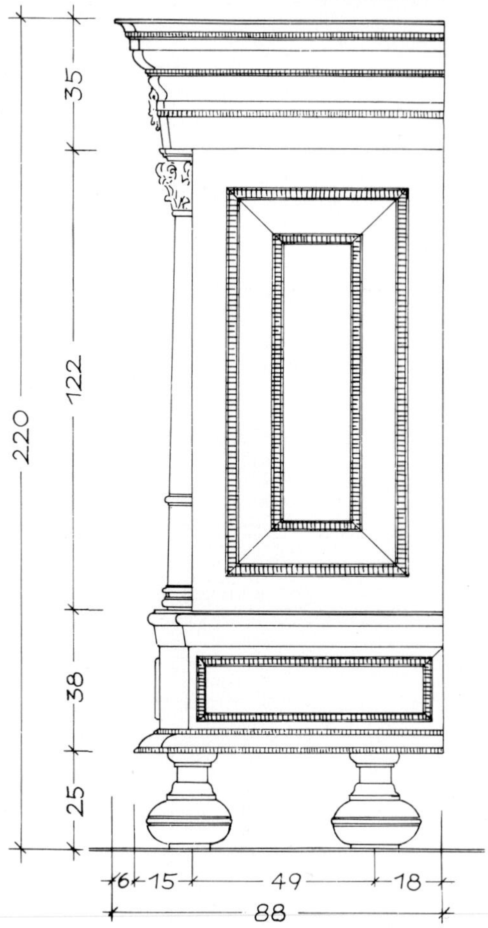

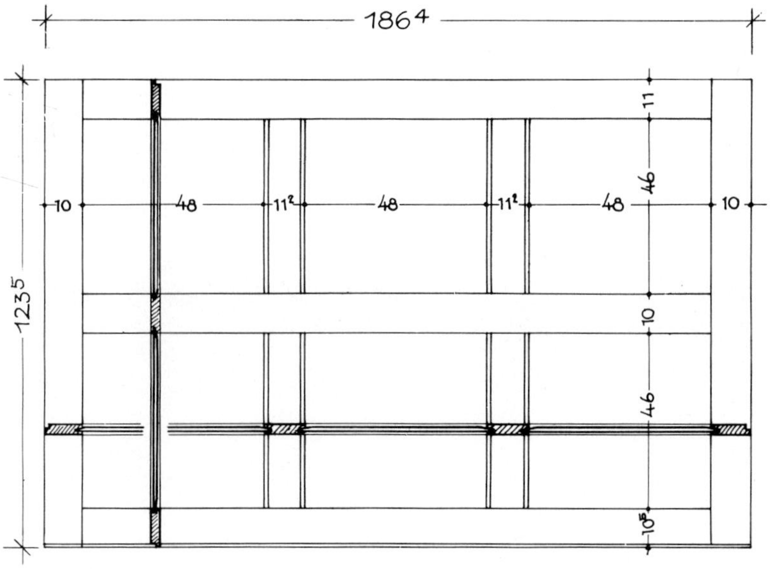

RÜCKWAND

M 1:20

Hamburger Schrank, um 1700

Privatbesitz

Dieses zweitürige Hamburger „Schapp“ unterscheidet sich im System nur wenig von dem Ulmer Renaissanceschrank auf S. 61—66. Es kann in seine Teile — Sockel, Kranz, Seitenwände, Rückwand und Türen — zerlegt werden und ist Palisander furniert. Der Sockel mit zwei Schubladen hat drei vorgekröpfte Auflager für die Säulen, die vor den seitlichen und vor der mittleren Lisene stehen. Die Türen bestehen aus einem großen Rahmen mit einer ringsherum eingeleimten Füllung. Durch die aufgeleimten, kräftigen, vielfach verkröpften und zugespitzten Aufdoppelungen mit ihren Profilen werden die Türen zu völlig starren, abgesperrten Gebilden. Sie sind mit Zapfenbändern angeschlagen.

Hamburg Cabinet, about 1700

This two-door „Schapp“ is of a construction similar to the Ulm renaissance cabinet on pages 61 to 66. It dismounts into stand, top, sides, back and doors and is palisander veneered. The stand with two drawers has three offset brackets for the columns in front of the side uprights and the divider. The doors are of frame and panel construction and the panels are glued to the frames on all sides. The many strong, often cornered and pointed moldings glued to the doors make these completely rigid structures. The doors are hung on pin hinges.

Armoire d'Hambourg, 1700 environ

La construction de ce Schapp Hambourgeois à deux portes se distingue peu de l'armoire Renaissance d'Ulm décrite aux pages 61—66. Il peut être décomposé ainsi: le socle, le corps supérieur, les côtés, le dos et les portes. Il est plaqué de palissandre. Le socle qui renferme deux tiroirs comporte les supports correspondant aux trois pilastres supérieurs. Les portes sont formées d'un grand cadre entourant un panneau fixé par collage. Le décor rapporté, profilé en formes géométriques à angles vifs, assure la parfaite rigidité des portes suspendues par des fiches à pivot.

Rückwand
Back of cabinet
Paroi dorsale

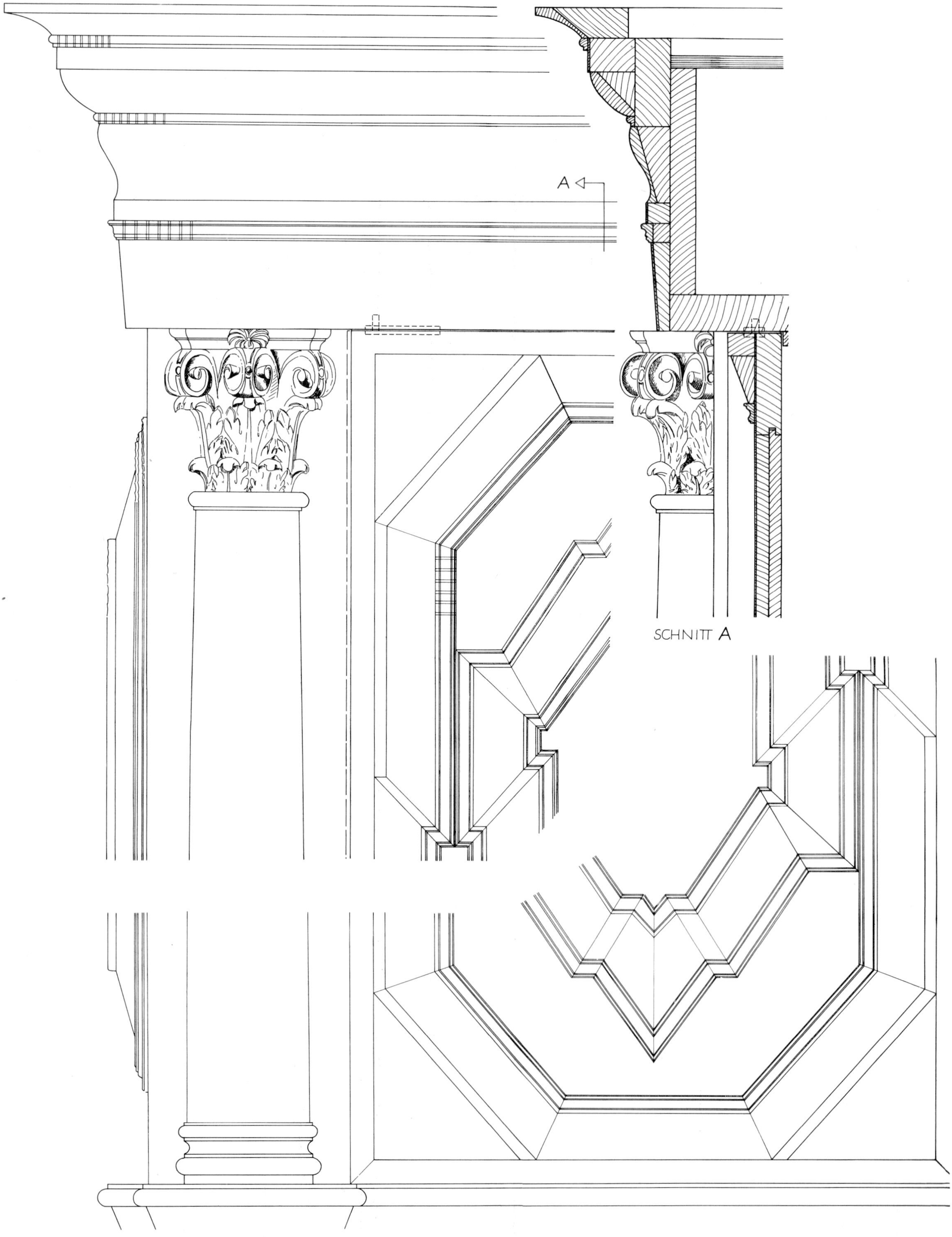
A
SCHNITT A

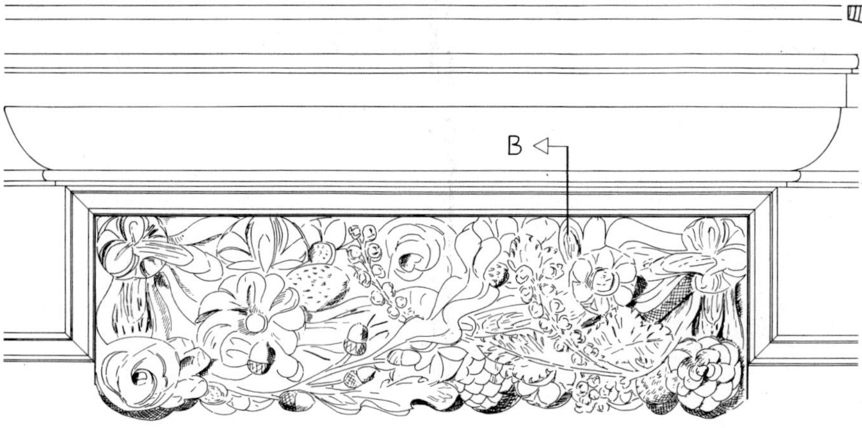

SCHNITZWERK IN DER MITTE DES SCHRANKES

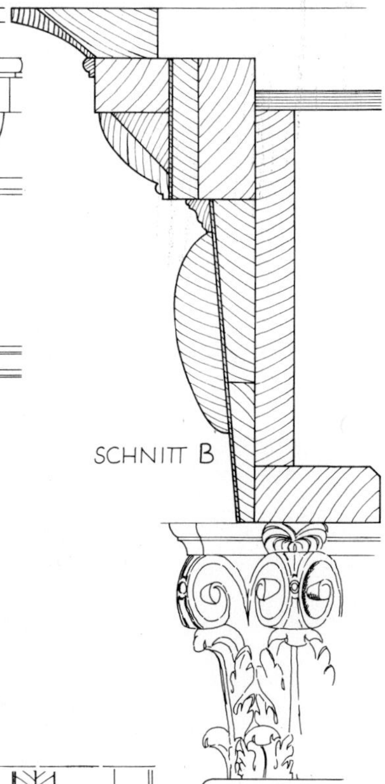

SCHNITT B

Schnitzwerk in der Mitte des Schrankes
Carved ornament in center of cabinet
Sculpture au milieu de l'armoire

Schnitt Cross-section Coupe

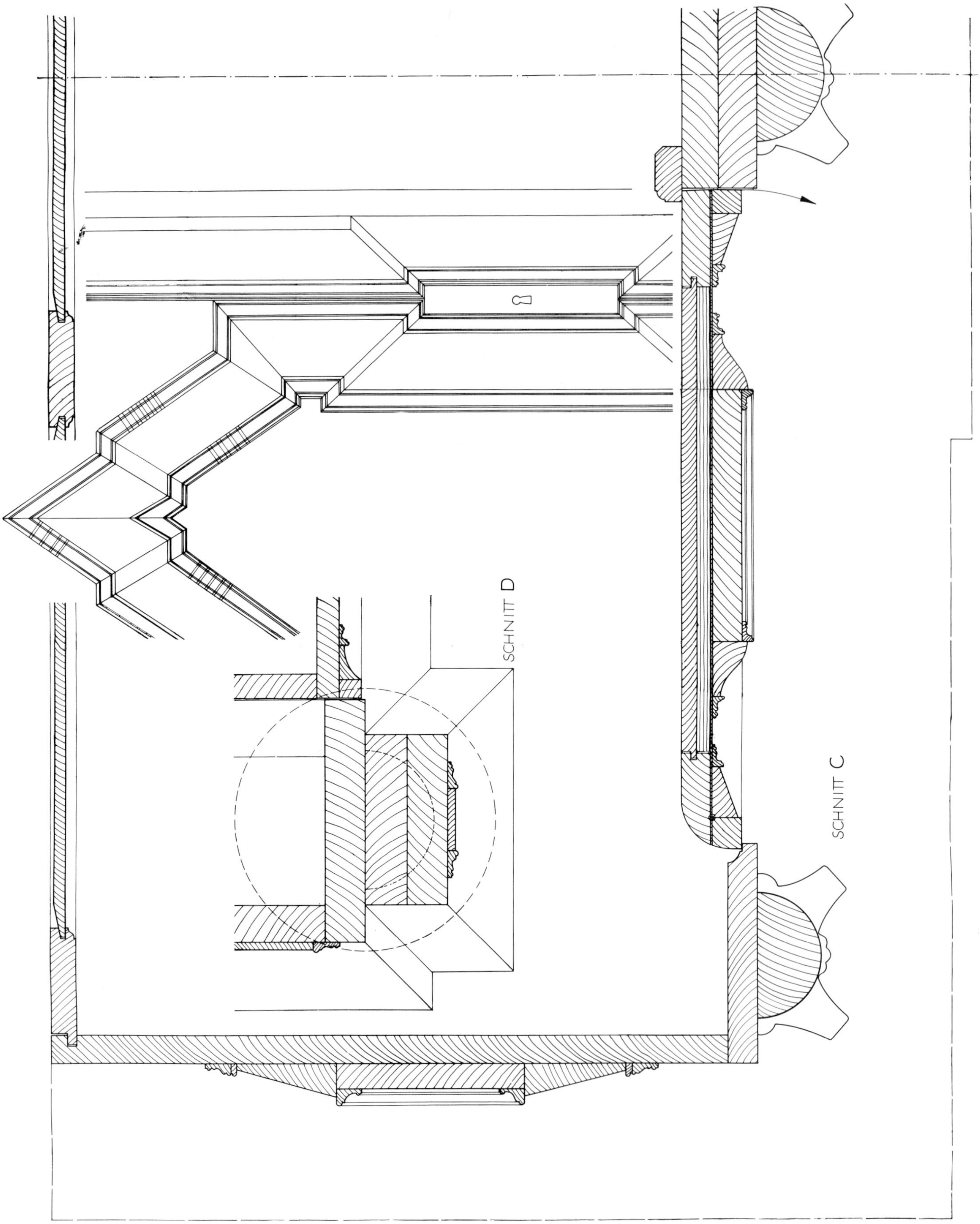
SCHNITT D
SCHNITT C

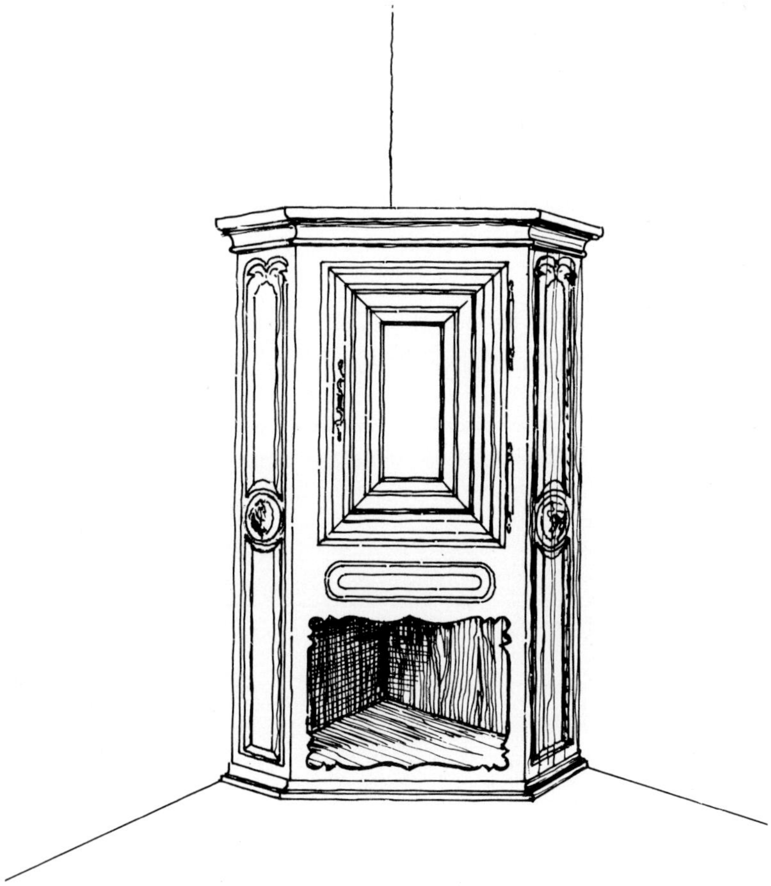

Westdeutscher Eckschrank, erste Hälfte des 18. Jahrhunderts

Privatbesitz

Das Schränkchen aus Kirschbaumholz ist im Grundriß dreieckig, die vorderen Kanten sind abgeschrägt. In diese schräggestellten Friese mit geschnitzten, vorgetäuschten Füllungen sind die Rückwände eingenutet. Das Oberteil ist durch eine Tür mit massiver, abgeplatteter Füllung verschließbar. Im Unterteil befindet sich ein offenes Fach und dazwischen eine Schublade, die durch den nach oben verschiebbaren Querfries verdeckt wird.

West German Corner Cabinet from the first half of the 18th century

The cabinet of cherry-wood is constructed on a triangular plan. The side uprights are set at an angle of 90 degrees to the backs. The backs are stuck in grooves in these uprights with carved, simulated panels. The top part can be locked by a door with solid rabbeted panel. The lower part has an open-faced shelf below a drawer hidden by a cross rail sliding upwards.

Armoire d'angle, Allemagne Occidentale, première moitié du 18 ème siècle

La projection au sol de cette petite armoire en merisier est un pentagone symétrique. La façade est composée de trois panneaux. Les deux extrêmes imitent par leur sculpture la construction à cadre. Le fond en angle est constitué de deux planches en massif assemblées aux deux retours de façade par rainure et languette. Le corps supérieur est fermé par une porte dont le centre est un panneau massif. Un casier ouvert surmonté d'un tiroir secret dissimulé par une traverse mobile, constitue le corps inférieur.

Fries nach oben verschiebbar
Rail slides upward
Membrure mobile en verticale

Schnitt
Section
Coupe

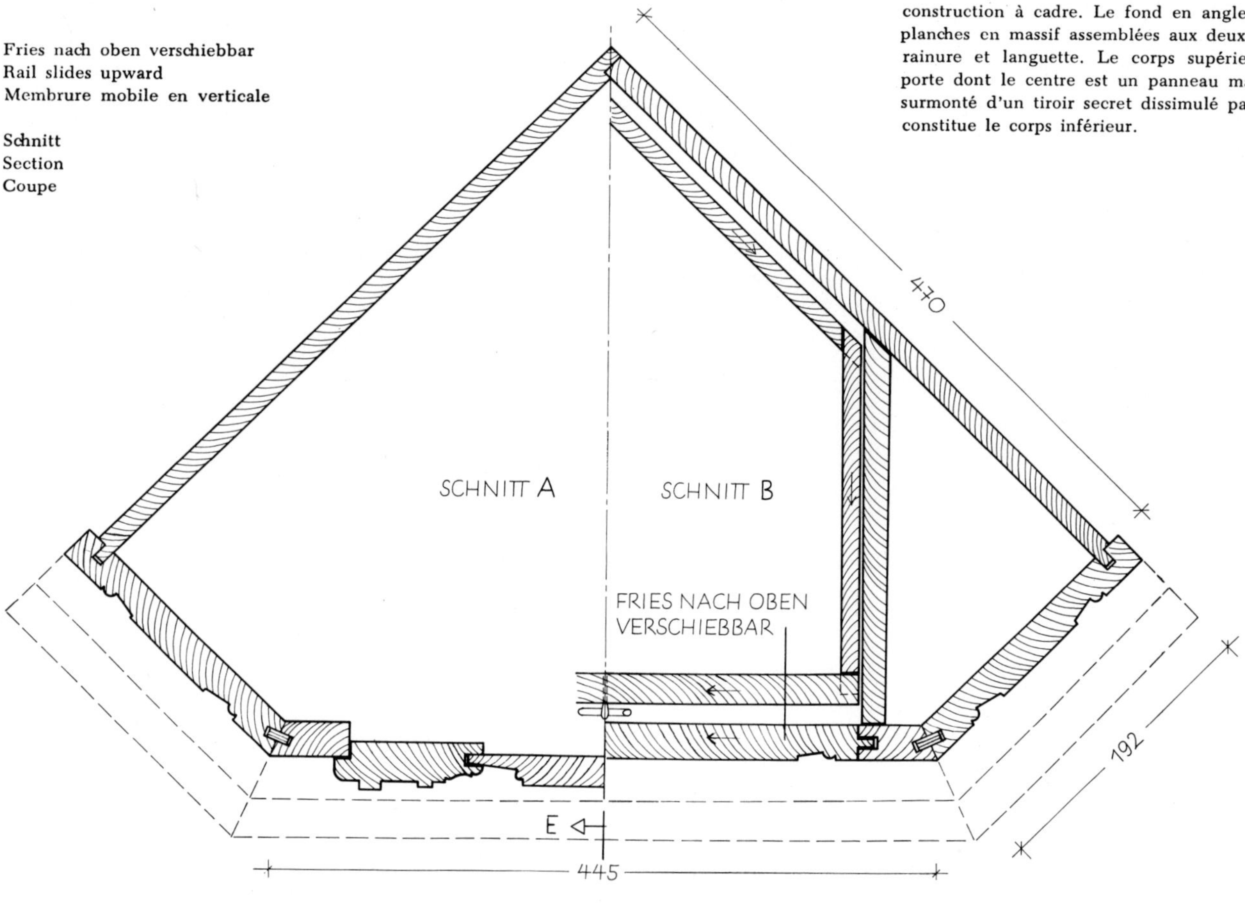

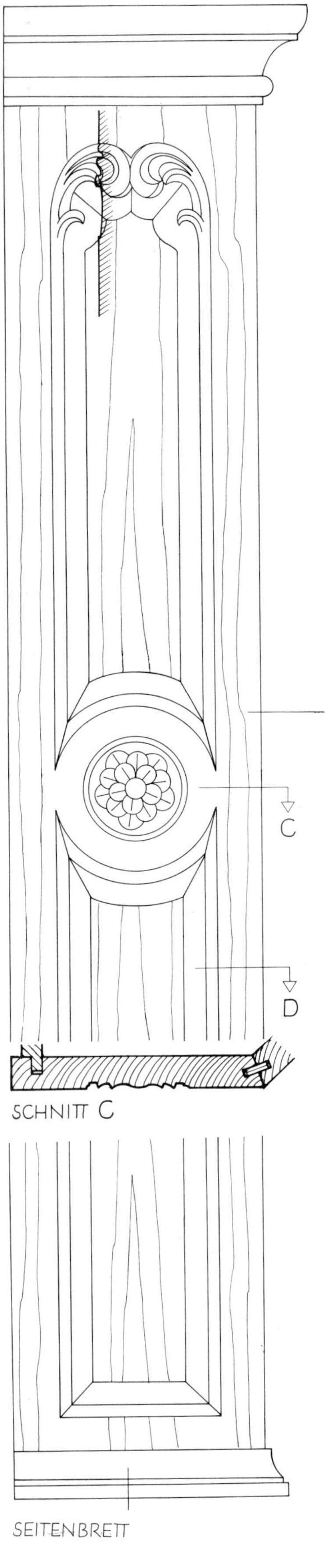

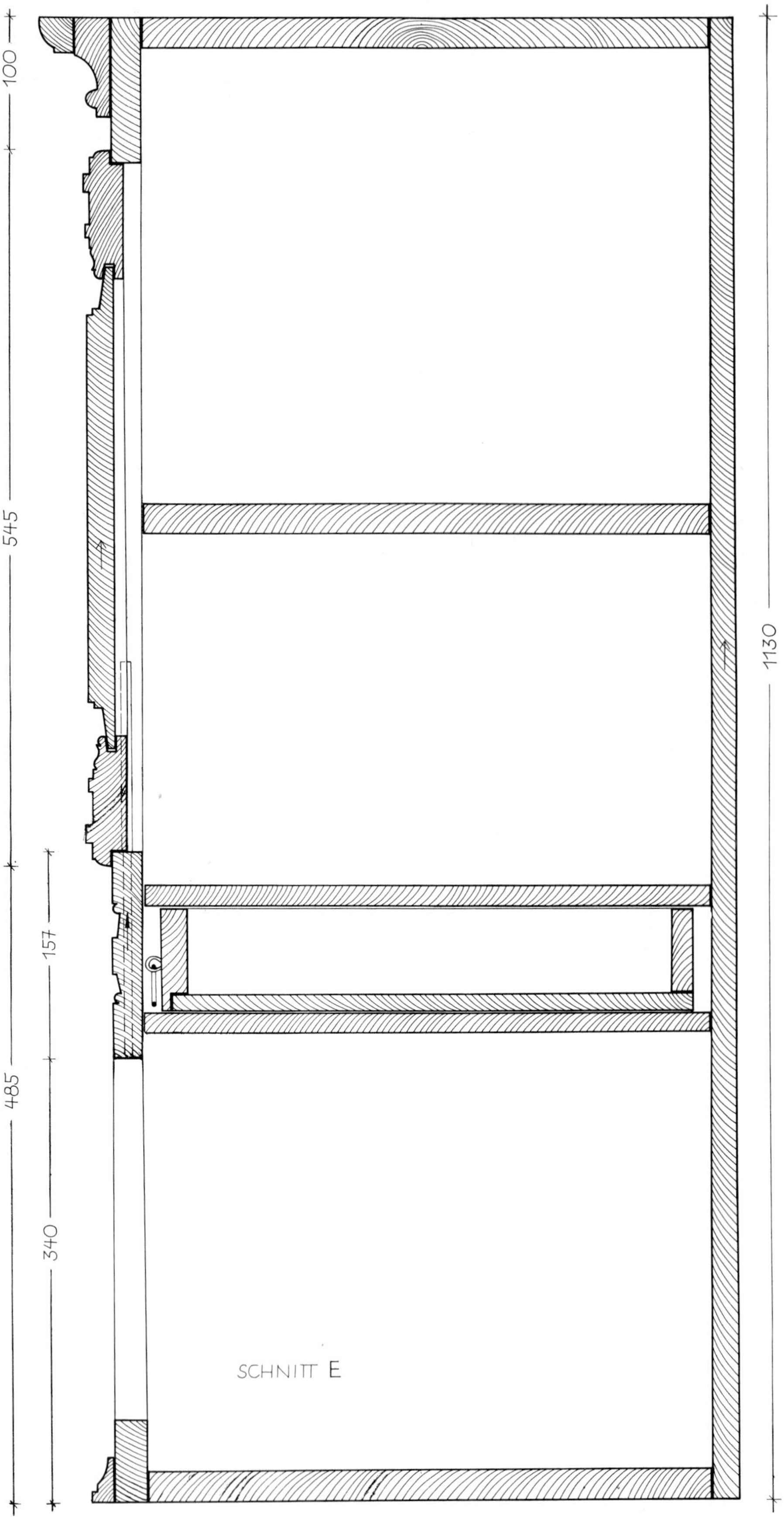

Schnitt	Section	Coupe
Seitenbrett	Side board	Planche latérale

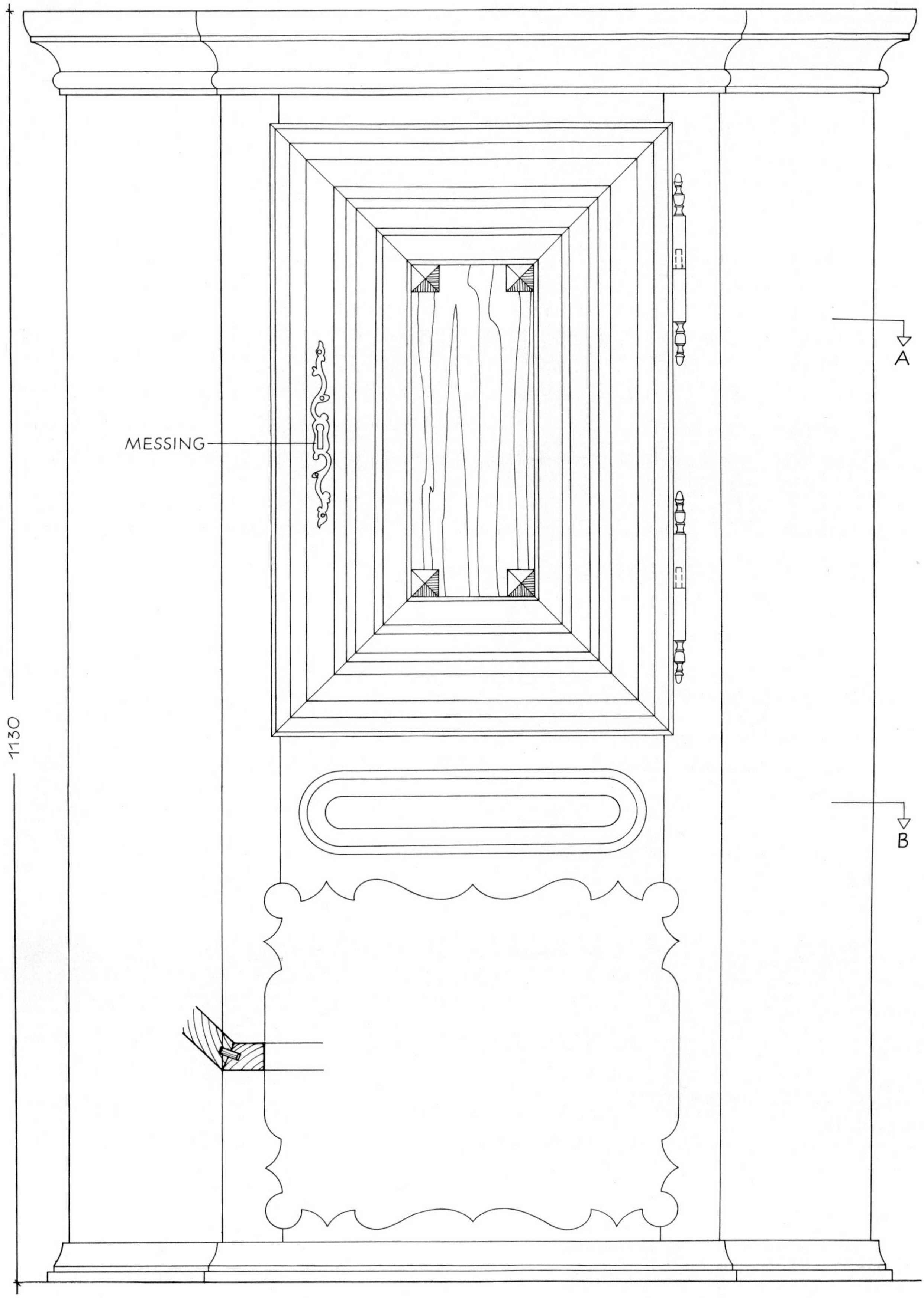

Vorderansicht	Front view	Vue de face
Messing	Brass	Laiton

Würzburger Hängeschrank, um 1700

Privatbesitz

Die Konstruktion dieses Hängeschränkchens aus Kirschbaumholz ist fast primitiv: Tür, Seitenwände und Rückwand sind aus massiven Brettern verleimt und stumpf zusammengesetzt. Erst durch die gewundenen Säulen, durch die aufgedoppelte, vielfach verkröpfte und von einem Profil gerahmte „Füllung“ und durch die ebenfalls aufgeleimten Schnitzereien erhält der Kasten Form und Tiefe.

Würzburg Suspension Cabinet, about 1700

This wall cabinet is of almost primitive construction: the door, sides and back are butt-jointed of solid boards. It obtains it present aspect solely from the rope-twist columns, the glued-on "panel" with molded framing, and the glued-on carved scroll moldings.

Petite armoire murale de Wurtzbourg, 1700 environ

La construction de ce petit bahut en merisier est assez primitive. La porte, les côtés et le fond sont constitués par des planches massives assemblées par collage sur champs et par rainure et languette. C'est le décor, rapporté sur la façade, composé de moulures, de sculptures incurvées et de colonnes torsadées, qui donne à ce bahut son aspect décoratif.

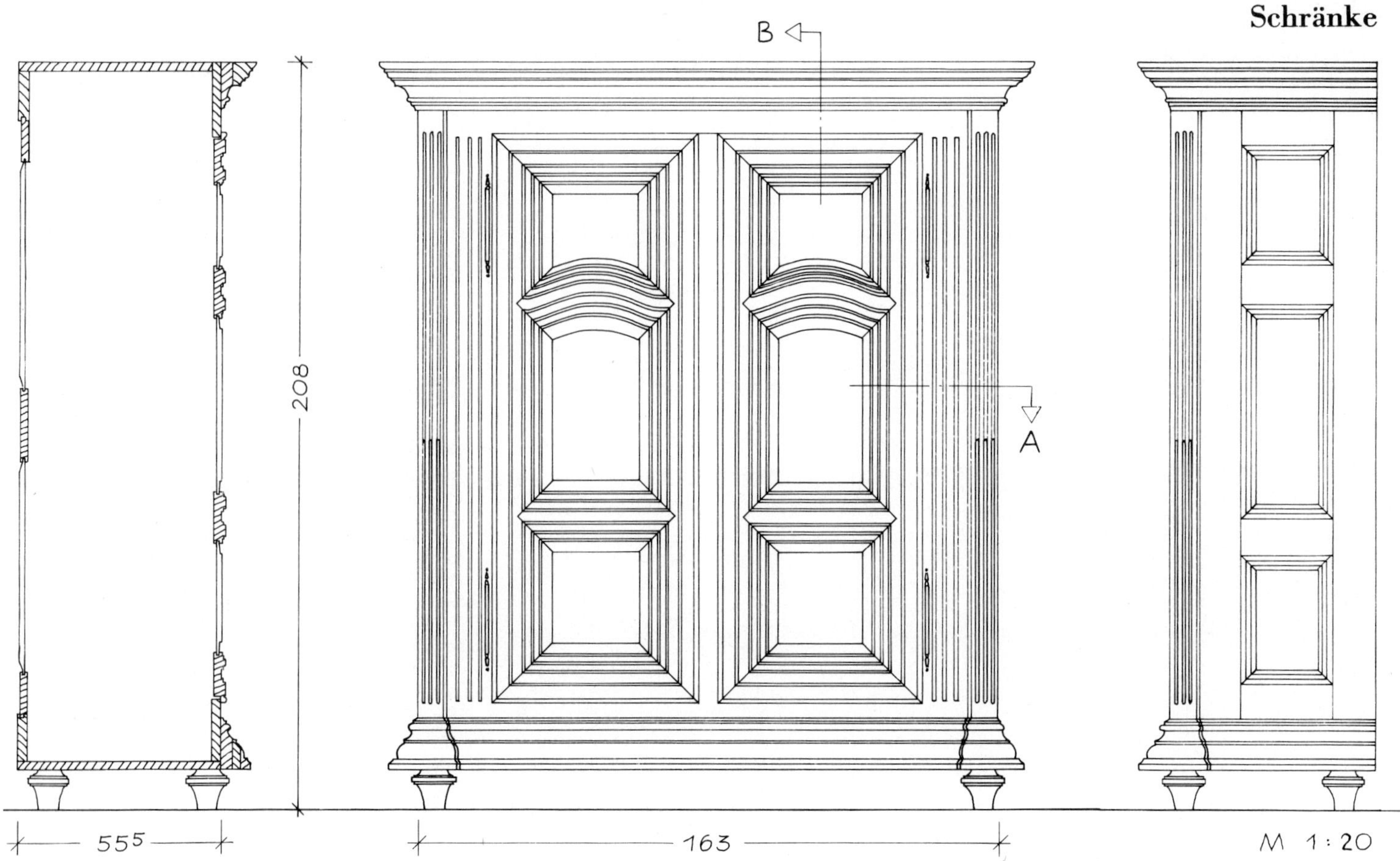

Lütticher Schrank, Mitte des 18. Jahrhunderts

Privatbesitz

Die schlichteren Formen dieses Schrankes aus Nußbaumholz ermöglichten eine einfache Konstruktion. Kranz und Sockel sind fest zusammengebaute Kästen. Türen und Seitenwände sind Rahmen mit drei Füllungen. Mit den Rahmen festverleimt sind die verkröpften, kannelierten Ecklisenen, der senkrechte, ebenfalls kannelierte Fries der Vorderseite und ein Fries an der Rückseite. In einer Nut nimmt er die Rückwand — ebenfalls eine Rahmen-Füllungskonstruktion — auf. Die Türen sind mit großen Messingbändern angeschlagen.

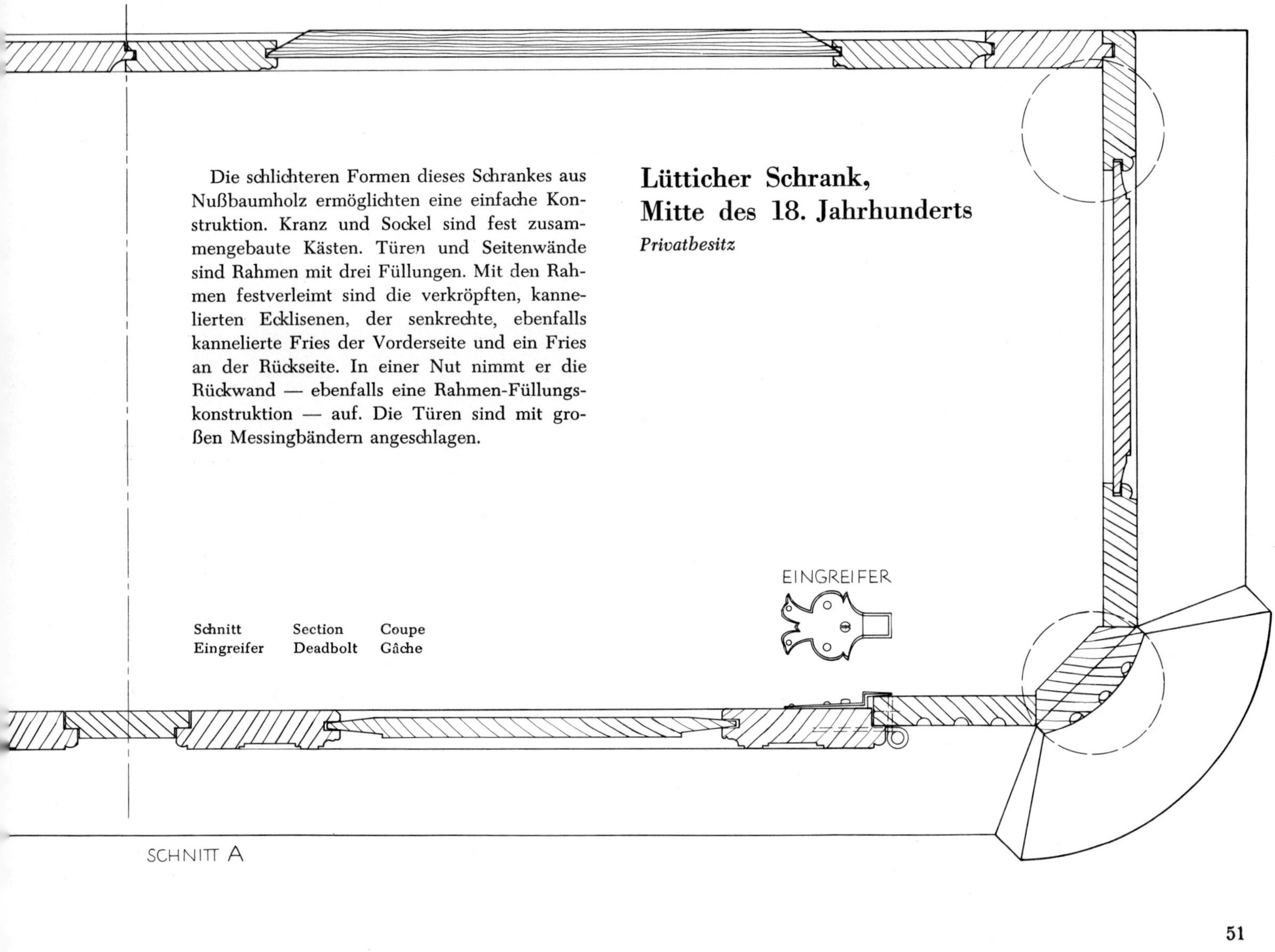

Schnitt	Section	Coupe
Eingreifer	Deadbolt	Gâche

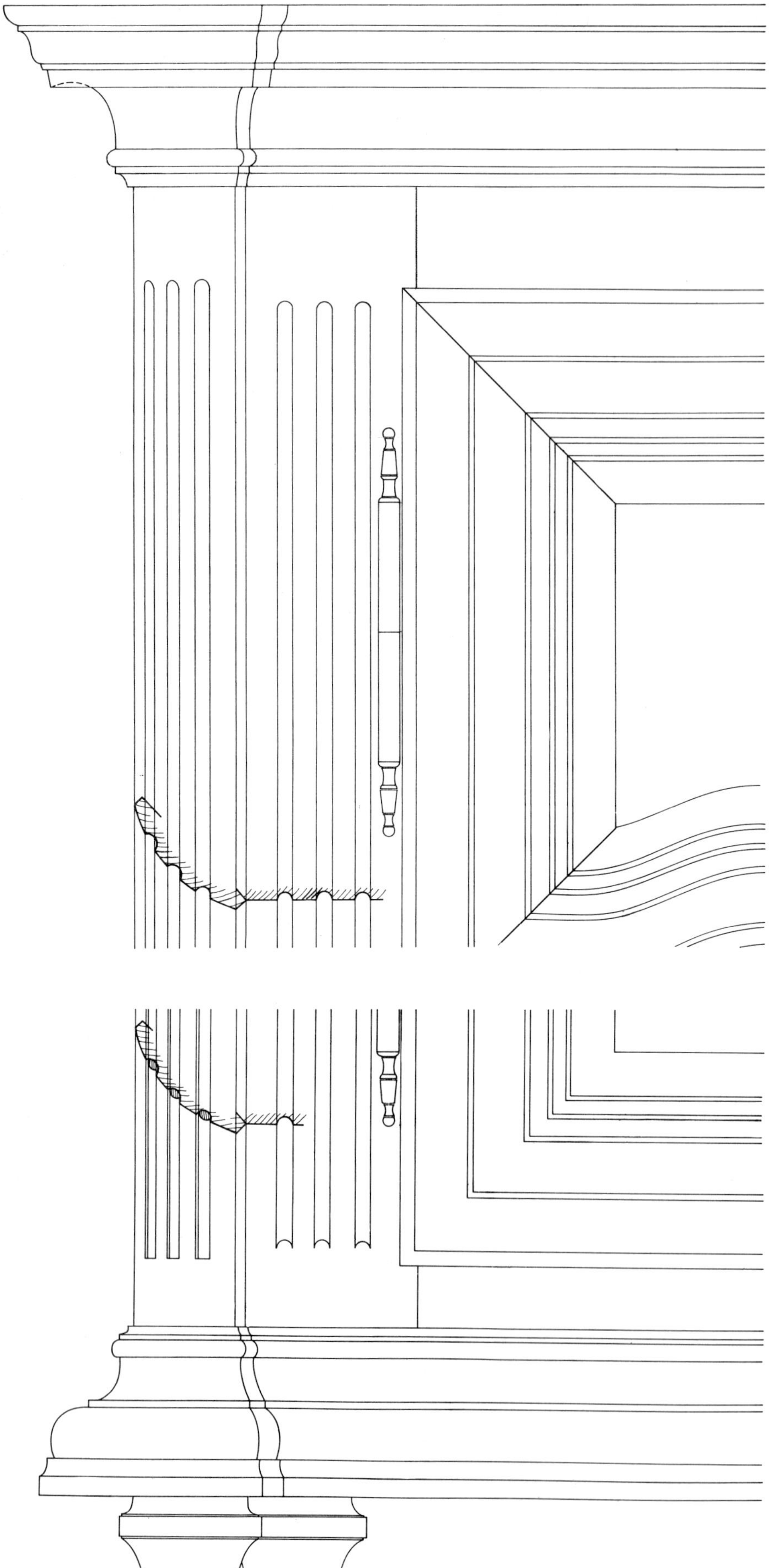

Liégeois Cabinet from the middle of the 18th century

The unsophisticated forms of this cabinet of walnut permitted of simple construction. Base and top are firmly joined boxes. Doors and sides are frames with three panels. The offset fluted corner uprights, the fluted front "divider", and another upright in the back are glued to the frames. The back, also a frame and panel construction, is stuck in a groove in this upright. The doors are hung with big brass hinges.

Armoire de Liège, milieu du 18 ème siècle

Les lignes sobres de cette armoire en noyer ont permis une construction très classique en bois massif. Le chapiteau et le socle réunissent les divers panneaux constituant le corps central. Les portes et les côtés sont constitués de cadres dont les traverses assemblent trois panneaux en feuillets de bois massif. Les cannelures d'angle, ainsi que la moulure de chapiteau sont collées à leurs bâtis. Les panneaux du dos sont également constitués de feuillets assemblés à rainure et collés aux traverses. Les portes sont montées à l'aide de grandes paumelles en laiton.

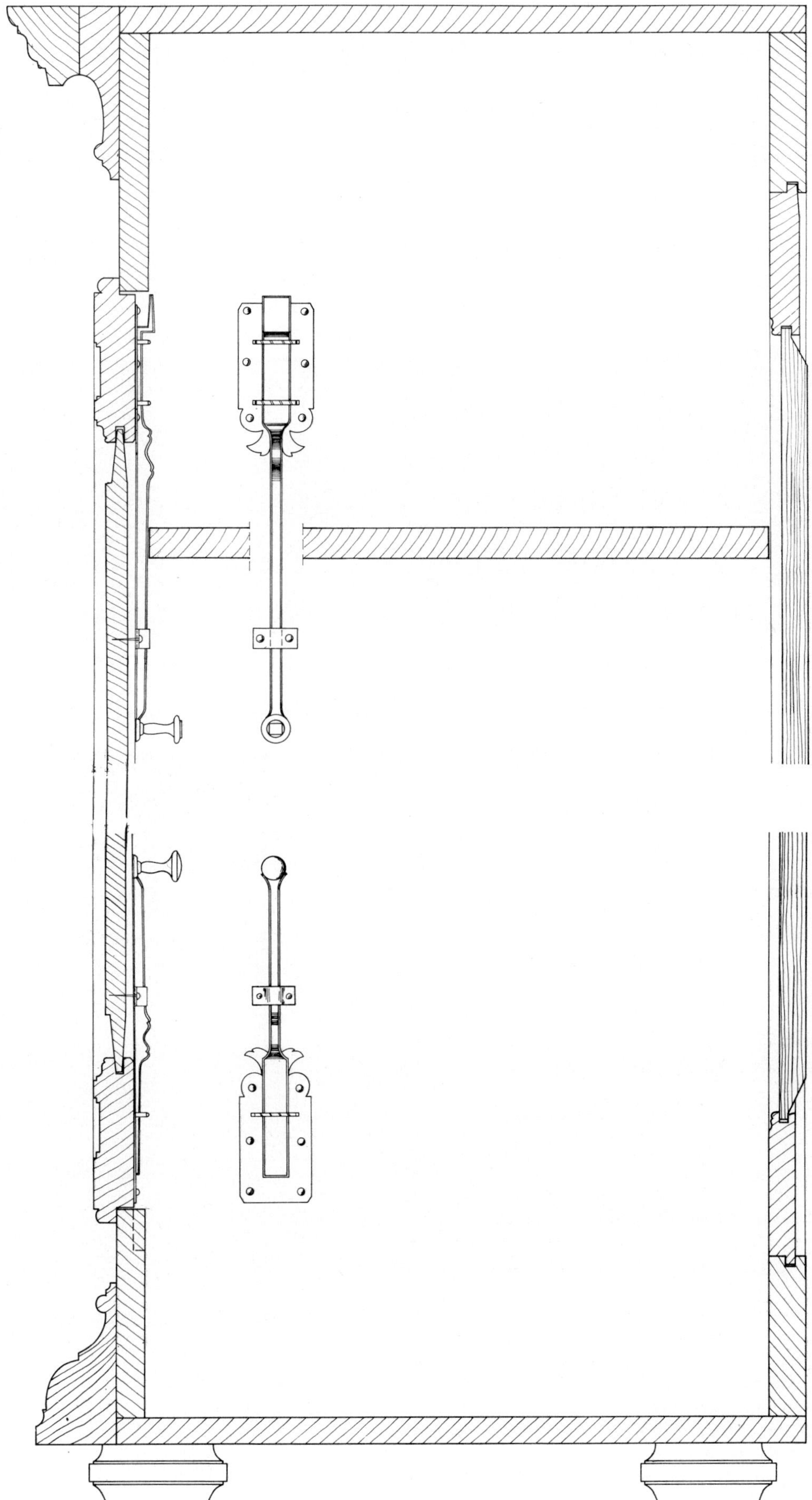
SCHNITT B

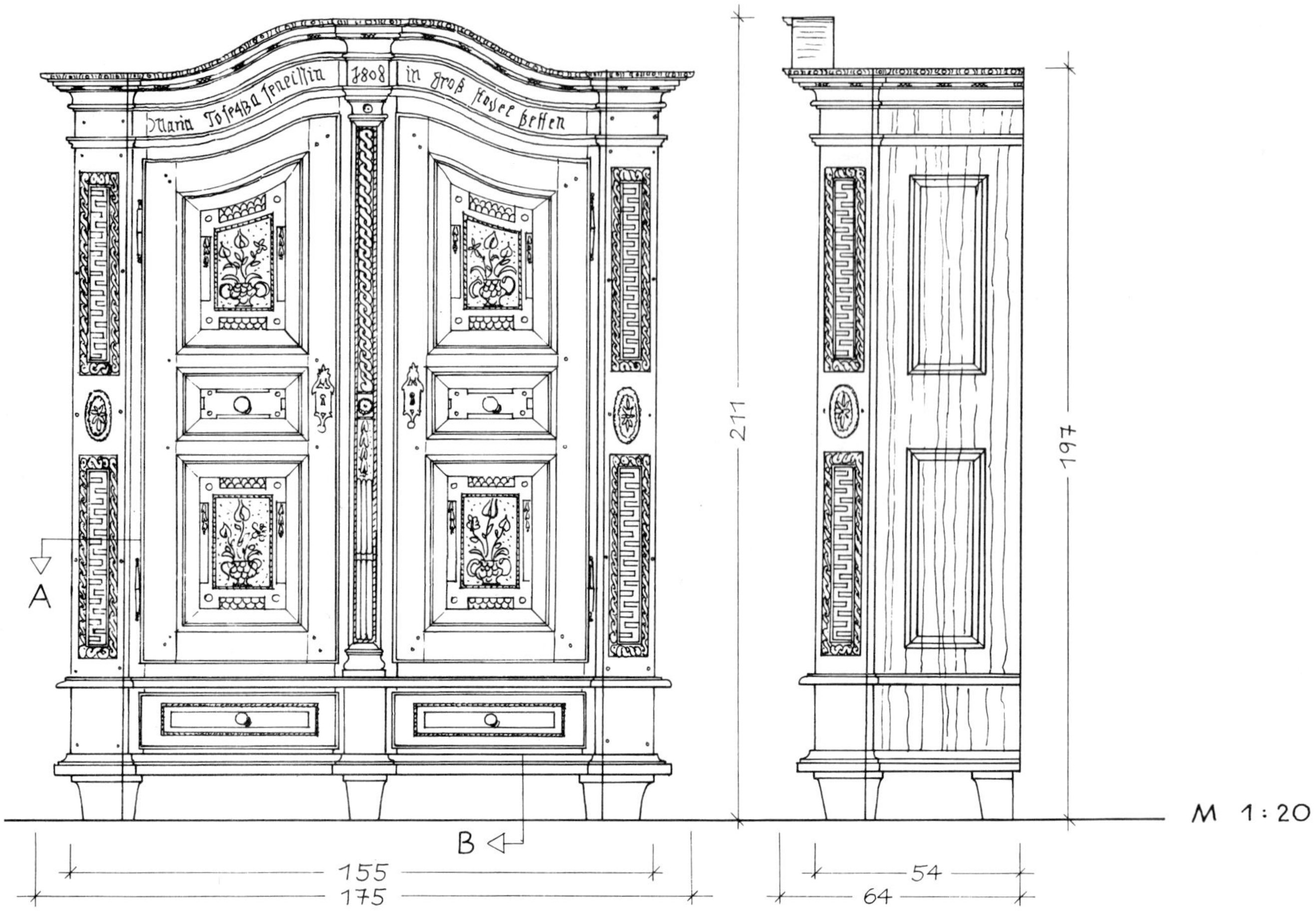

Bäuerlicher Schrank aus Hessen, 1808

Badisches Landesmuseum Karlsruhe

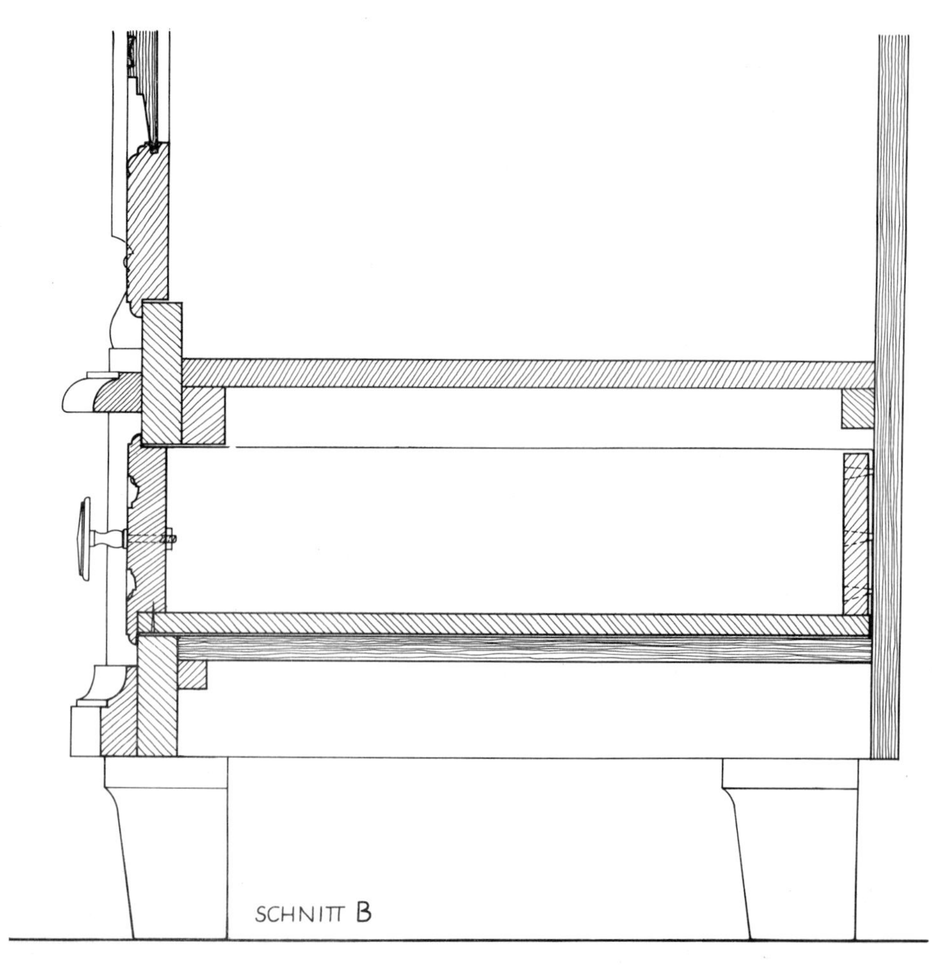

Der Schrank ist aus massivem Eichenholz gefertigt, nur Rückwand und Böden sind aus Tannenholz. Er ist überreich mit ornamentalen Schnitzereien verziert. Die Türen sind Rahmen mit drei Füllungen, die Zapfen zusätzlich mit Holznägeln gesichert. Im Sockel befinden sich zwei Schubladen. Die Vorderstücke sind massiv, die Füllungen nur vorgetäuscht. Ebenso sind die Seitenwände aus massiven Brettern verleimt mit markierten, eingeschnitzten Füllungen.

Der Schrank läßt sich in der Mitte zerlegen. Die beiden Hälften werden zusammengehalten durch Zapfen, die durch geschlitzte Leisten geführt und durch eingesteckte Keile gehalten werden.

Am Gesims befindet sich folgende Inschrift: „Maria Josepha Feneissin / 1808 / in Gross Stadel Hessen".

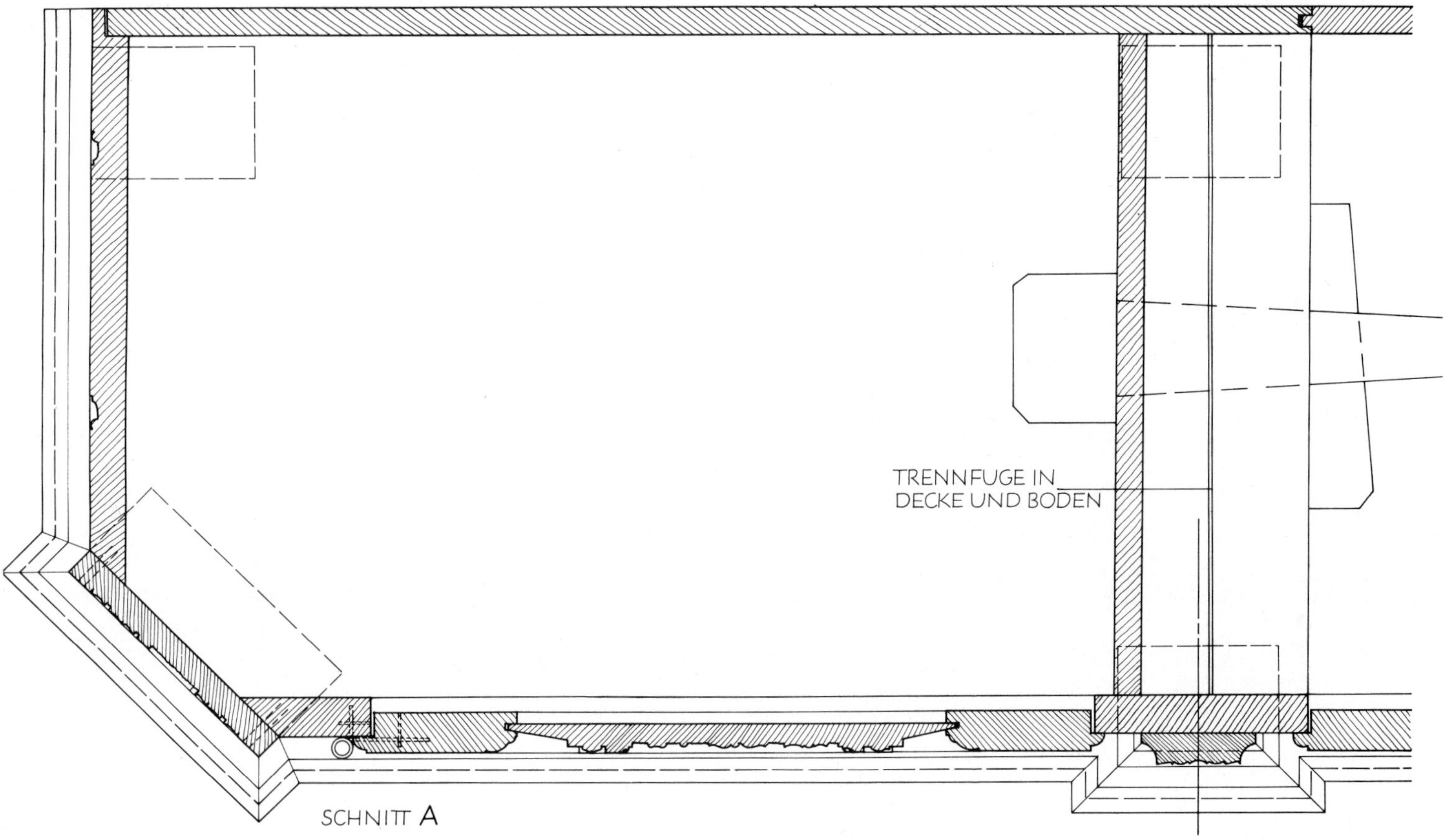

Schnitt
Trennfuge in Decke und Boden

Section
Separation joint in top and bottom

Coupe
Joint de séparation dans le plafond et le fond

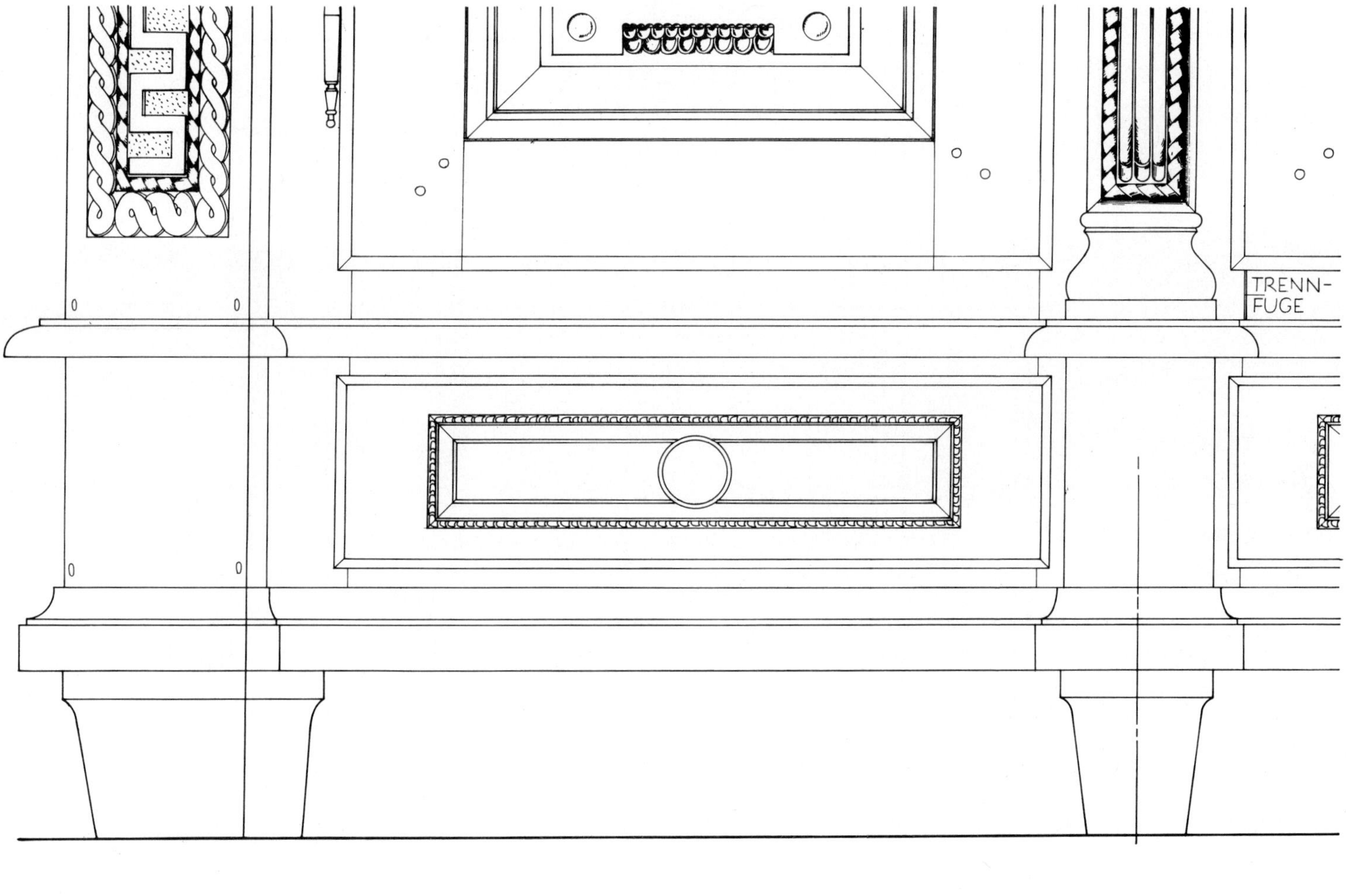

Ecklisene Abwicklung
Corner stile, elevation
Développement pilastre en lisière sur les coins

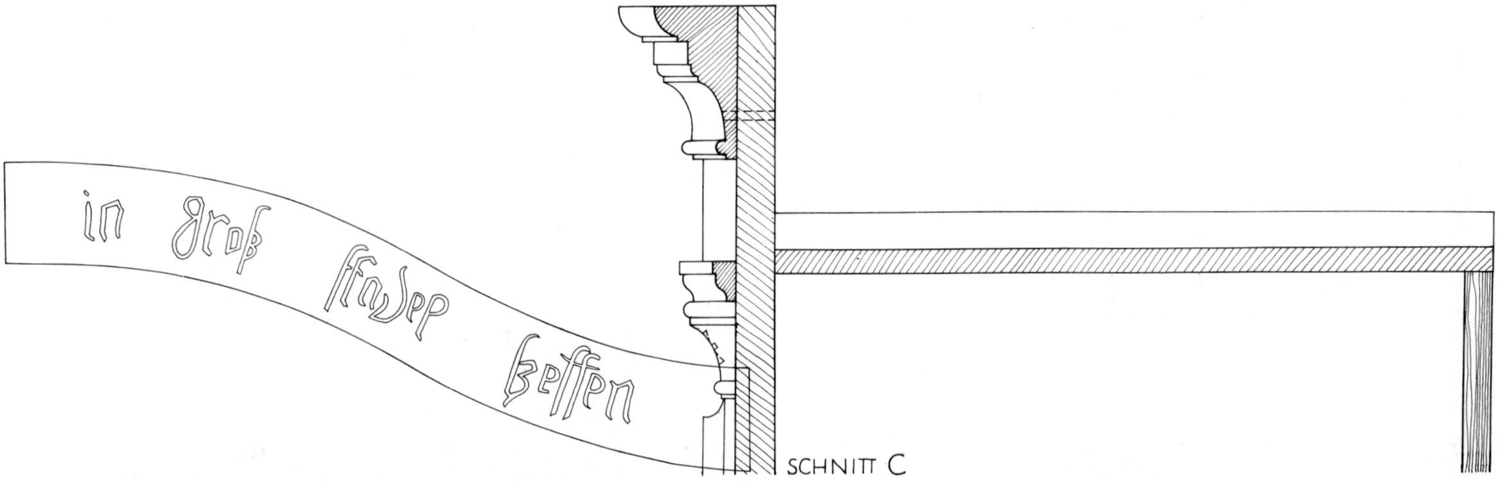

SCHNITT C

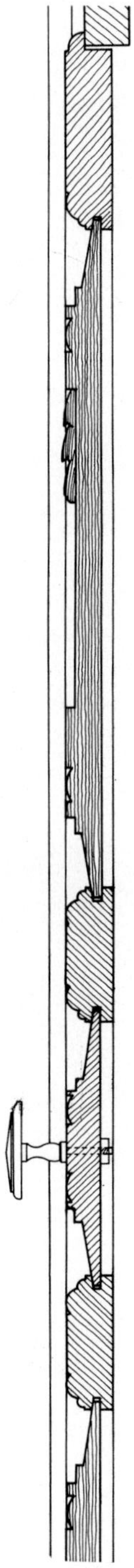

SCHNITT D

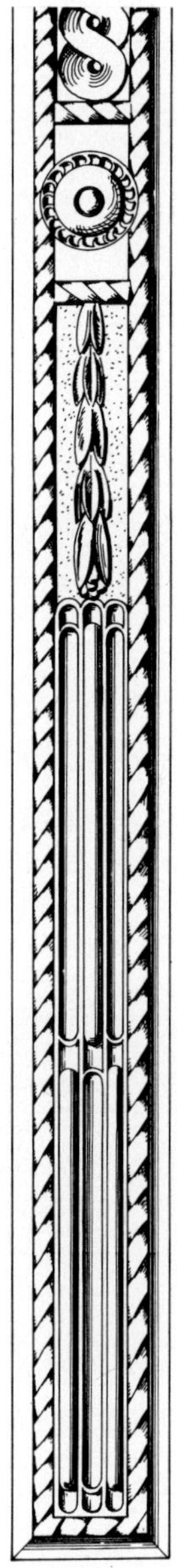

MITTELLISENE
UNTERE HÄLFTE

Rustic Cabinet from Hesse, 1808

Cabinet made of solid oak has back and sides of fir. It is lavishly decorated with carved ornaments. The doors are made up of frames and three panels, have wood-pegged tenons. Two drawers are housed in the stand. Their fronts are solid walnut and simulated panels. The cabinet sides are also glued up of solid walnut boards and are carved to mark panels.

The cabinet separates in the middle. The two halves are held together by keyed tenons in mortised cleats. The cornice bears the following inscription: "Maria Josepha Feneissin / 1806 / in Gross Stadel Hessen".

Armoire rustique de la Hesse, 1808

Armoire construite en chêne massif. Seuls le dos et les fonds sont en sapin. Ce modèle est très richement orné de sculptures. Les portes constituées de trois panneaux, ont un cadre massif dont les tenons des traverses sont chevillés. Deux tiroirs, dont la face en massif imite un petit panneau, sont logés dans le socle. Les parois latérales sont constituées de planches en massif assemblées par collage, dans lesquelles on a sculpté de faux panneaux.

L'armoire peut se démonter en deux parties assemblées par chevilles. Le fronton porte s'inscription suivante: „Maria Josepha Feneissin - 1808 - in Gross Stadel, Hessen"

Mittellisene, untere Hälfte
Door stop, lower half
Pilastre médian en lisière, moitié inférieure

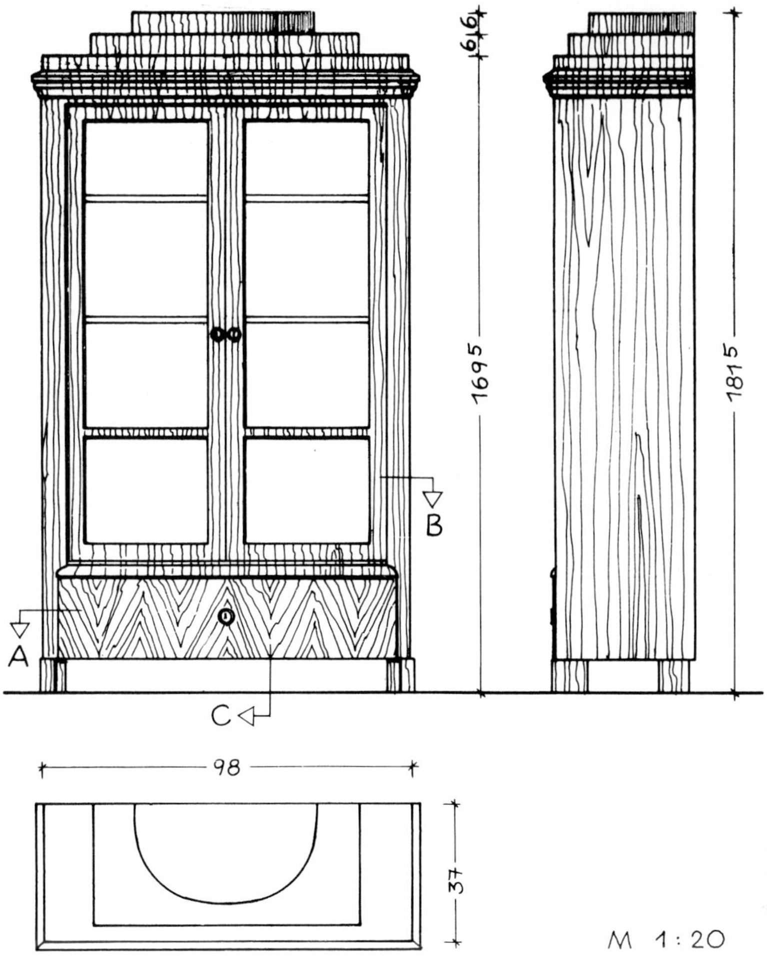

Mitteldeutscher Schrank um 1800

Privatbesitz

Der Schrank ist Kirschbaum furniert, Blindholz in Fichte. Alle Furniere, auch die auf Querrahmen und Profilen, laufen senkrecht.

Der Schrank hat unter einem Fach mit Fachbrettern auf Zahnleisten eine Schublade. Die Schrankseiten sind aus einem 7 cm starken unverleimten Brett geschnitten, die volle Brettstärke ist nur vorn stehen geblieben und bildet die Vorderblende. Die Böden sind verdeckt in die Seiten gezinkt. Die Rückwand aus drei stehenden Friesen mit Füllungen ist in die Seiten eingenutet und auf die Böden genagelt. Vor dem Fach sind zwei Türen mit Glasfüllungen. Sie schlagen stumpf ein und sind mit Zapfenbändern angeschlagen. Die Glasscheiben liegen im Falz der verhältnismäßig schwachen Rahmen und werden mit Viertelstäben gehalten. Die Schublade läuft auf ihren Seiten. Der Boden ist eingenutet; die Seiten sind gezinkt, am Vorderstück verdeckt verzinkt.

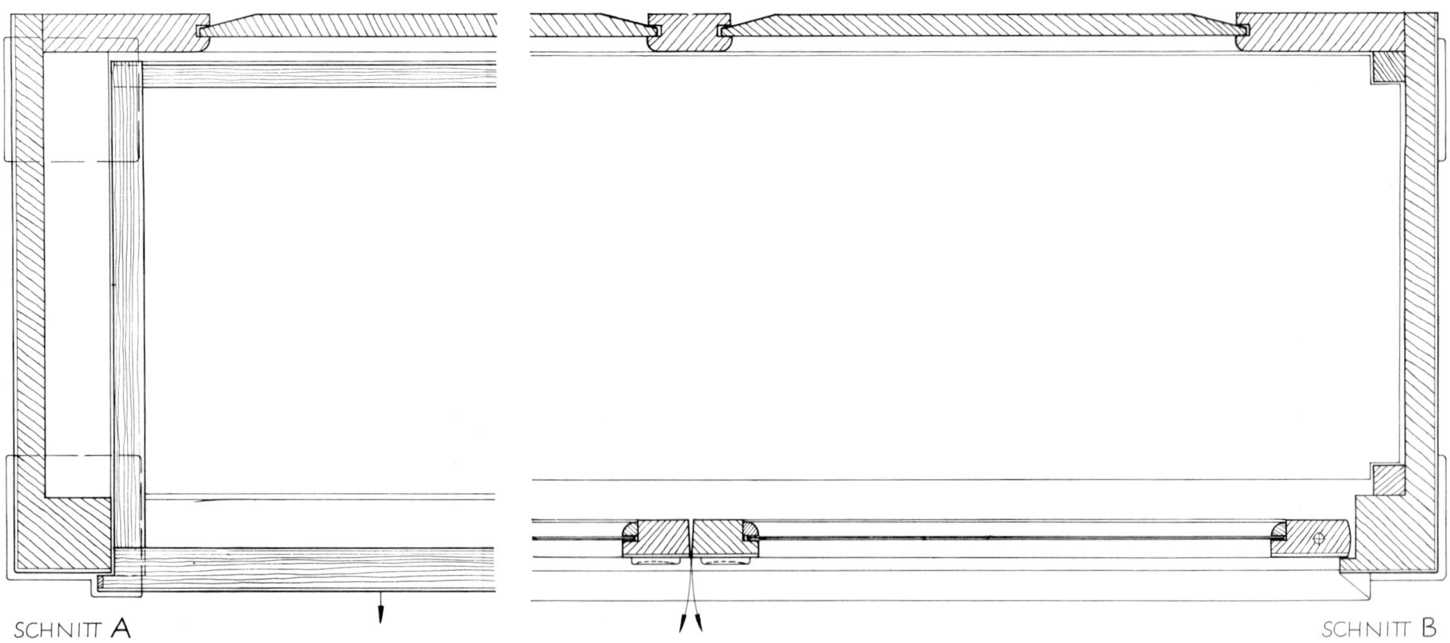

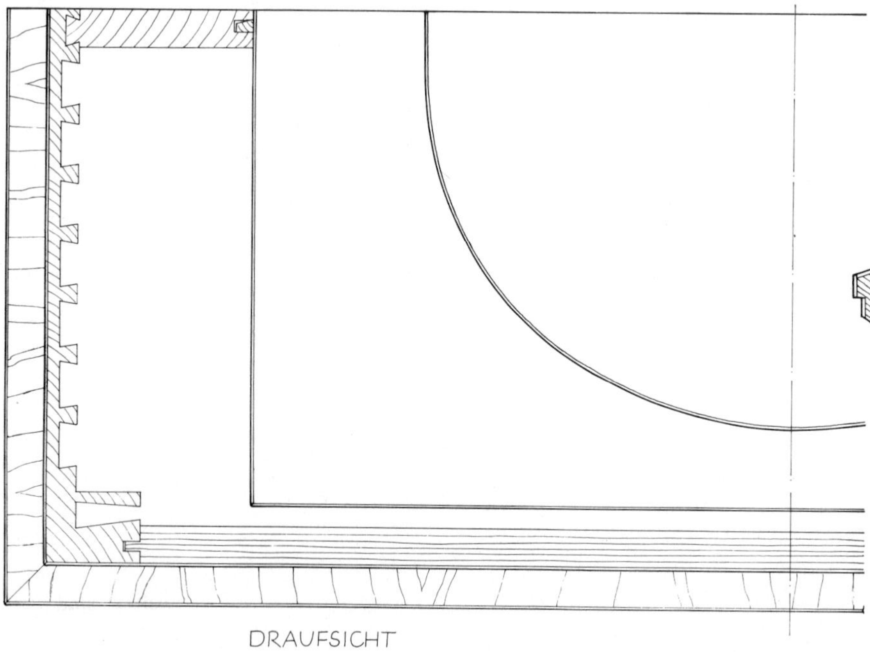

Draufsicht	Top plan view	Vue d'en haut
Ansicht	View	Vue partielle
Schnitt	Section	Coupe

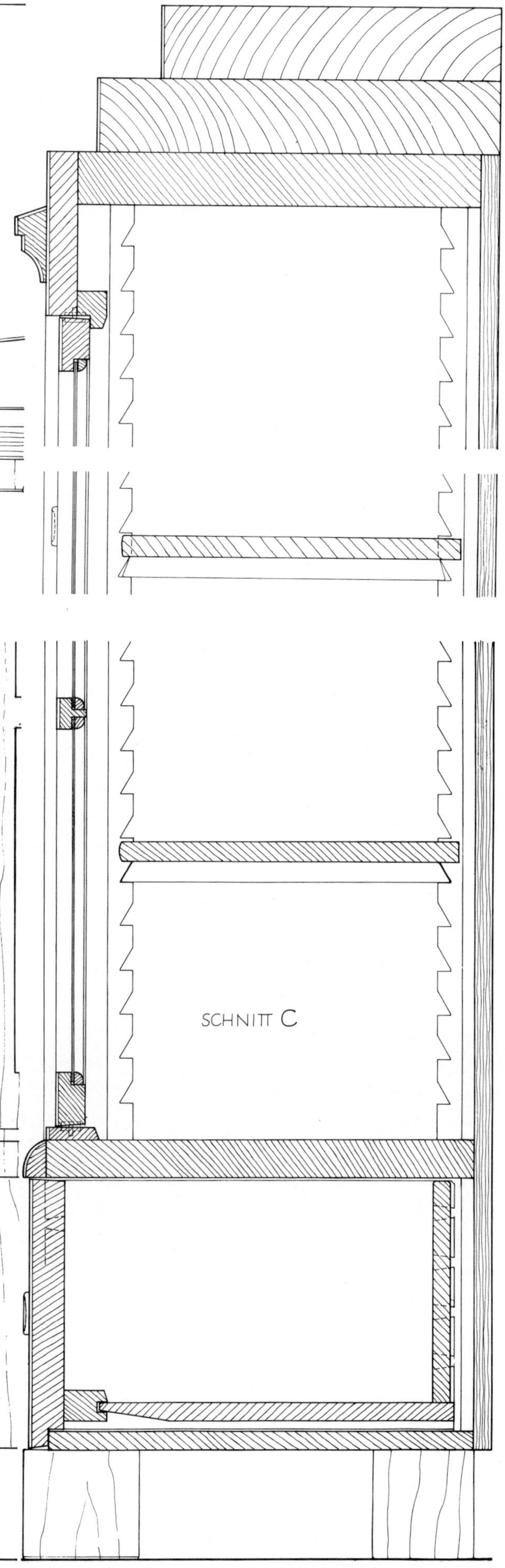

Central German Cabinet, about 1800

The cabinet is of cherry-veneered fir. All veneers, even the cross rails and moldings are vertically grained.

Below a shelf section with shelves on toothed cleats a drawer is arranged. The cabinet sides are cut from single three inch unglued boards. The entire board thickness has been retained at the front edges to form the front uprights. Top and bottom are secured to the sides by half-lapped dovetailing. The back of three uprights with panels is stuck into grooves in the sides and nailed to the top and bottom. The shelf section has two doors with glass panels. They are mounted flush with their framing and are hung on pin hinges. The glass panes in the rabbets of the relatively thin frames are secured by quarter-round strips. The drawer is guided on runners. The drawer bottom is grooved into the sides and front. The drawer frame is dovetail jointed, with lap dovetails in the drawer-front.

Armoire de l'Allemagne Centrale, 1800 environ

Cette armoire est plaquée de merisier sur bâti de sapin. Le fil des placages est systématiquement vertical. Un tiroir est aménagé dans le socle sous le rayonnage. Les parois latérales sont tirées d'une planche de sapin de 7 cms d'épaisseur dont la tranche constitue la face des dormants. Les fonds sont assemblés à tenons dans les parois latérales. Le dos comporte trois traverses verticales assemblées à rainure avec les deux panneaux en feuillets. L'ensemble recouvre les fonds sur lesquels il est cloué. Deux portes vitrées montées à pivot ferment les rayonnages. Les vitres sont montées en feuillure et fixées par un quart de rond. Le tiroir glisse sur ses joues, assemblées à queue d'aronde fermées sur la face; le fond est emboîté à rainure.

Bemalter Kleiderschrank, Bauernmöbel aus der Lausitz, 1797

Painted wardrobe, piece of rustic furniture from the Lausitz region, 1797

Armoire peinte, meuble rustique de la Lusace, en 1797

Eichener Giebelschrank (Tür erneuert), Niedersachsen, 13. Jahrhundert

Oak cabinet (door renewed), Lower Saxony, 13th century

Armoire en chêne à pignon (porte renouvelée), Basse-Saxe, XIII-e siècle

H 1.51 B 0.47 T 0.29
Hannover, Kestnermuseum

Wandschrank aus Eiche, außen rot, innen grün bemalt, Eisenbeschlag teilweise ergänzt, 14. Jahrhundert

Oak cabinet, exterior painted red, interior painted green, hardware partly replaced, 14th century

Placard en chêne, peintures rouge à l'extérieur, verte à l'intérieur, ferrures partiellement renouvelées, XIV-e siècle

H 1.95 B 1.49 T 0.40
Berlin, Ehem. Staatl. Museen

Schrank von Jörg Syrlin d. Ä., 1465

Cabinet by Jörg Syrlin the elder, 1465

Armoire de Jörg Syrlin Aîné, 1465

H 2.30 B 1.92 T 0.62
Ulmer Museum

Zirbelholzschrank, Tirol um 1500

Stone pine cabinet, Tyrol, about 1500

Armoire en bois de cimbre, Tyrol, aux environs de 1500

H 1.95 B 1.67 T 0.73
Frankfurt (M.), Museum für Kunsthandwerk

Schenkschive aus Dithmarschen, um 1550

Cabinet from Dithmarschen, about 1550

Armoire des Dithmarses, aux environs de 1550

H 2.65 B 1.55 T 0.58
Nürnberg, German. Nationalmuseum

Schrank mit Faltwerkfüllungen, Rheinland um 1500.
Konstruktionsart wie Zeichnung S. 24—25

Cabinet with "pleatwork" panels, Rhineland, about 1500. Construction similar to drawings on pages 24 to 25

Armoire aux panneaux ornés en »serviette«. Rhénanie aux environs de 1500. Construction similaire aux plans page 24-25

H 1.69 B 1.86 T 0.61
Köln, Kunstgewerbemuseum

Frührenaissance-Schrank von Peter Flötner (?), zweiteilig, Nürnberg um 1540

Early Renaissance cabinet of two parts by Peter Flötner (?), Nuremberg, about 1540

Armoire à deux corps, Renaissance primaire, Nuremberg aux environs de 1540. Création Peter Flötner (?)

H 2.30 B 1.92 T 0.68
Graz, Steiermärkisches Landesmuseum

Stollenschrank aus Eiche, Köln um 1550

Oak cabinet supported on posts, Cologne, about 1550

Armoire en chêne à montants, Cologne aux environs de 1550

H 1.32 B 0.88 T 0.49
München, Bayer. Nationalmuseum

Zweigeschossiger Schrank, Brescia nach 1550

Two-storied cabinet, Brescia, after 1550

Armoire à deux étages. Brescia après 1550

Nußholzschrank, Nürnberg um 1625

Walnut cabinet, Nuremberg, about 1625

Armoire en noyer, Nuremberg aux environs de 1625

H 2.34 B 1.84 T 0.66
Flensburg, Städtisches Museum

Fassadenschrank, Franken (?), mit zahlreichen aufgeleimten architektonischen Schmuckteilen, zweite Hälfte 16. Jahrhundert

Cabinet with rich architectural ornamentation glued to the cabinet front, Frankonia (?), 2nd half of 16th century

Armoire à façade ornée d'un riche décor architectural collé sur les faces. Franconie(?), seconde moitié du XVI-e siècle

H 2.29 B 2.22 T 0.84
Nürnberg, Germanisches Nationalmuseum

Leinenschrank, Eiche geschnitzt, Köln um 1640. Im mittleren Fries zwei Schubladen

Linen cabinet, carved oak, Cologne, about 1640. Two drawers between lower and upper part

Armoire à linge, chêne sculpté, Cologne aux environs de 1640. Deux tiroirs à mi-hauteur

H. 2.22 B 1.80 T 0.75
Köln, Kunstgewerbe-Museum

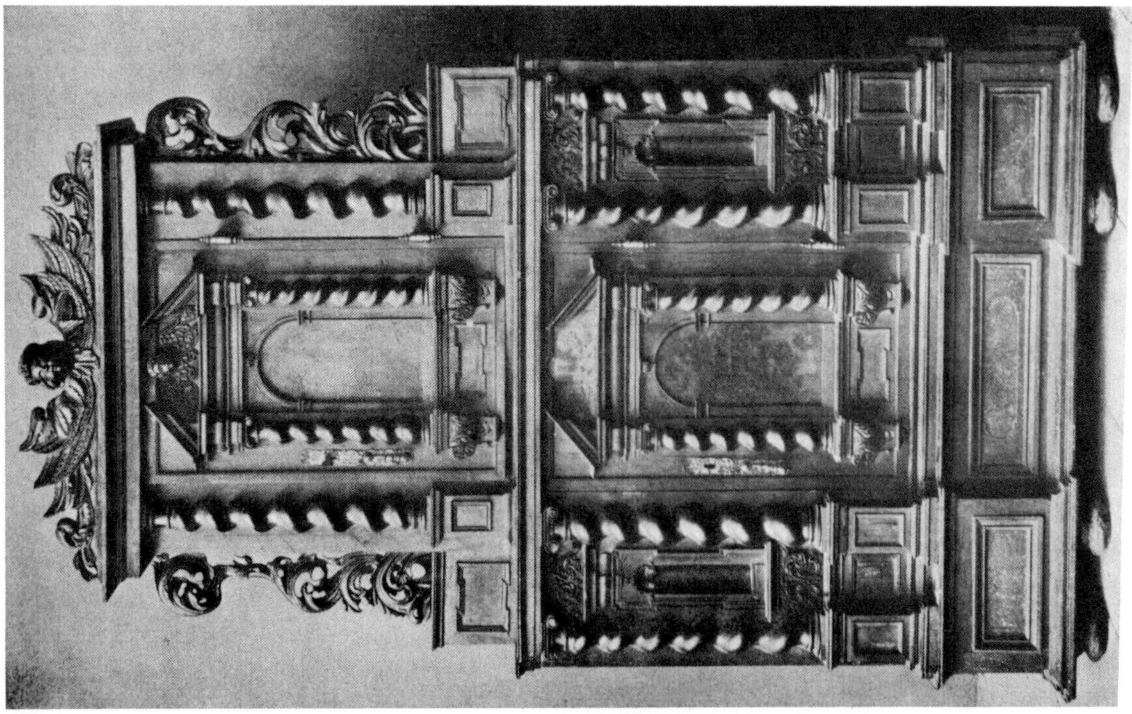

Nußholzschrank, Paris, Ende 17. Jahrhundert

Walnut cabinet, Paris, end of 17th century

Armoire en noyer. Paris, fin du XVII-e siècle

H 2.42 B 1.52 T 0.54

Schrank aus Nußholz, süddeutsch um 1660

Walnut cabinet, Southern Germany, about 1660

Armoire en noyer, Allemagne du Sud, aux environs de 1660.

H 2.07 B 1.20 T 0.63

München, Bayerisches Nationalmuseum

Schrank aus Nußholz, Nürnberg um 1670. In den Türfüllungen sind mit eingelegter Arbeit tiefe Nischen vorgetäuscht. Konstruktionsart wie Zeichnung S. 39—41

Walnut cabinet, Nuremberg, about 1670. Marquetry in the door panels simulates deep niches. Construction similar to drawings on pages 39 to 41

Armoire en noyer. Nuremberg aux environs de 1670. Niches profondes feintes sur les panneaux des portes par les marqueteries. Construction similaire aux plans pages 39—41

H 2.35 B 1.70 T 0.70
Berlin, Ehem. Staatl. Museen

Hamburger Schrank um 1680. Konstruktionsart wie Zeichnung S. 43—46

Hamburg cabinet, about 1680. Construction similar to drawings on pages 43 to 46

Armoire d'Hambourg, aux environs de 1680. Construction similaire aux plans pages 43—46

H 2.25   B 2.06   T 0.82
Nürnberg, Germanisches Nationalmuseum

Frankfurter Schrank, Anfang 18. Jahrhundert

Frankfort cabinet, beginning of 18th century

Armoire de Francfort, début du XVIII-e siècle

H 2.11 B 2.10 T 0.80

Nürnberg, Germanisches Nationalmuseum

Bemalter Schrank aus der Gegend von Linz, zweite Hälfte 18. Jahrhundert. Türen mit bündig eingeleimten Füllungen

Painted cabinet from the region of Linz, Austria, second half of 18th century. Panels glued between the door frames are flush with the frames

Armoire peinte de la région de Linz, seconde moitié du XVIII-e siècle. Panneaux collés et affleurant dans les membrures des portes

Aufbau-Schrank, Nordostfrankreich, um 1720. Konstruktionsart wie Zeichnung S. 47—49

Cabinet of two parts, North-eastern France, about 1720. Construction similar to drawings on pages 47 to 49

Armoire à deux corps. Nord-Est de la France. Aux environs de 1720. Construction similaire aux plans p. 47-49

Eichenschrank, Frankreich, erstes Drittel 18. Jahrhundert

Oak cabinet, France, first third of 18th century

Armoire en chêne d'origine française, premier tiers du XVIII-e siècle

London, Victoria and Albert-Museum

Nußholzschrank, Paris, um 1730

Walnut cabinet, Paris, about 1730

Armoire en noyer, Paris, aux environs de 1730

Wien, Österreichisches Museum für angewandte Kunst

Lübecker Schrank von Fehmarn, Anfang 18. Jahrhundert. Für Türen und Schubladen vergleiche Zeichnungen und Text Seite 43—46

Lübeck cabinet originating from the isle of Fehmarn, beginning of 18th century. For doors and drawers compare drawings and text on pages 43 to 46

Armoire de style lubeckois, originaire de l'île de Fehmarn, début du XVIII-e siècle. Pour les portes et les tiroirs, voir plans et texte pages 43-46

H 2.45 B 2.35 T 0.90
Lübeck, St. Annen-Museum

Danziger Schrank, Anfang 18. Jahrhundert
Danzig cabinet, beginning of 18th century
Armoire de Dantzig. Début du XVIII-e siècle
H 2.70 B 2.85 T 1.10

Hamburger Schrank um 1700. Konstruktionsart wie Zeichnung S. 43—46

Hamburg cabinet, about 1700. Construction similar to drawings on pages 43 to 46

Armoire d'Hambourg, aux environs de 1700. Construction similaire aux plans pages 43-46

H 2.56 B 2.72 T 1.02
Nürnberg, Germanisches Nationalmuseum

Eichenschrank, Lüttich, um 1750. Konstruktionsart wie Zeichnung auf Seite 51—53

Liègeois oak cabinet, about 1750. Construction similar to drawings on pages 51 to 53

Armoire de Liège en chêne, aux environs de 1750. Construction similaire aux plans pages 51-53

H 2.35 B 1.55 T 0.50
Köln, Kunstgewerbemuseum

Glasschrank, Eiche, Aachen, Mitte 18. Jahrhundert

China case on chest, oak, Aachen, middle of 18th century

Armoire vitrée en chêne. Aix-la-Chapelle. Aux environs de 1750

H 2.69 B 1.38 T 0.65
Köln, Kunstgewerbemuseum

Eckschränke mit verglastem Oberteil, Eiche geschnitzt. Links Aachen, rechts Lüttich. Mitte 18. Jahrhundert

Corner cabinets with glass doors in upper part, carved oak. Left: Aachen; right: Liège. Middle of 18th century

Encoignures aux corps supérieurs vitrés. Chêne sculpté. À gauche d'Aix la-Chapelle, à droite de Liège. Aux environs de 1750

(links): H 2.28 B 0.94 T 0.70
Köln, Kunstgewerbemuseum

(rechts): H 2.40 B 0.78 T 0.39
Berlin, Ehem. Staatl. Museen

Bücherschrank mit Intarsien, Seiten geschweift, Südfrankreich, 1770/80

Book-case with marquetry ornamentation, serpentine sides, Southern France, 1770/80

Bibliothèque ornée de marqueteries. Côtés bombés. Midi de la France, 1770/80

Chippendale Bücherschrank, London, um 1760

Chippendale book-case, London, about 1760

Bibliothèque Chippendale, Londres, aux environs de 1760

Kabinettschrank, Mahagoni, Paris, um 1770/80

Mahogany cabinet, Paris, about 1770/80

Cabinet en acajou, Paris, aux environs de 1770/80

Schrank, Norddeutschland, um 1780

Cabinet, Northern Germany, about 1780

Armoire de l'Allemagne du Nord, aux environs de 1780

Hamburg, Altonaer Museum

Adam Kabinettschrank, Satinholz. Türen des Oberteils mit Zapfenbändern angeschlagen, nicht verglast, Gitter aus Messingstäben. Fachbretter in Nuten verstellbar. London, um 1770/80

Adam satinwood cabinet. Doors of upper cabinet hung with pin hinges, unglazed, brass grids, shelves adjust in grooves. London, about 1770/80

Cabinet d'Adam, bois satiné. Portes du corps supérieur suspendues sur fiches à pivot, non vitrées, grillages en laiton. Tablettes des rayons réglables dans des rainures. Londres aux environs de 1770/80

Chippendale Schranksekretär, London, um 1760. In jeder Türe des Oberteils eine durchgehende Scheibe

Chippendale book-case on chest, London, about 1760. A single pane in each door of the upper case

Armoire-secrétaire Chippendale, Londres aux environs de 1760. Chacune des portes du corps supérieur vitrée d'une glace unie

Bücherschrank aus dem Stadtschloß Potsdam, Berlin, um 1800
Türen mit mehreren Glasscheiben, vgl. auch Zeichnung S. 58/59

Book-case from the Potsdam Castle, Berlin, about 1800
Doors with several glass panes, also see drawings on pages 58/59

Bibliothèque du Château de Potsdam, Berlin aux environs de 1800
Portes vitrées de glaces multiples, voir également plans pages 58-59

Eckschrank, süddeutsch, Anfang 19. Jahrhundert. Die Einzelscheiben sind gebogen

Corner cabinet, Southern Germany, beginning of 19th century. The single panes are bent

Encoignure du Midi de l'Allemagne, début du XIX-e siècle. Les carreaux de glace courbes

Mitteldeutsche Schreibkommode, erste Hälfte des 18. Jahrhunderts

Privatbesitz

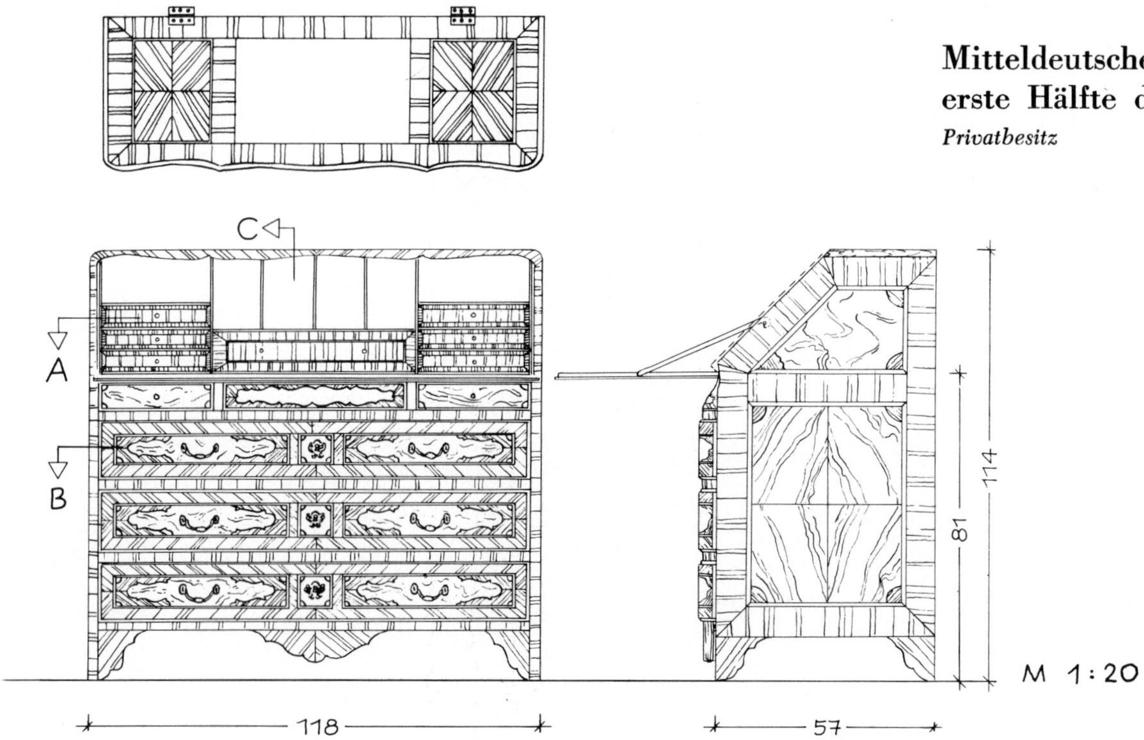

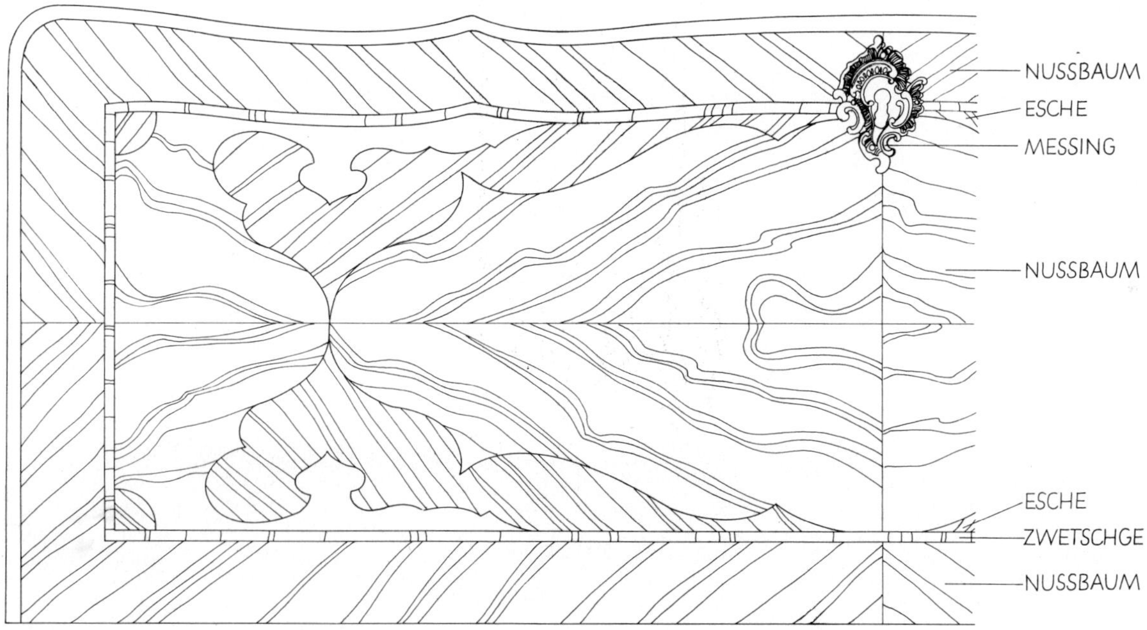

KLAPPE

Klappe	Drop front	Abattant
Esche	Ash	Frêne
Messing	Brass	Laiton
Nußbaum	Walnut	Noyer
Zwetschge	Plum	Prunier

Das Unterteil mit drei über die ganze Breite durchgehenden Schubladen ist nach vorne geschweift. Den Anschluß an die Schreibklappe des Oberteils bildet ein Zwischenstück, das die Schweifung in die Gerade überführt. In ihm liegen seitlich zwei kleine Schubladen und in der Mitte ein von oben zu öffnendes Fach. Im Oberteil befinden sich offene Fächer und kleine Schubladen. Hinter einer steckt ein kleines Geheimkästchen, das an seinem langen Griff herausgezogen werden kann. Die aufgeklappte Schreibplatte wird durch zwei einfache Flacheisen mit Haken gehalten, die zwischen den Außenseiten laufen. Die massive Rückwand ist oben und seitlich eingenutet und wird unten durch Holznägel gehalten.

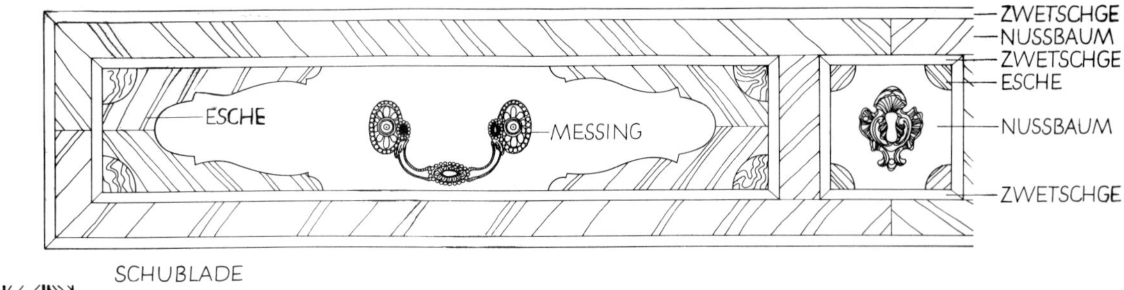

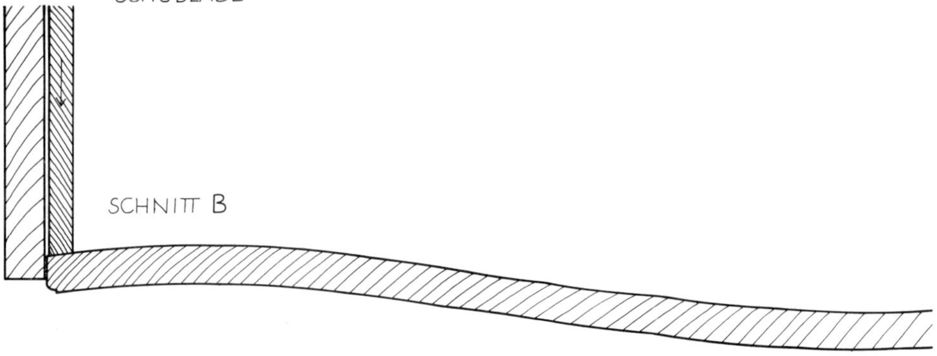

Schublade	Drwaer	Tiroir
Schnitt	Section	Coupe
Esche	Ash	Frêne
Messing	Brass	Laiton
Nußbaum	Walnut	Noyer
Zwetschge	Plum	Prunier

Central German Writing Desk from the first half of the 18th century

The chest part with three drawers over the entire width has a bow front. A straight intermediate piece serves as a connection to the drop front of the desk part. Housed in this intermediate part are two small drawers to the left and right of a compartment which opens from above. The desk part contains open shelves and small drawers, one drawer hiding a secret drawer which pulls out with a long drawer pull. The open drop front is supported on two simple flat iron rails with hooks guided between the sides. The solid back is grooved into the top and sides and held by wood pegs in the bottom.

Secrétaire à abattant, Allemagne Centrale, première moitié du 18 ème siècle

Le corps inférieur galbé comporte trois tiroirs qui occupent la largeur du meuble. Une pièce intermédiaire raccorde la ligne droite de l'abattant au galbe des tiroirs et comporte deux petits tiroirs latéraux ainsi qu'un compartiment central dont l'accès se situe à l'intérieur du secrétaire.

Le secrétaire est aménagé avec un classeur à papiers et des petits tiroirs; un compartiment secret est logé derrière l'un d'eux et se tire à l'aide d'une longue poignée.

L'abattant ouvert est soutenu par deux compas à crochets qui coulissent dans les cloisons le long des côtés.

Le dos de ce meuble est emboîté à rainures sur les deux côtés et le haut; le bas est cloué.

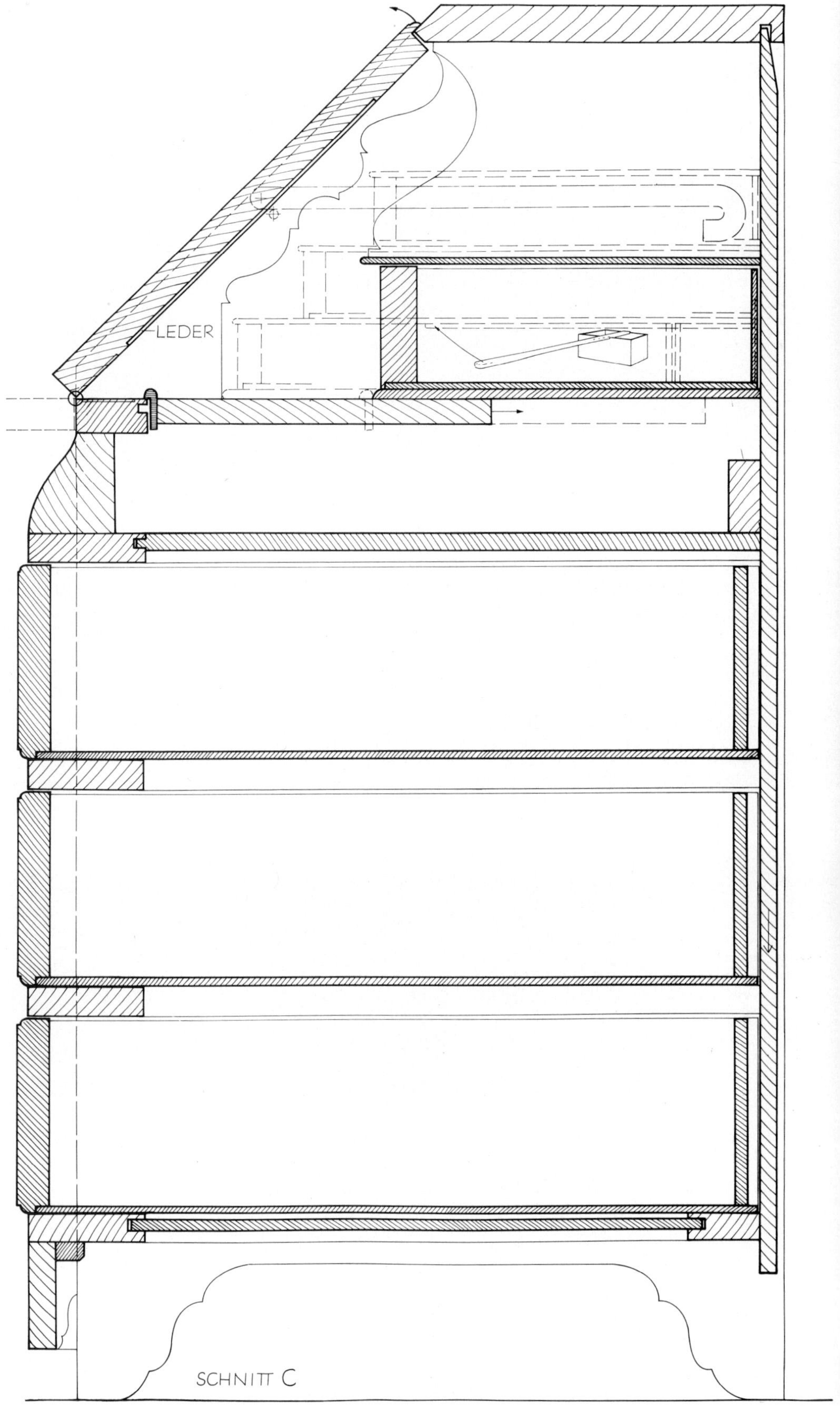

Schnitt	Section	Coupe
Leder	Leather	Cuir

Fränkische Kommode, Mitte 18. Jahrhundert

Privatbesitz

Die Kommode ist aus Nußbaumholz. Sie hat eine Stollenkonstruktion. Die Rahmen zwischen den Schubladen und die geschweiften Friese unten sind in die Stollen eingezapft und mit Holznägeln verbohrt, die Rahmenfriese unter der Platte sind eingezinkt. Die vorderen Eckstollen sind abgerundet und geschnitzt, die Schweifung der Füße ist in der Diagonalen aus der vorhandenen Holzstärke herausgearbeitet. Die Schubladenvorderstücke und die Platte haben einfache Intarsien.

Frankonian Chest of Drawers, middle of 18th century

This chest of stile construction is made of walnut. The frames between the drawers and the curved lower front and side rails are tenoned into the stiles and secured with wood pegs; the framing rails below the top are dovetailed. The front corner stiles are rounded and carved. The curving of the legs is diagonally cut form the stile thickness. Drawer fronts and top with simple marquetry.

Commode de la Franconie, 1750 environ

Cette commode en noyer possède un bâti dont les montants constituent le piétement. Les cadres qui supportent chaque tiroir, ainsi que la traverse inférieure, sont assemblés aux montants par des tenons chevillés. Les traverses du cadre supérieur sont assemblées à queue d'aronde. Les montants de façade sont sculptés et arrondis. Les pieds sont débillardés et leur découpe est orientée à 45°. Les façades des tiroirs sont décorées d'étoiles en marqueterie.

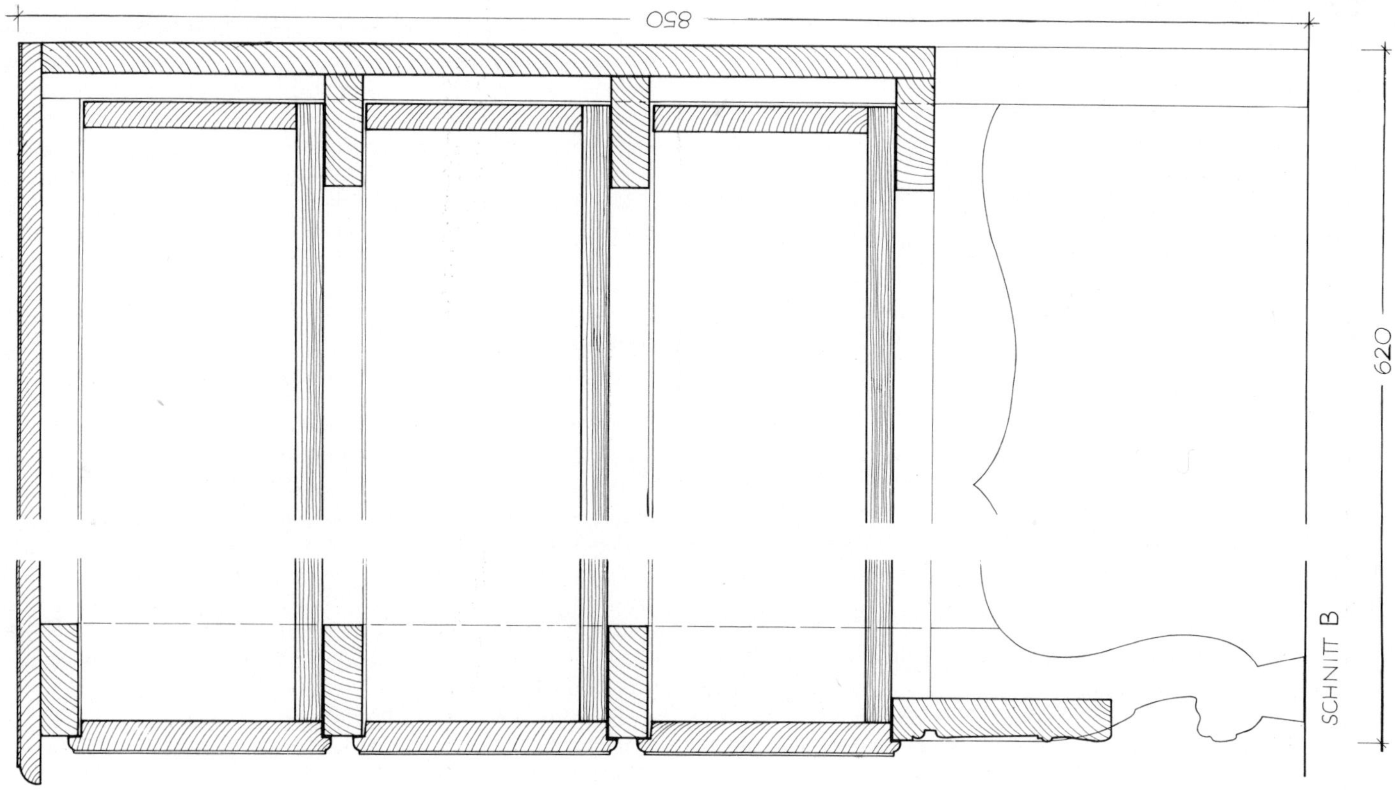
850
620
SCHNITT B

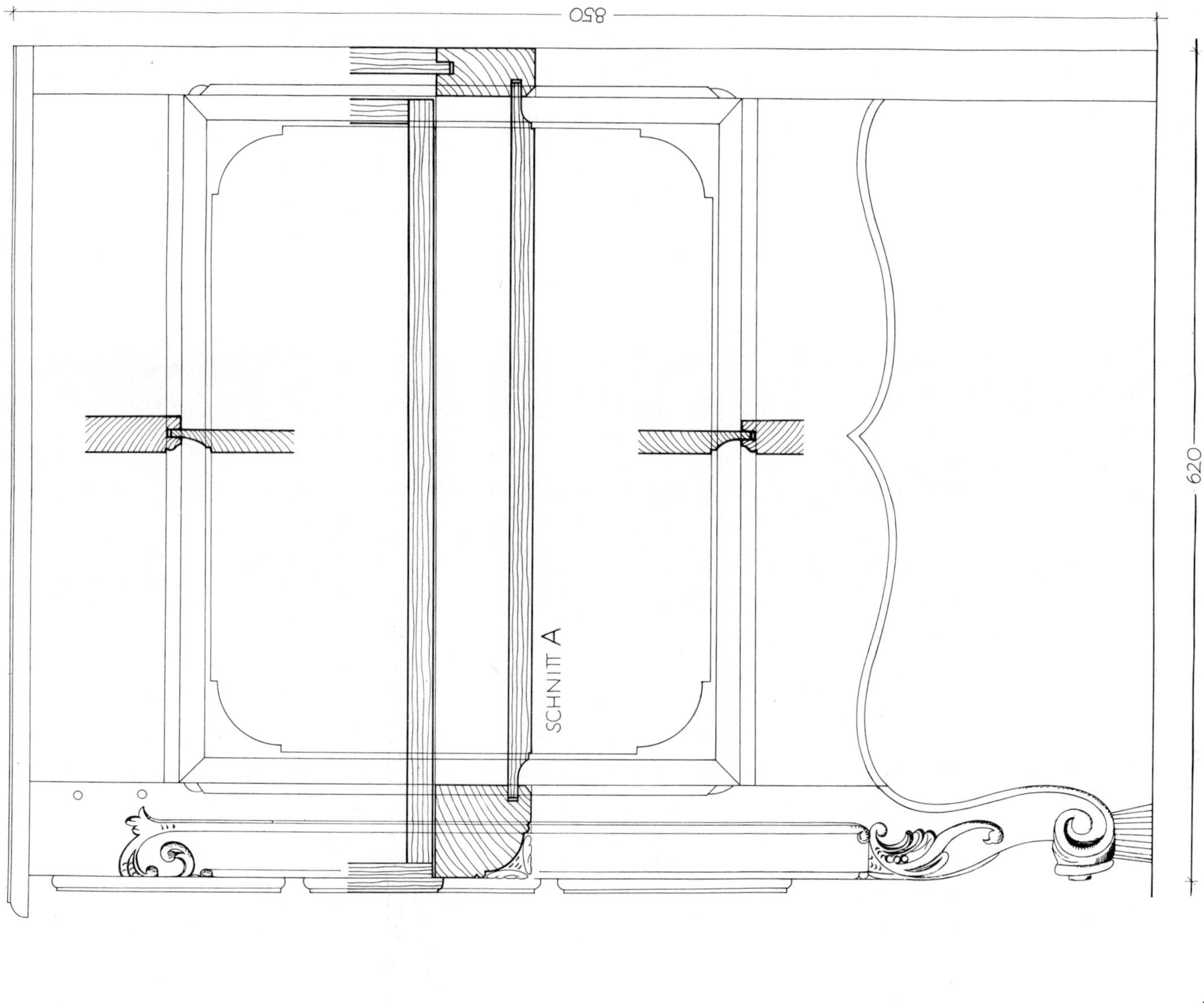
850
620
SCHNITT A

Französische Kommode, Mitte 18. Jahrhundert

Schloß Heiligenberg

Die Konstruktion der Kommode ist sehr einfach. Die Schwierigkeit liegt in der Formgebung der Seiten- und Vorderfront. Stollen und Seiten sind miteinander verleimt. Erst danach kann die bauchige Form hergestellt werden. Die gewölbten Seiten gehen in die an den Kanten spitz auslaufenden Stollen über.

Das Furnieren dieser runden und hohlen Flächen erfordert große Erfahrung. Das Furnier wurde auf den Flächen zusammengesetzt und mit starkem Papier oder Leinwand überklebt. Nachdem die Grundfläche leimgetränkt und gezahnt war, wurde heißer Leim angegeben. Dann wurde das Furnier mit einem heißen Sandsack und einer Zulage auf die Grundfläche gepreßt.

Die Seiten sind mit den Stollen zusammen einseitig in verschiedener Richtung furniert, sie werden innen durch Laufleisten ausgesteift und gehalten. Als Blindholz ist Fichte verwendet. Durch die Rückwand und durch die Vorderstücke der Kastenlaufrahmen werden die Seiten zusammengehalten. Die Rückwand besteht aus zwei 10 cm breiten Querleisten, die mit den Hinterstollen verzapft sind und einer 5 mm starken Füllung aus senkrecht gefügten Eichenbrettern.

Die Laufrahmen sind mit den vorderen Stollen verzapft, der obere ist als Einzinker ausgebildet. Die geschweiften Ecken zwischen dem unteren Laufrahmen und den Stollen sind stumpf eingeleimt und überfurniert, ebenso die Kanten der Laufrahmen. Sie sehen Bändern gleich, die die Vorderfront in zwei horizontale Felder teilen.

Die Felder sind durch die Schubladen ausgefüllt, und zwar befinden sich im unteren ein, im oberen — äußerlich kaum sichtbar — zwei Kästen verschiedener Größe. Die Kastenfelder in Riopalisander und Rosenholz werden durch schmale Rosenholzkanten eingefaßt. Die Seiten sind mit gestürztem flammigen Riopalisander, die Stollen mit Rosenholz furniert.

Das Blindholz der einseitig furnierten Kastenvorderstücke ist Fichte. Seiten-, Boden- und Hinterstück sind dagegen aus Eichenholz. Die Kastenböden sind quer unter die Seiten geleimt.

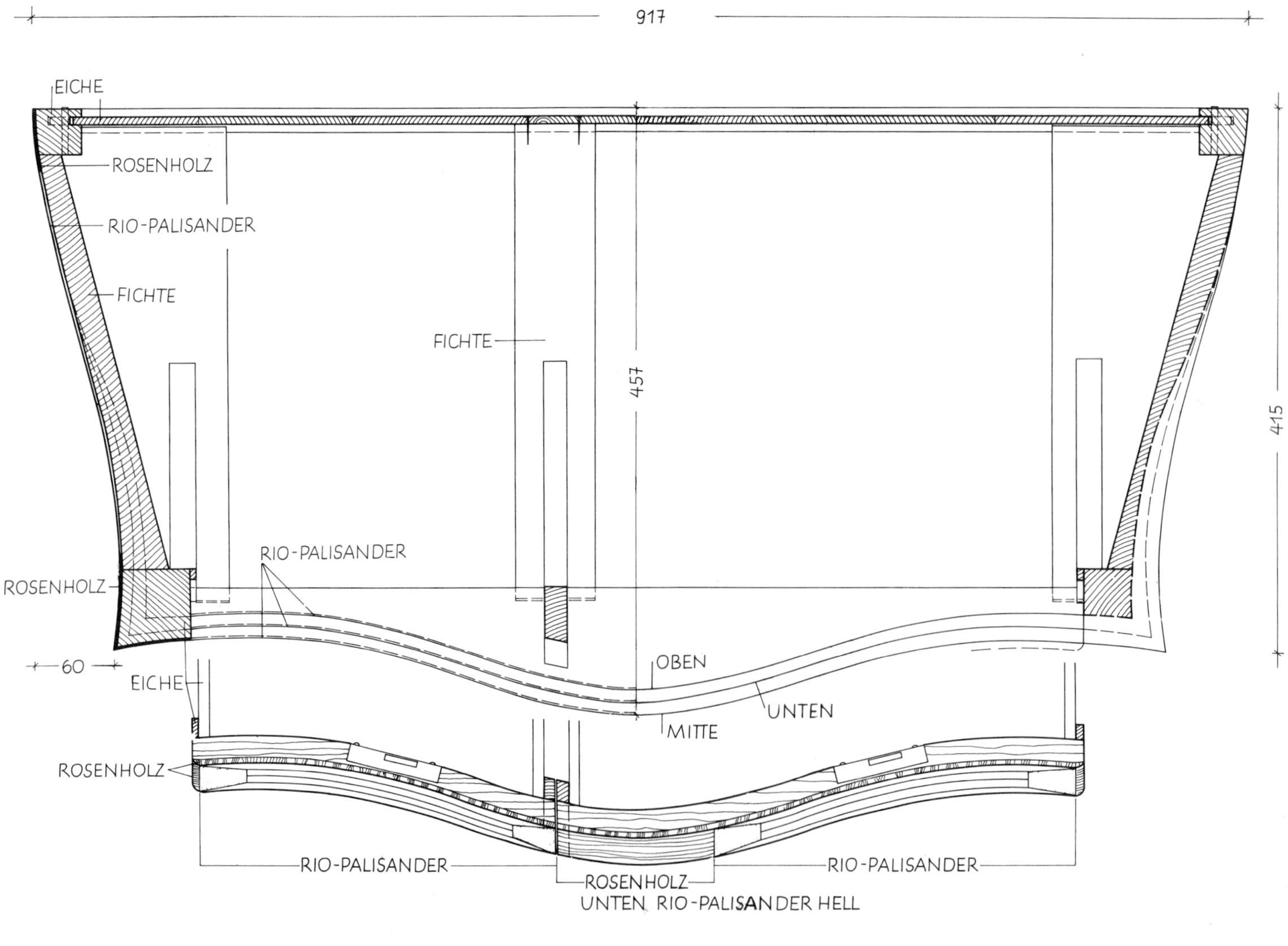

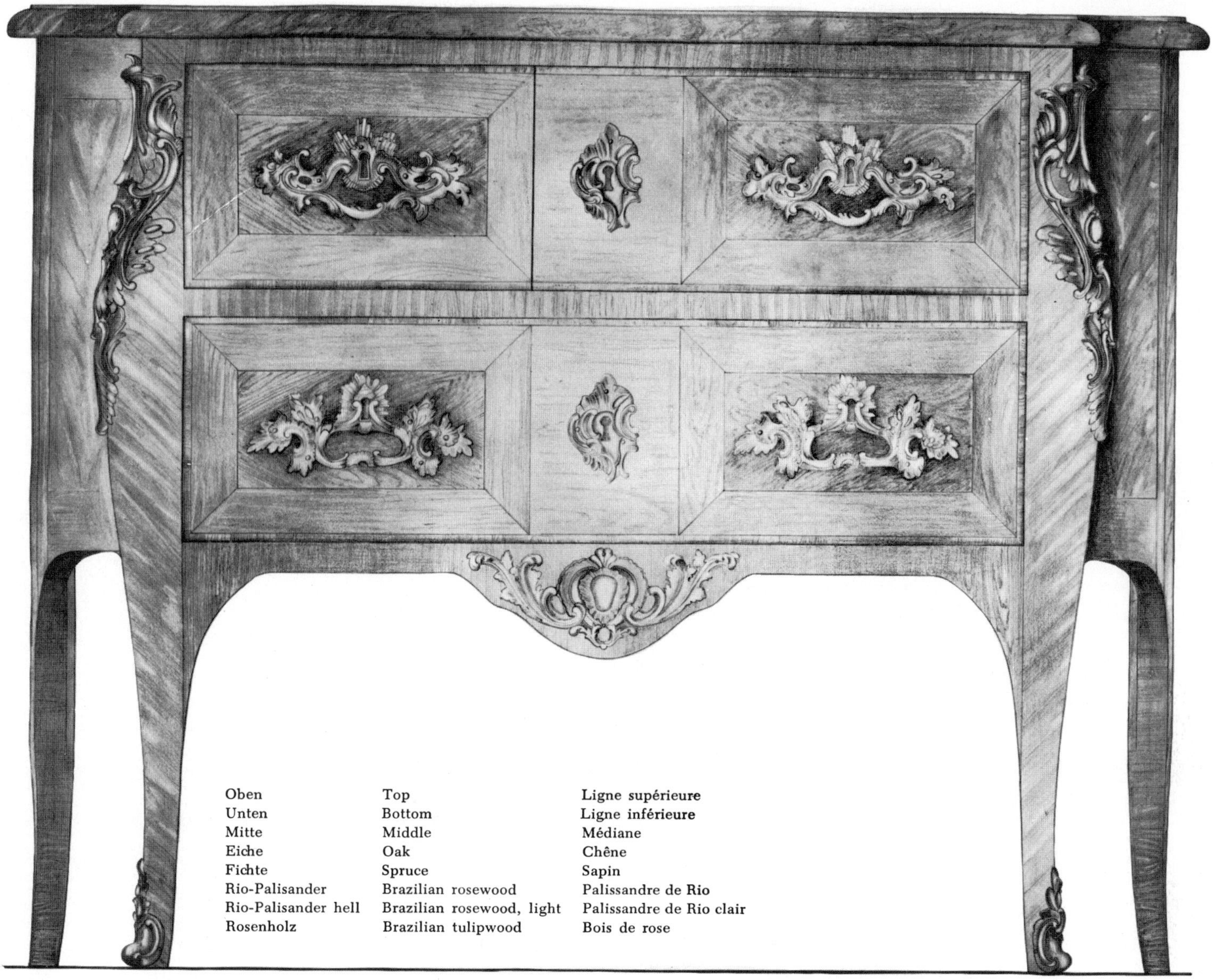

Oben	Top	Ligne supérieure
Unten	Bottom	Ligne inférieure
Mitte	Middle	Médiane
Eiche	Oak	Chêne
Fichte	Spruce	Sapin
Rio-Palisander	Brazilian rosewood	Palissandre de Rio
Rio-Palisander hell	Brazilian rosewood, light	Palissandre de Rio clair
Rosenholz	Brazilian tulipwood	Bois de rose

French Commode, middle of 18th century

This commode is of very simple construction. The difficulty was in shaping the sides and front. The posts and sides were glued to each other and then given the curved shape. The curved sides terminate in the pointed edges of the posts. The job of veneering these concave and convex surfaces calls for an experienced cabinetmaker. The veneers were assembled on the surfaces and pasted over with thick paper or linen. After the application of a first coat of a glue-and-water mixture, the surfaces were sanded with coarse abrasive across the grain to provide tooth for the glue bond. Hot glue was then brushed on the surfaces and the veneer was pressed on with a hot sandbag over a caul.

The exterior of the sides is veneered together with the posts in different directions. Their inside is stiffened by the runners. The core of the sides is fir-wood. They are held together in the carcass by the back and the front rail of the drawer slide frames. The back consists of two four inch wide cross rails tenoned into the rear posts and a 5/32 inch thick panel of vertically butt-jointed oak boards.

The drawer slide frames are tenoned into the front posts; the top frame is dovetailed. The curved front corner braces between the lower front rail and the posts are butt-jointed and covered with veneer. The same applies to the front edges of the front rails. These crossbands divide the front into two horizontal areas.

The drawers in these areas are of different size, above and below, though this is not apparent. The drawer fronts in palisander and Brazilian tulipwood are bordered with narrow Brazilian tulipwood edges. The sides are veneered with reversed palisander burl; rosewood for posts.

The core of the drawer fronts, which are veneered on their outside only, is fir-wood. Sides, bottom and back, however, are of oak. The bottoms are glued to the lower edges of the drawer frames in transverse grain direction.

Commode française du milieu du 18 ème siècle

La construction de cette commode est de plus complexes. Les difficultés résident essentiellement dans la réalisation des côtés et de la façade. Les montants et les côtés ont d'abord été assemblés par collage. Ce n'est qu'après cette opération que l'ébéniste a pu façonner les formes bombées. Les galbes des côtés affleurent aux montants avec des arêtes vives. Une très longue expérience était nécéssaire pour plaquer ces surfaces convexes ou concaves. On ajustait d'abord les placages à sec; on les collait ensuite à l'envers sur un papier fort ou une toile; on enduisait de colle chaude la surface à plaquer. On pressait ensuite très fortemment le placage contre le fond à l'aide d'un sac rempli de sable chaud, l'ensemble étant mis sous presse. Les côtés sont ainsi plaqués d'une pièce avec les montants. Les placages sont à sens contrariés. Les côtés sont raidis par les coulisses de tiroirs. Le bâti est en sapin. Les côtés sont assemblés par les cadres qui supportent les tiroirs. Le dos de cette commode se compose de deux traverses des 10 cms de largeur entre lesquelles est emboîté un feuillet de chêne de 5 mm. Les extrémités de ces traverses qui jouent un rôle important dans l'équerrage de ce meuble, sont largement assemblées aux montants arrières.

Les cadres qui servent de coulisses aux tiroirs sont chevillés dans les montants avants. Le cadre supérieur est panneauté pour augmenter la rigidité transversale. L'épanouissement intérieur des pieds avants, qui se relie à la ligne inférieure de la façade, est constitué par des équerres en bois debout, rapportées par collage et plaquées. Bien que les tiroirs soient inégaux en largeur, cette dissymétrie est invisible sur la façade qui présente quatre tiroirs; en réalité, deux d'entre eux sont solidaires de faux dormants. Les façades de tiroirs sont plaquées en palissandre de Rio et en bois de rose bordé de filets de marqueterie. Les côtés sont plaqués en palissandre de Rio à fil, symétriquement inversés. Les façades de tiroirs sont en sapin; les côtés, le dos en chêne. Les fonds sont collés.

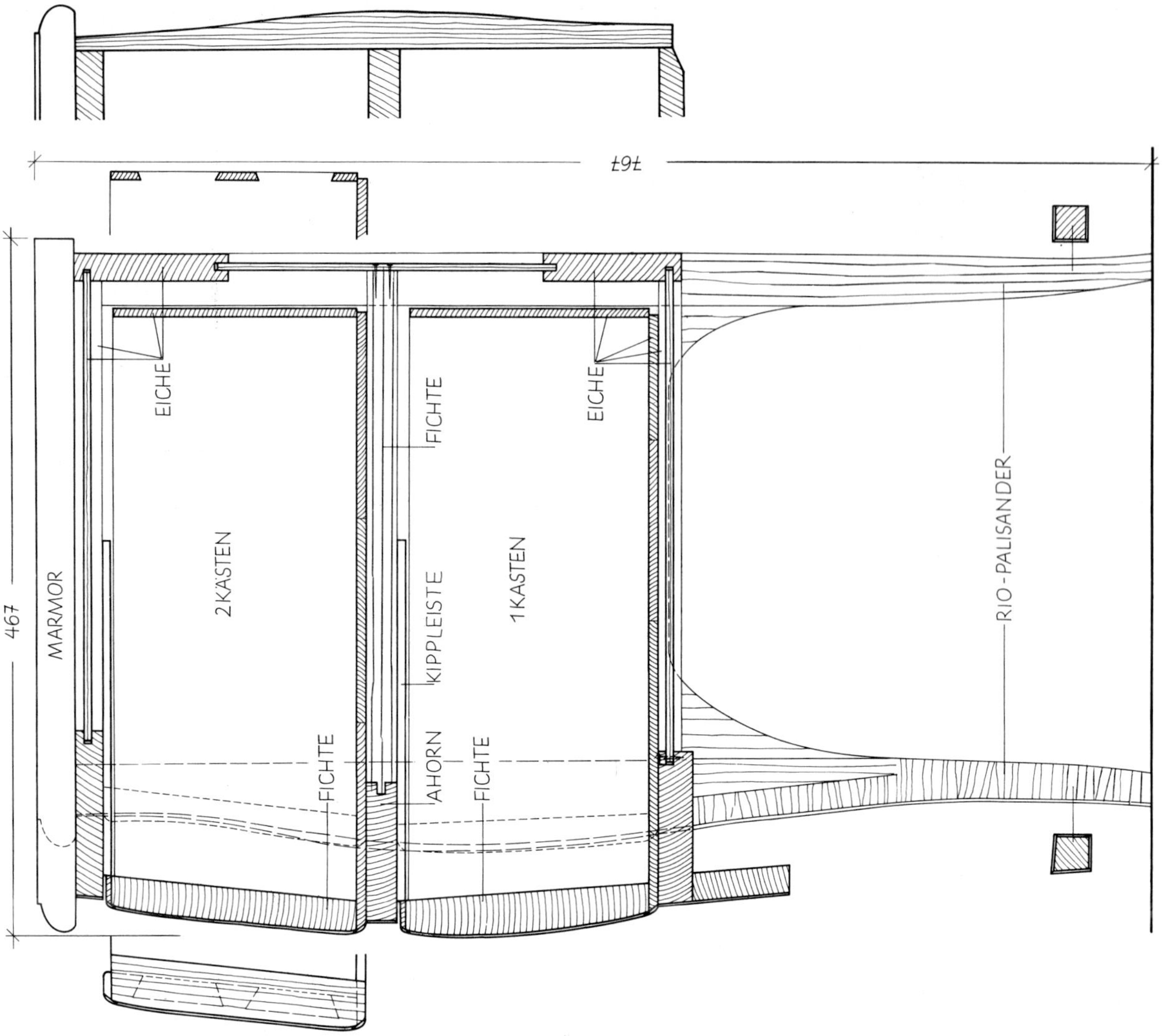

Kasten	Drawer	Coffre
Kippleiste	Drawer hold-down cleat	Raguette de retenue
Ahorn	Maple	Érable
Eiche	Oak	Chêne
Fichte	Spruce	Sapin
Marmor	Marble	Marbre
Rio-Palisander	Brazilian rosewood	Palissandre de Rio

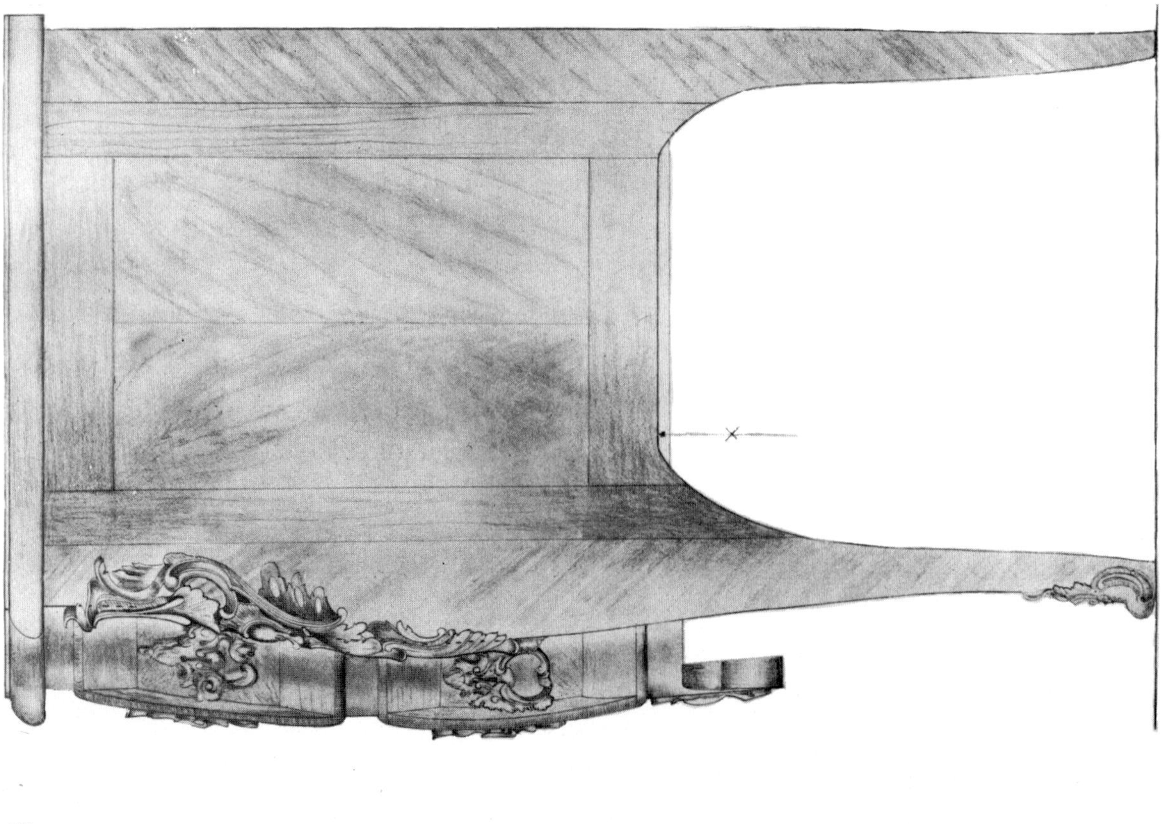

Schnitt	Section	Coupe
Fuge	Joint	Joint
Nußbaum	Walnut	Noyer
Palisander	Brazilian rosewood	Palissandre
Zwetschge	Plum	Prunier

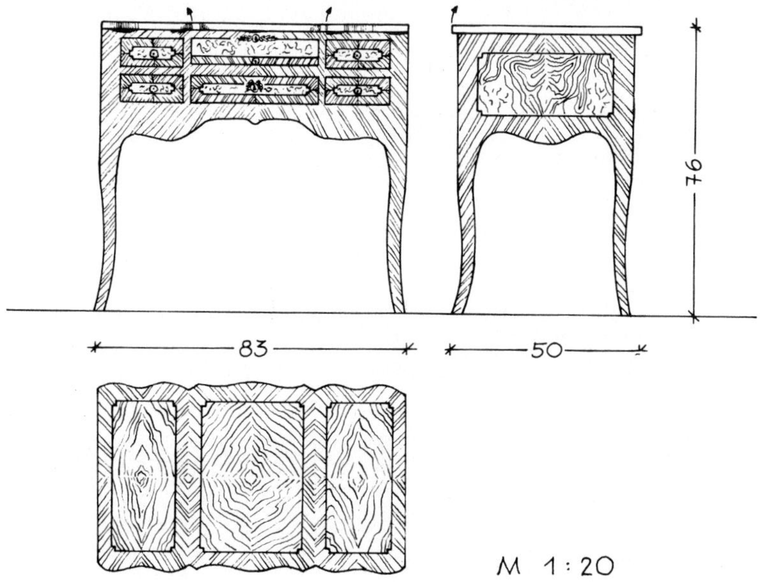

Französische Poudreuse, zweite Hälfte des 18. Jahrhunderts

Privatbesitz

Bei diesem einfach gebauten Möbel sitzt zwischen den Stollenfüßen ein Kasten mit geraden Seiten, die nur unten in geschweifter Linie ausgeschnitten sind. Von den an der Vorderseite gezeigten Schubladenvorderstücken sind die oberen nur markiert, dahinter liegen von oben zugängliche Fächer. Die an ihren Längsseiten geschweifte Platte besteht aus drei Klappen. Die beiden äußeren sind seitlich angeschlagen. Die mittlere Klappe hat nicht die volle Tiefe des Blattes und läßt sich nach hinten öffnen. Der innen befestigte Spiegel kann aufgestellt nahe herangezogen werden, weil die Klappe an einer beweglichen Leiste angeschlagen ist, die unter dem Blatt sitzt und seitlich in Nuten läuft. So hat die Klappe zugleich einen Anschlag und das Scharnier ist unsichtbar.

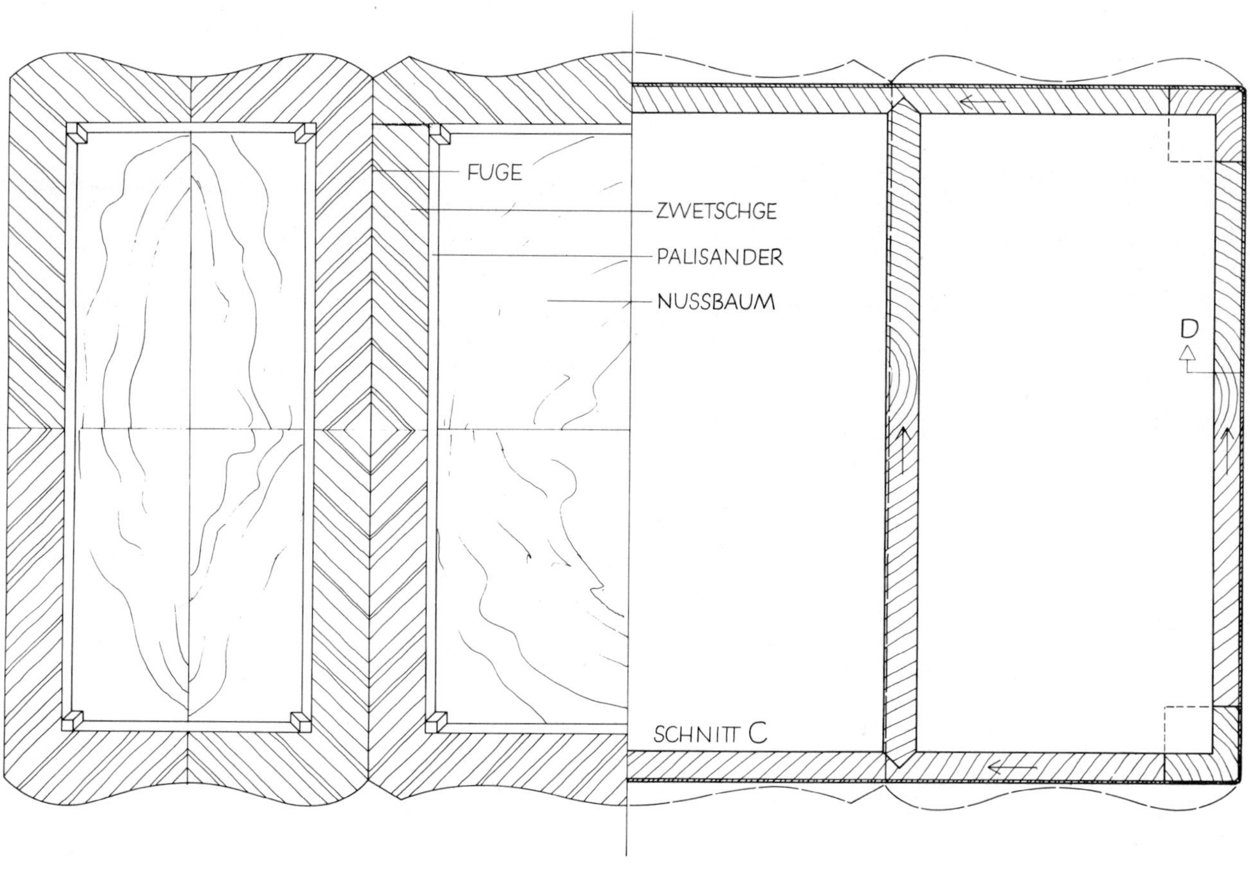

Frisierkommode

Schnitt	Section	Coupe
Klappe	Flap	Trappe
Spiegel	Mirror	Miroir
Schieber	Sliding panel	Tablette indépendante
Leder	Leather	Cuir

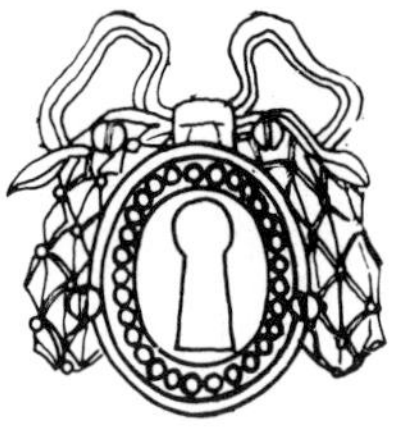

Beschläge 1:2
Hardware 1:2
Garnitures métalliques 1:2

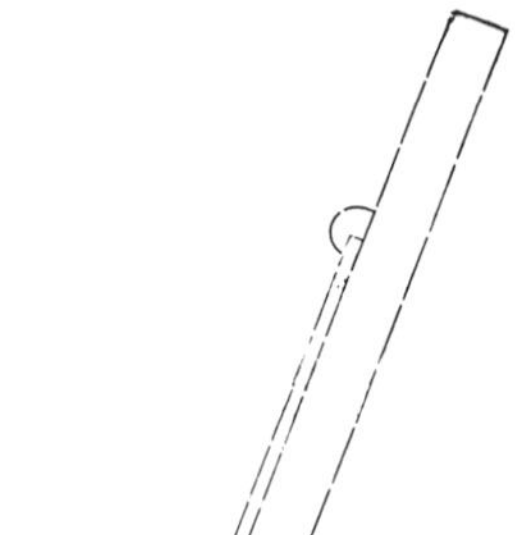
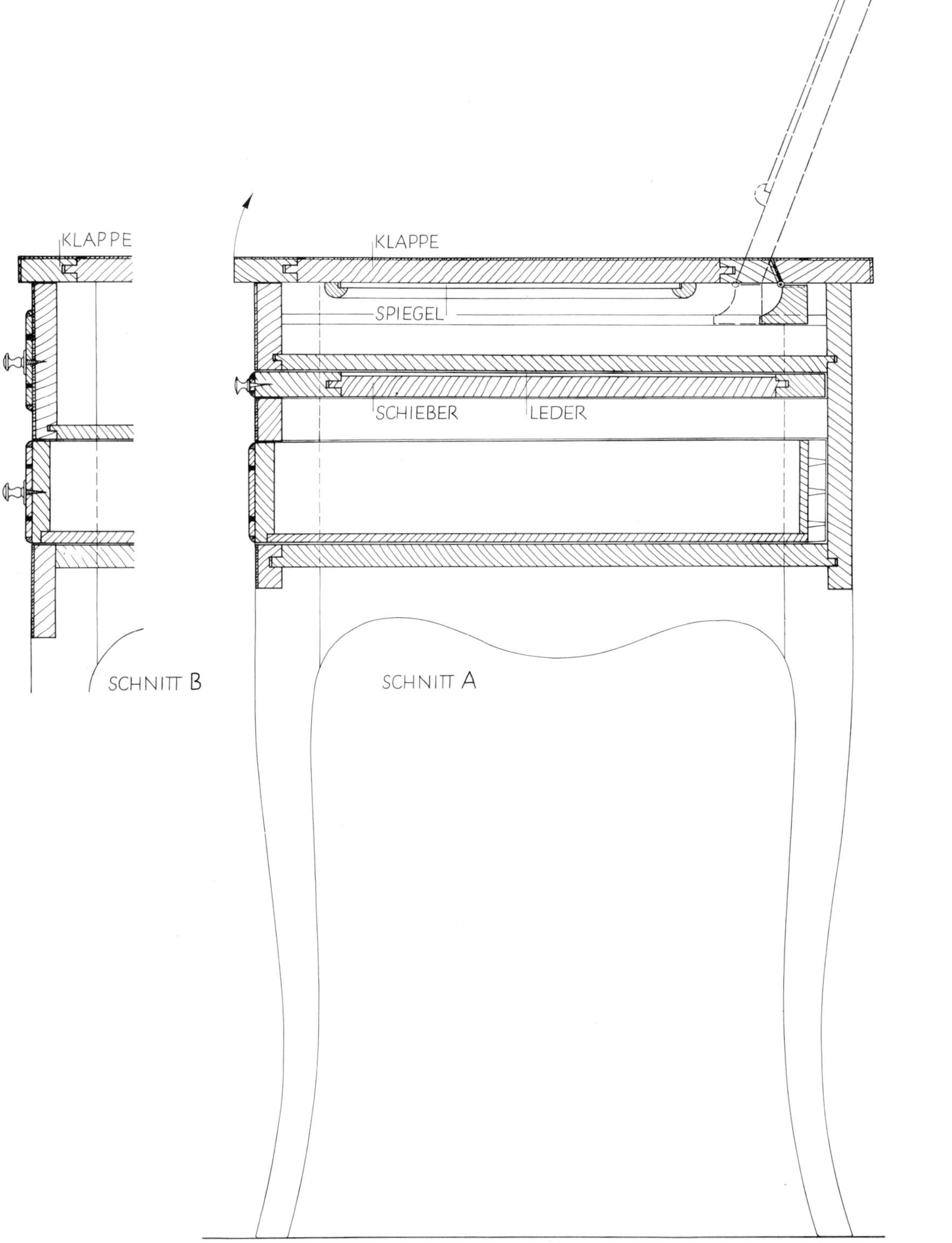

French Poudreuse, second half of 18th century

In this piece of furniture of simple construction a straight-sided carcass with curved bottom edge is supported between the post legs. Of the drawer fronts in the front side the upper fronts are merely marked, covering compartments accessible from above. The top has curved longitudinal edges and consists of three flaps. The two outer flaps are hinged to the sides. The central flap is not of full top width and folds up towards the rear. The mirror fastened to the inside can be pulled close to the front edge as the flap is mounted to a movable cleat below the top and sliding in side grooves. In this way a stop is provided for the flap and the hinge in invisible.

Poudreuse française, 1750 environ

Ce meuble a été construit d'une manière très classique. Une ceinture rectiligne, dont les bords inférieurs sont découpés, relie entre eux les quatre pieds. La façade comporte deux tiroirs, dont l'un simulé en partie supérieure.

L'emplacement correspondant à ce faux tiroir est accessible d'en haut par l'ouverture du dessus qui s'ouvre en trois parties et dont les champs avant et arrière sont découpés. Les deux volets latéraux sont ferrés transversalement. L'abattant central, qui s'ouvre de l'avant en arrière, donne accès à un compartiment moins profond que les deux autres et équipé d'une glace intérieure. Cet abattant peut aussi coulisser vers l'avant car il est ferré d'une manière invisible sur une baguette mobile qui glisse en rainures.

Schnitt	Section	Coupe
Deckel	Top	Couvercle
Laufnut	Slide groove	Rainure guide
Schieber	Sliding panel	Tablette indépendante
Leder	Leather	Cuir
Messing	Brass	Laiton
Nußbaum	Walnut	Noyer
Palisander	Brazilian rosewood	Palissandre
Zwetschge	Plum	Prunier

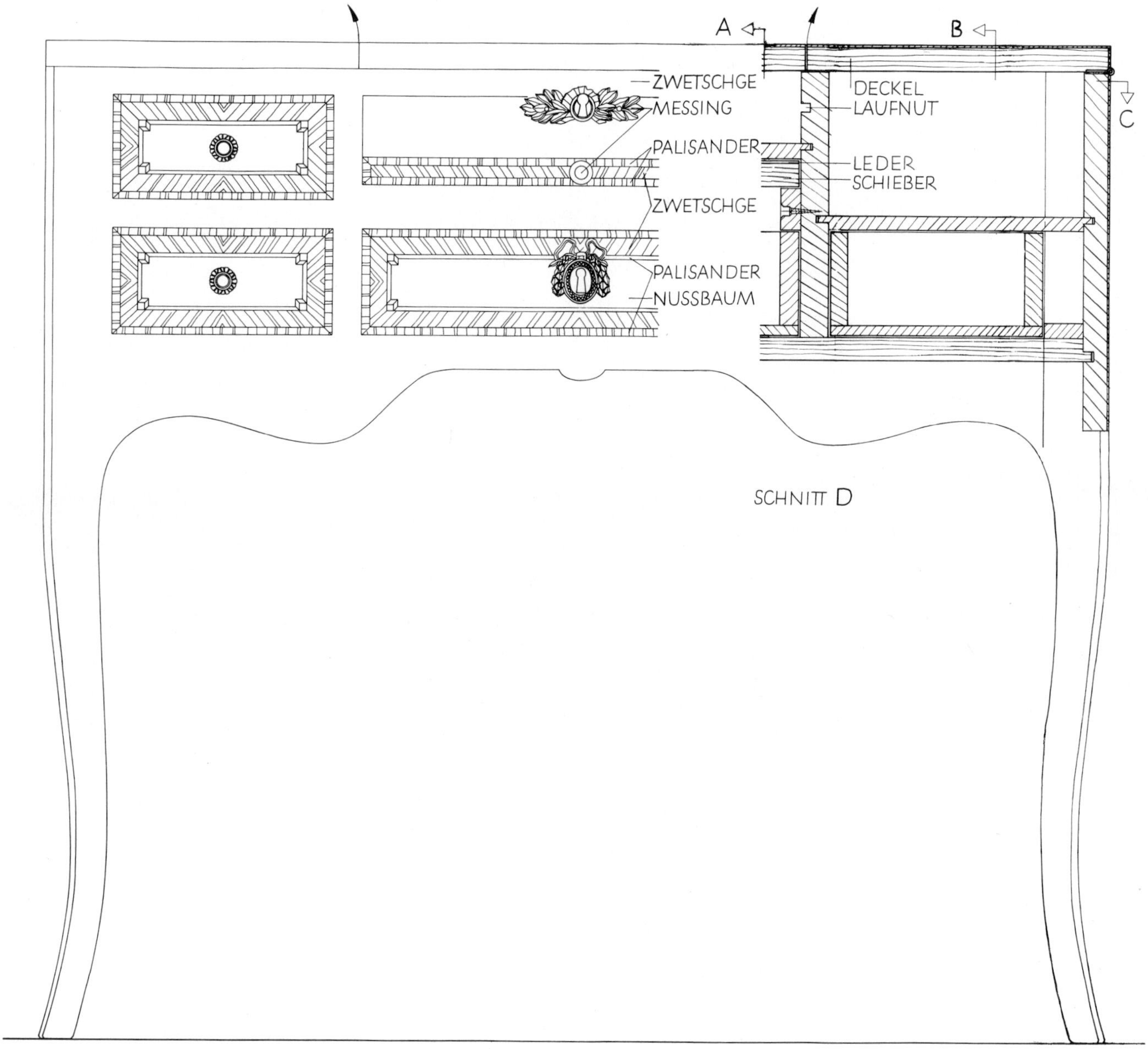

Südwestdeutsches Nachtschränkchen, Mitte 18. Jahrhundert

Schloß Heiligenberg

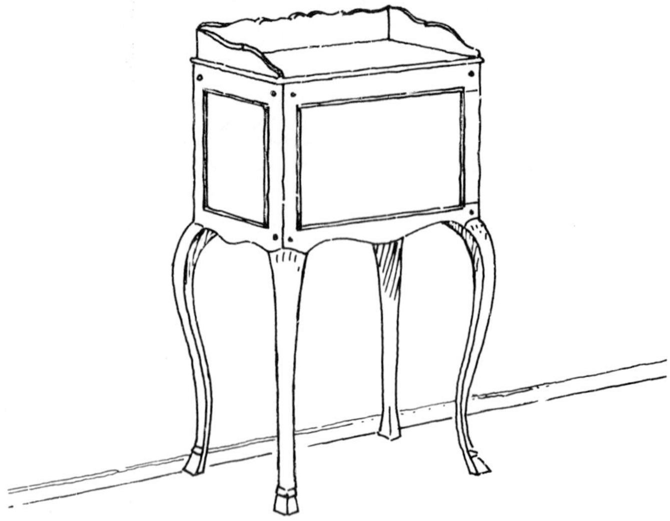

Der Korpus des Nachtschränkchens entspricht, äußerlich gesehen, den Konstruktionen des Stollenschrankes. Tatsächlich ist dies jedoch nicht der Fall. Die „Füllungen" sind markiert, das heißt, die als massives Rahmenwerk wirkenden Querhölzer sind nur auf die Seitenwände geleimt. An den Enden stecken die Seiten mit verbohrten Zapfen und einer Feder in den Pfosten. Das Blatt ist als massive Holzplatte auf den Korpus geleimt. Die Beine gehen vom Fußboden bis zum Blatt in einer Länge durch. Ihre große Schweifung widerspricht der handwerklichen Regel, einen Teil der Längsfasern durchlaufen zu lassen. Bei dem hier verwendeten (schwer spaltbaren) Nußbaumholz und dem geringen Gewicht des Möbels konnte jedoch von dieser Regel abgewichen werden. Aus starken Kanthölzern wurden die Füße mit der Schweifsäge ausgeschnitten, mit Raspel, Feile und Schnitzmesser in die endgültige Form gebracht.

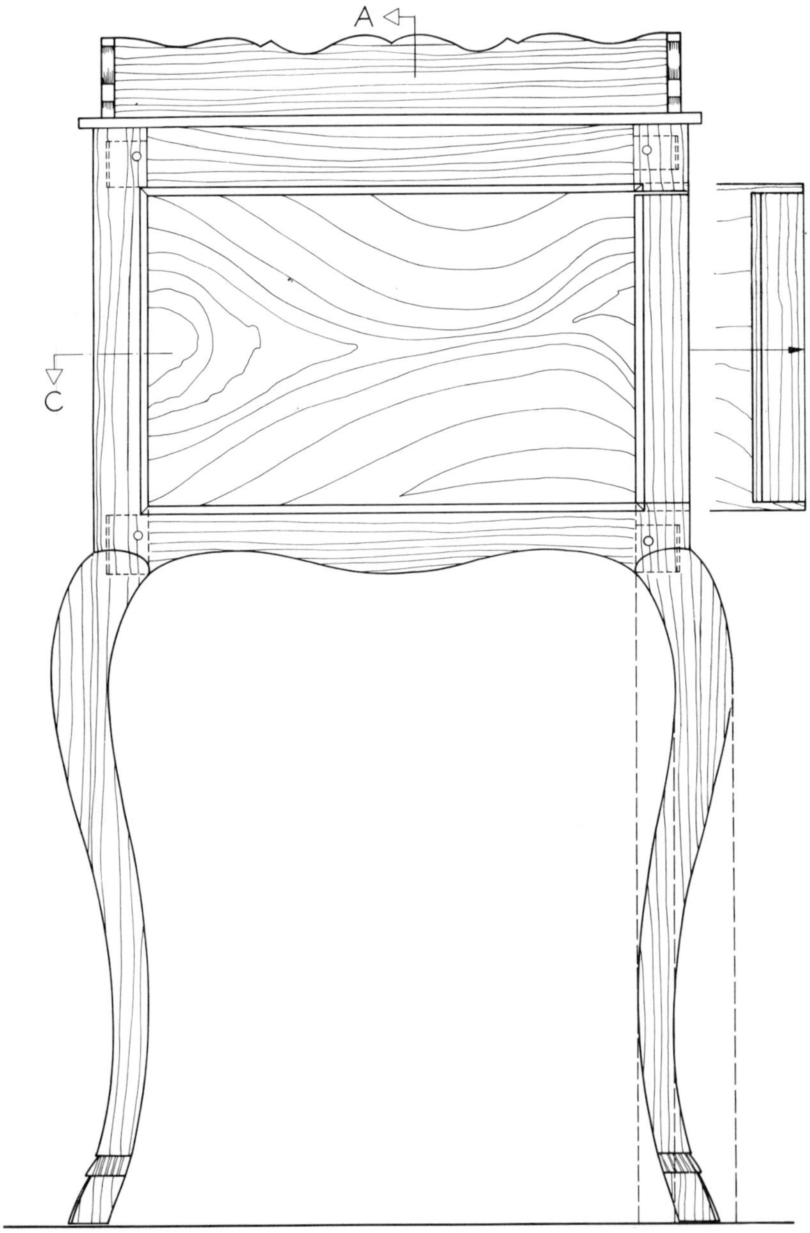

VORDERANSICHT

South-west German Night Stand, middle of 18th century

In outward appearance the carcass of this night stand is of a construction similar to that of stile cabinets. This is not so, however. The "panels" are simulated and the cross rails appearing to be solid framework are merely glued to the sides. The ends of the sides are fastened to the posts with tongues and wood-pegged tenons. The top is a solid board and is glued to the carcass. The legs are single lengths from the floor right to the top. Their bold curving is in contrast to the sound rule of craftsmanship of retaining some of the longitudinal grain uncut. However, this rule could be sidestepped on account of the not easily split walnut used for the legs and the light weight of this piece of furniture. The legs were fret-sawed from thick stock and brought to their final shape with rasp, file and carving knife.

Table de chevet, Sud-Ouest de l'Allemagne, 1750 environ

À priori, on penserait que cette table de chevet a été construite suivant la classique technique à panneaux. En fait, il n'en est rien: les panneaux sont faux. Les bois qui représentent les traverses sont simplement rapportés par collage sur le feuillet central. Ce feuillet est lui même assemblé sur chacun de ses bords verticaux par deux tenons chevillés entre lesquels court une languette collée en rainure sur le montant correspondant. Le plateau est constitué par une planche massive collée directement sur le bâti. Les pieds sont débités d'une seule pièce et leur courbure très prononcée viole les règles de l'art qui prescrivent de faire passer par toute la longueur de la pièce une partie des fibres longitudinales du bois. Sur ce modèle, on a employé du noyer, bois qui n'est pas particulièrement résistant à la cassure. C'est donc grâce au poids très faible de ce petit meuble qu'il fut possible de négliger cette règle. Les pieds ont été découpés à la scie à chantourner, puis dégrossis à la râpe et finis à la lime et au ciseau à bois.

Schnitt	Section	Coupe
Ansicht Seite	Side view	Vue de côté
Diagonal	Diagonal	Diagonale
Zapfen an den Füllungen	Tenons at panels	Tenons sur les panneaux
Schiebetür	Sliding door	Porte coulissante

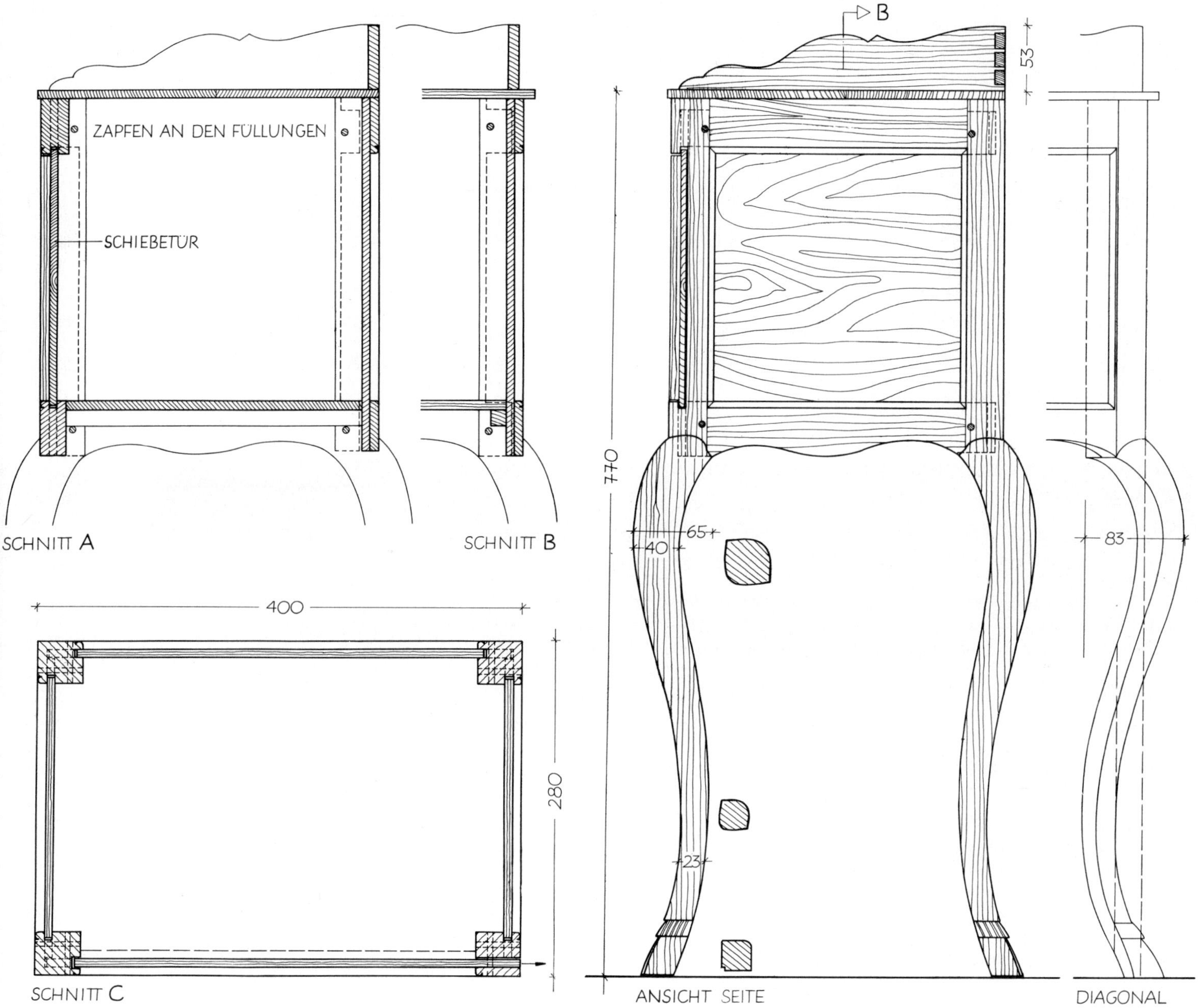

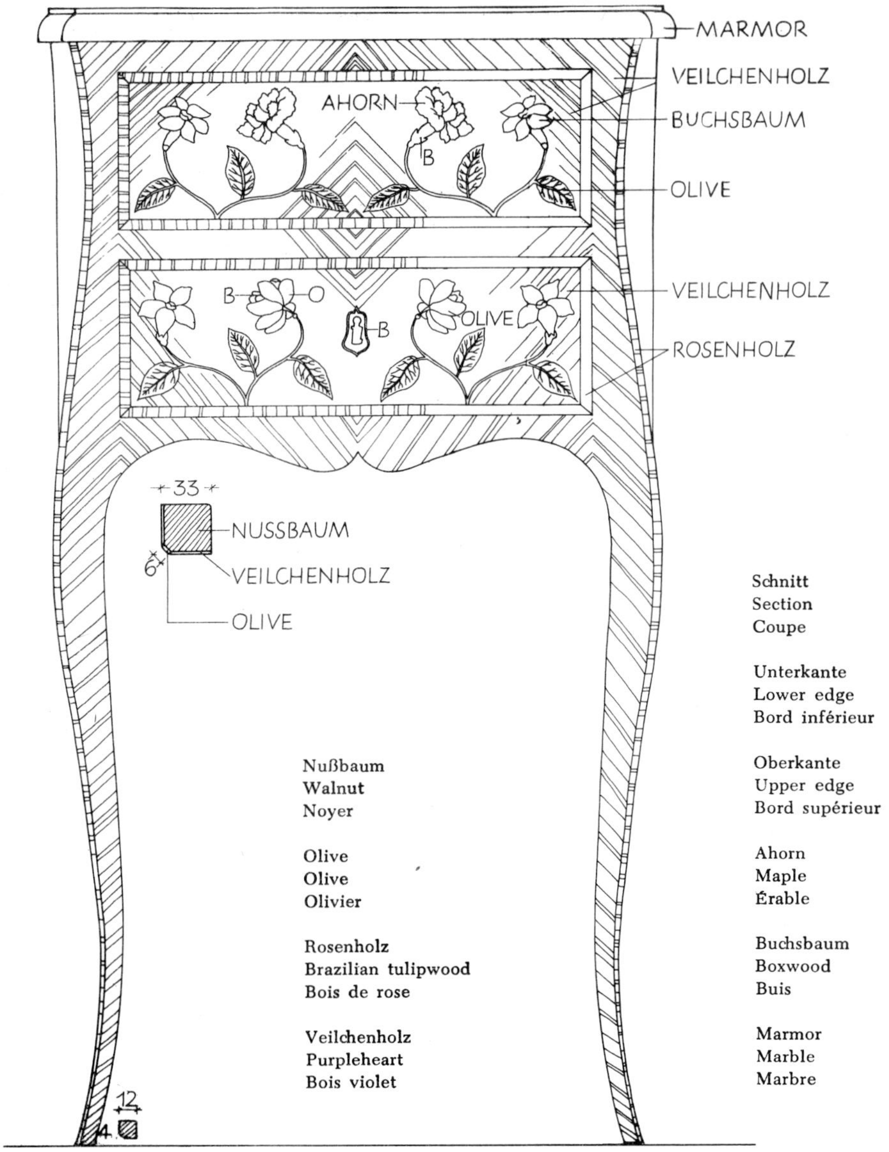

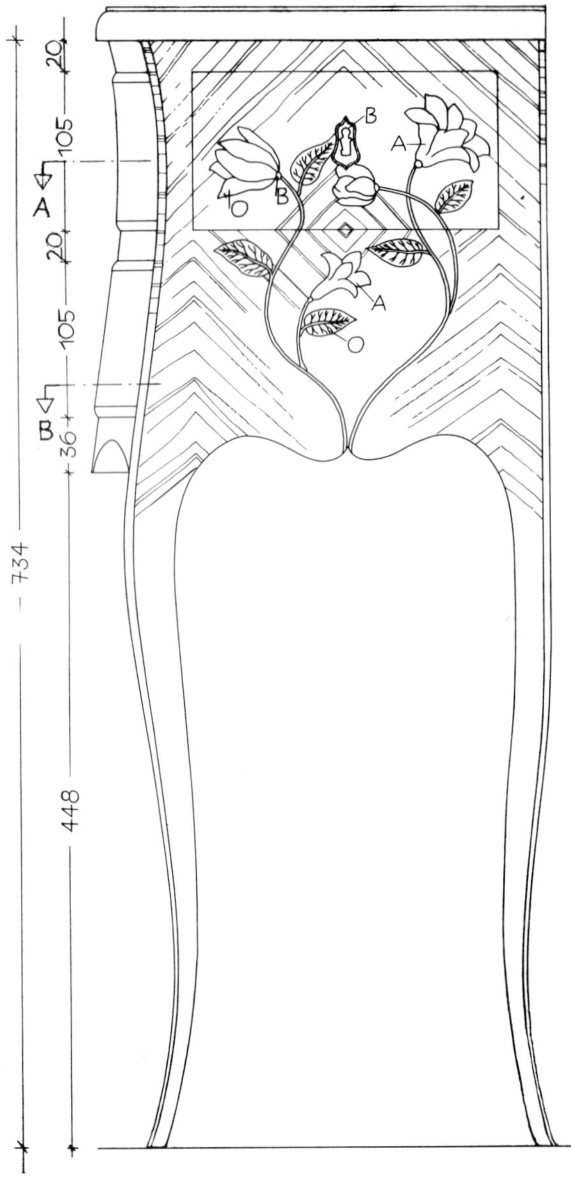

Pariser Arbeitstischchen, Mitte 18. Jahrhundert

Privatbesitz

Die schlanken, geschweiften Beine werden durch die geschwungenen Seitenwände und zwei Traversrahmen zusammengehalten. Die Rückwand ist von hinten in einen Falz gelegt.

Die Vorderseite ist durch eingelegte Streifen in zwei rechteckige Felder geteilt, die Schubladen andeuten. Tatsächlich läßt sich jedoch nur die untere Lade herausziehen, die obere öffnet sich nach der Seite, wo die Intarsien gerade keine Öffnung erwarten lassen.

Die Schweifung der drei sichtbaren Seiten ist äußerst kompliziert. Sie erfolgt jeweils in zwei Richtungen und ist oben anders als unten. Für die Intarsien sind die verschiedensten Holzsorten verwendet. Der Gegensatz zwischen der kalten, schweren Marmorplatte und den zierlichen Holzformen erhöht den Reiz dieses kleinen Möbels.

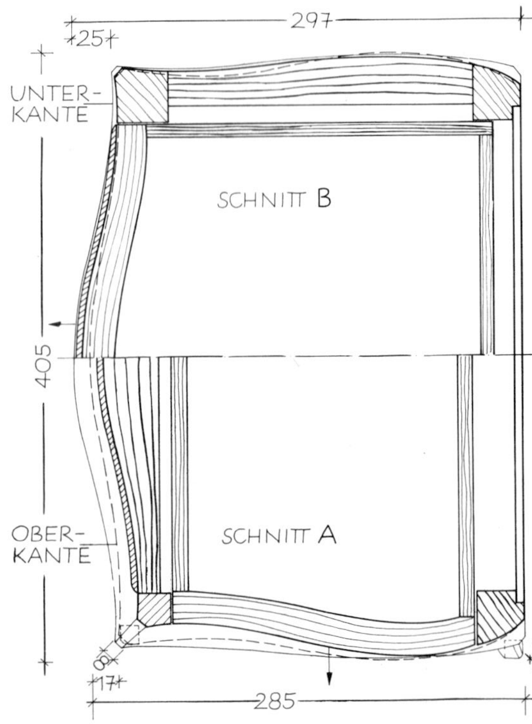

Parisian Side Table, middle of 18th century

The slender legs are suggestive of the cabriole. They are held together by the curved sides and two frame assemblies. The back is held in a rear rabbet.

Banding divides the front in two rectangular areas suggestive of drawers. However, only the lower drawer can actually be pulled out; the upper one opens towards the side, where inlays would not lead anyone to expect an opening.

The curving of the sides and front is extremely complicated. It is in two directions and is different above and below. Many different kinds of wood were used for the inlays. The contrast between the cold and heavy marble top and the delicate woodwork adds to the charm of this small piece of furniture.

Chiffonnier de Paris, 1750 environ

Les minces pieds courbes et gainés sont assemblés par un jeu de traverses découpées qui forment à la fois l'armature de la façade et des côtés bombés, et les cadres des tiroirs. On remarquera que la coupe du plan au niveau du dessus le marbre est différente de celle passant au niveau de la ceinture et fait ressortir un galbe de façade bombé dont les lignes génératrices verticales et horizontales sont en constante évolution. La surface des côtés se déforme progressivement en partant de la génératrice rectiligne des pieds arrières, vers cette ligne commune avec la façade qu'est l'arrête de chaque pied en avant. Le dos est plan; il est monté en feuillure dans le cadre constitué par les deux pieds arrières et les traverses arrières en haute et basse. Le dessus en marbre clair souligne la finesse du travail de marqueterie qui met en jeu une grande variété d'essences de bois.

Ce modèle esprime un équilibre de proportions remarquable et représente une somme de difficultés techniques extraordinaires. Cette conception est typique de cette haute époque de l'ébénisterie française du 18 ème siècle.

Südwestdeutscher Schreibtisch, um 1770

Privatbesitz

Zwischen die zierlichen geschweiften Beine, die bis unter die Platte durchlaufen, ist eine kräftige Kastenkonstruktion gespannt. Wände, Böden und Friese sind von beachtlicher Stärke, um der Beanspruchung durch fünf mit Papieren gefüllten Schubladen standhalten zu können. In der Mitte befindet sich unter der Platte ein Schieber.

Die Rahmenmotive der Schubladen (die auf der Rückseite vorgetäuscht werden), der Seitenwände und der Platte sind aus kostbaren Furnieren vielfach zusammengesetzt. Die abgefaßte Kante der Beine ist mit Messingblech belegt.

Schnitt
Section
Coupe

Adern
Lines
Veines

hell
light
claires

grün
green
vertes

gelb
yellow
jaunes

braun
brown
brunes

Nußbaum
Walnut
Noyer

Rosenholz
Brazilian tulipwood
Bois de rose

Veilchenholz
Purpleheart
Bois violet

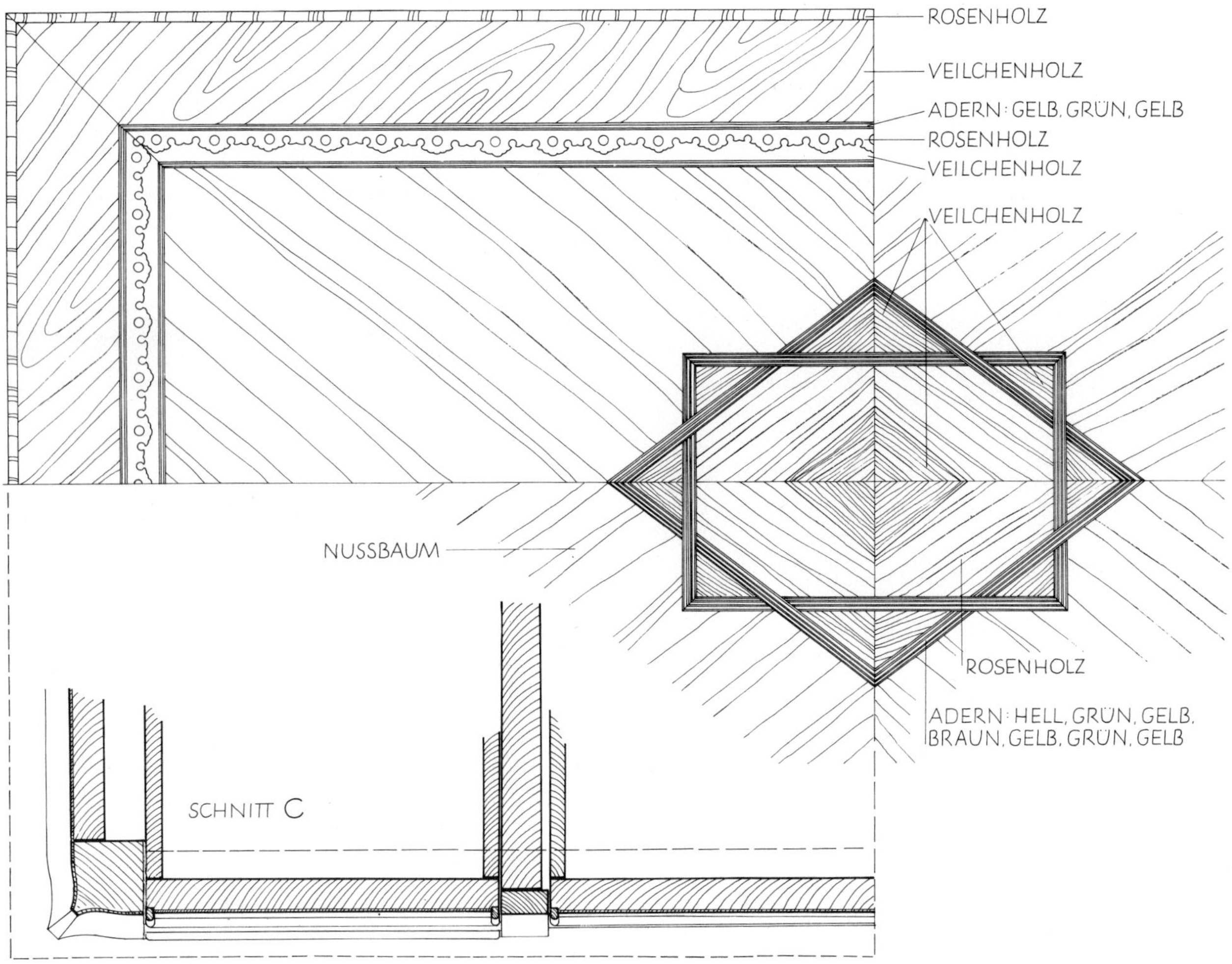

Schreibtisch

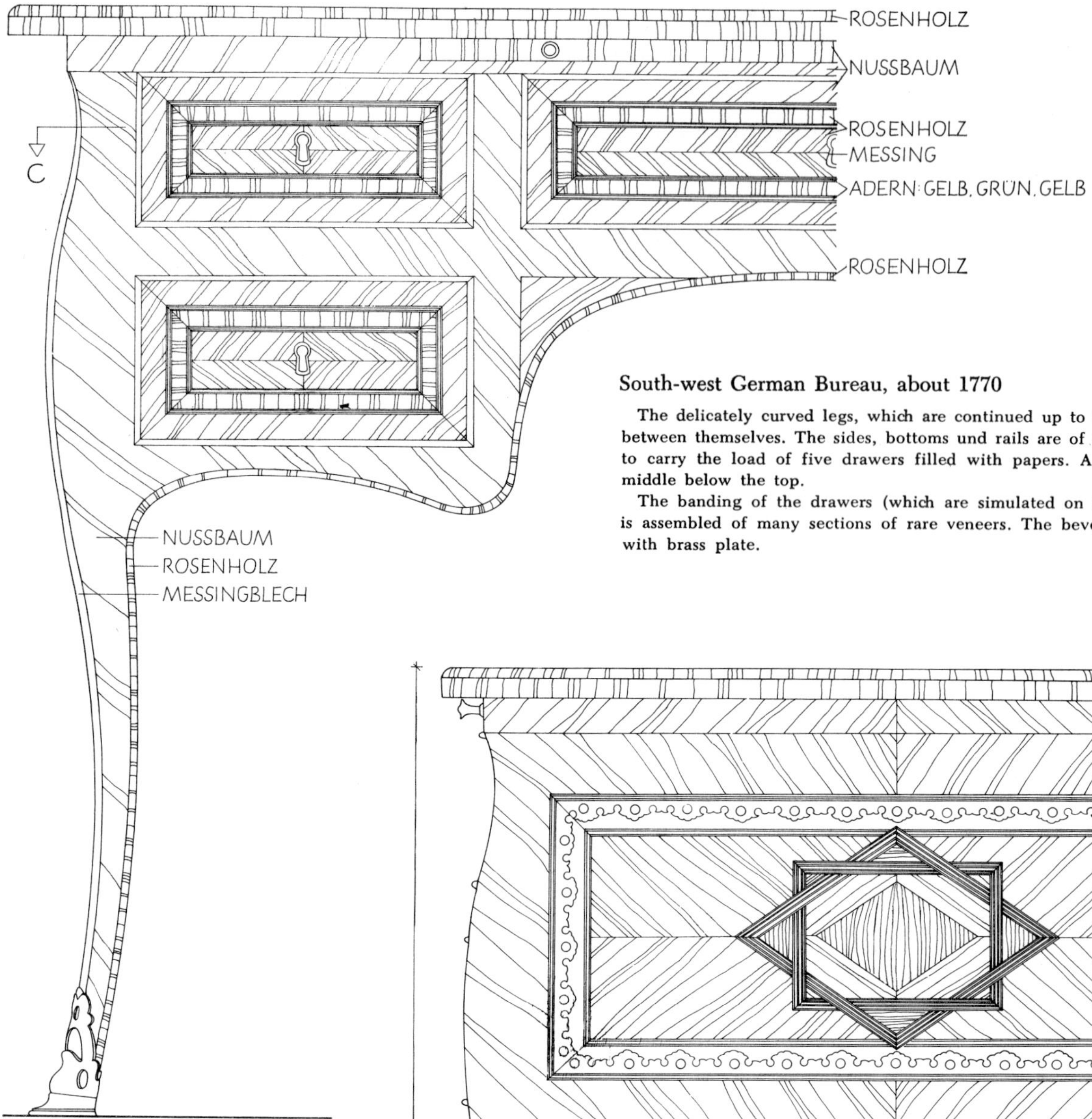

South-west German Bureau, about 1770

The delicately curved legs, which are continued up to the top, support a strong carcass between themselves. The sides, bottoms und rails are of considerable thickness to be able to carry the load of five drawers filled with papers. A sliding panel draws out in the middle below the top.

The banding of the drawers (which are simulated on the back), the sides and the top is assembled of many sections of rare veneers. The beveled edge of the legs is covered with brass plate.

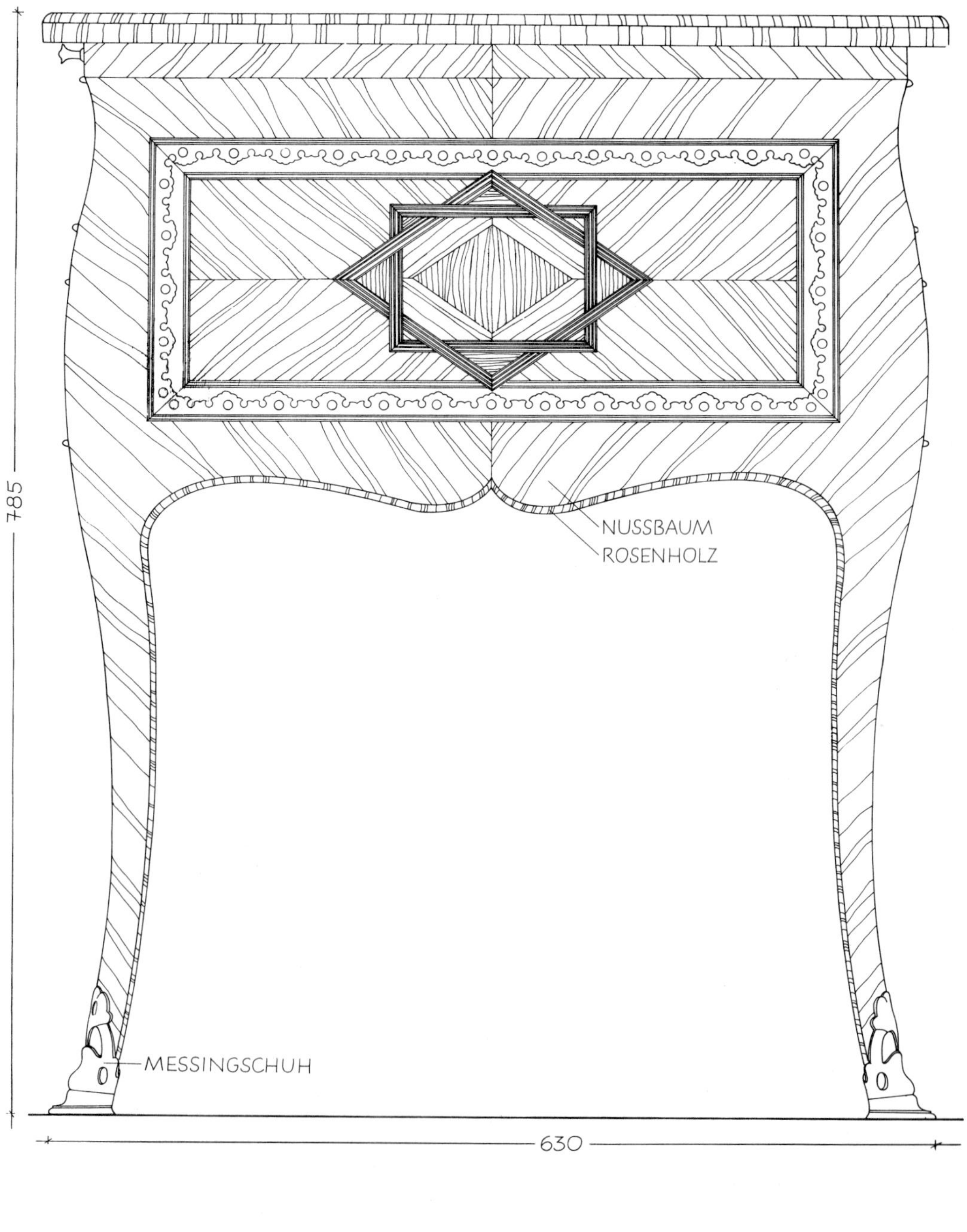

Adern Lines Veines	Messingblech Brass plate Bande de laiton
gelb yellow jaunes	Messingschuh Brass shoe Sabot en laiton
grün green vertes	Nußbaum Walnut Noyer
Messing Brass Laiton	Rosenholz Brazilian tulipwood Bois de rose

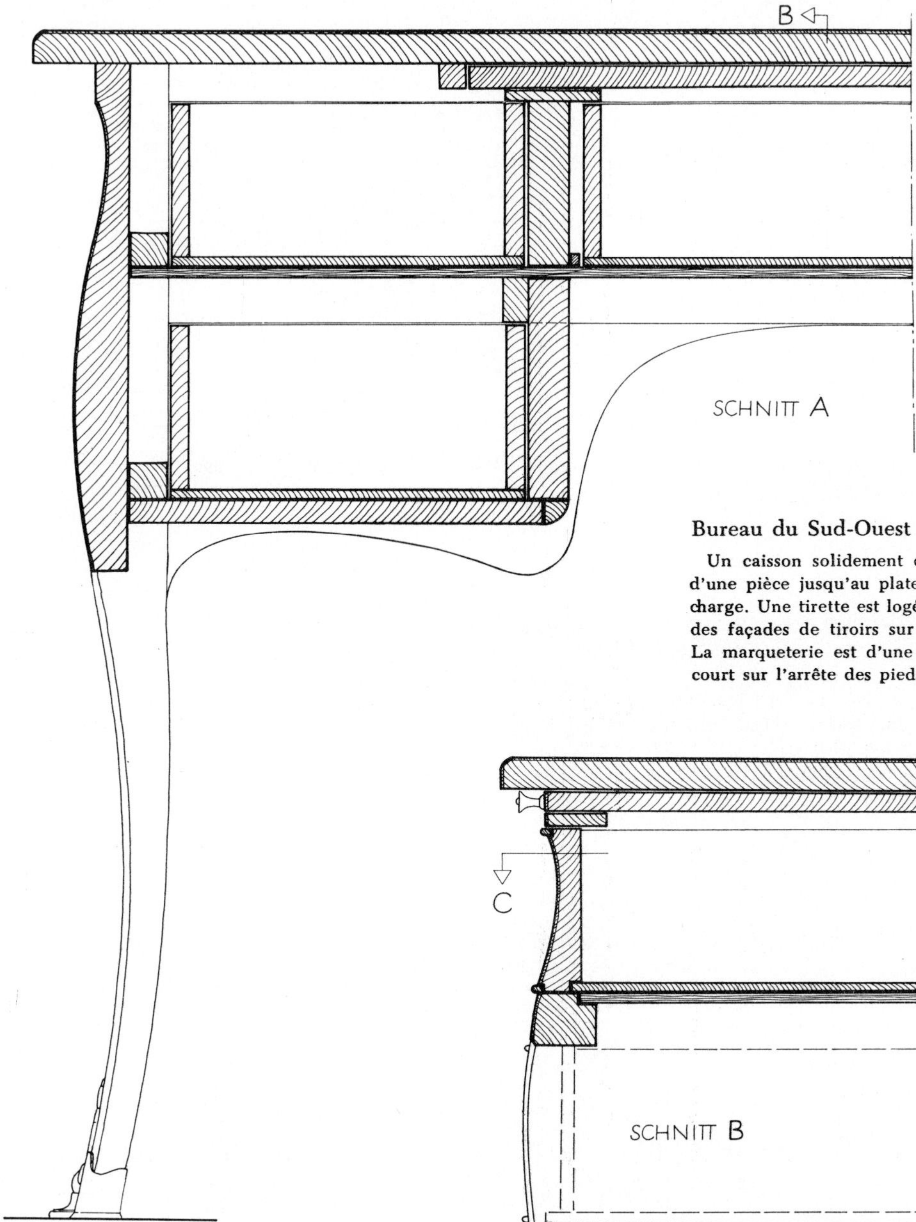

Bureau du Sud-Ouest de l'Allemagne, 1770 environ

Un caisson solidement charpenté est inséré entre les quatre pieds galbés qui montent d'une pièce jusqu'au plateau. L'ensemble est conçu pour résister à cinq grands tiroirs en charge. Une tirette est logée sous le plateau au dessus du tiroir central. Ce bureau présente des façades de tiroirs sur ses deux faces longitudinales; ils ne sont réels que d'un côté. La marqueterie est d'une grande variété de placages de bois précieux. Le chanfrein qui court sur l'arrête des pieds est plaqué d'une bande de laiton.

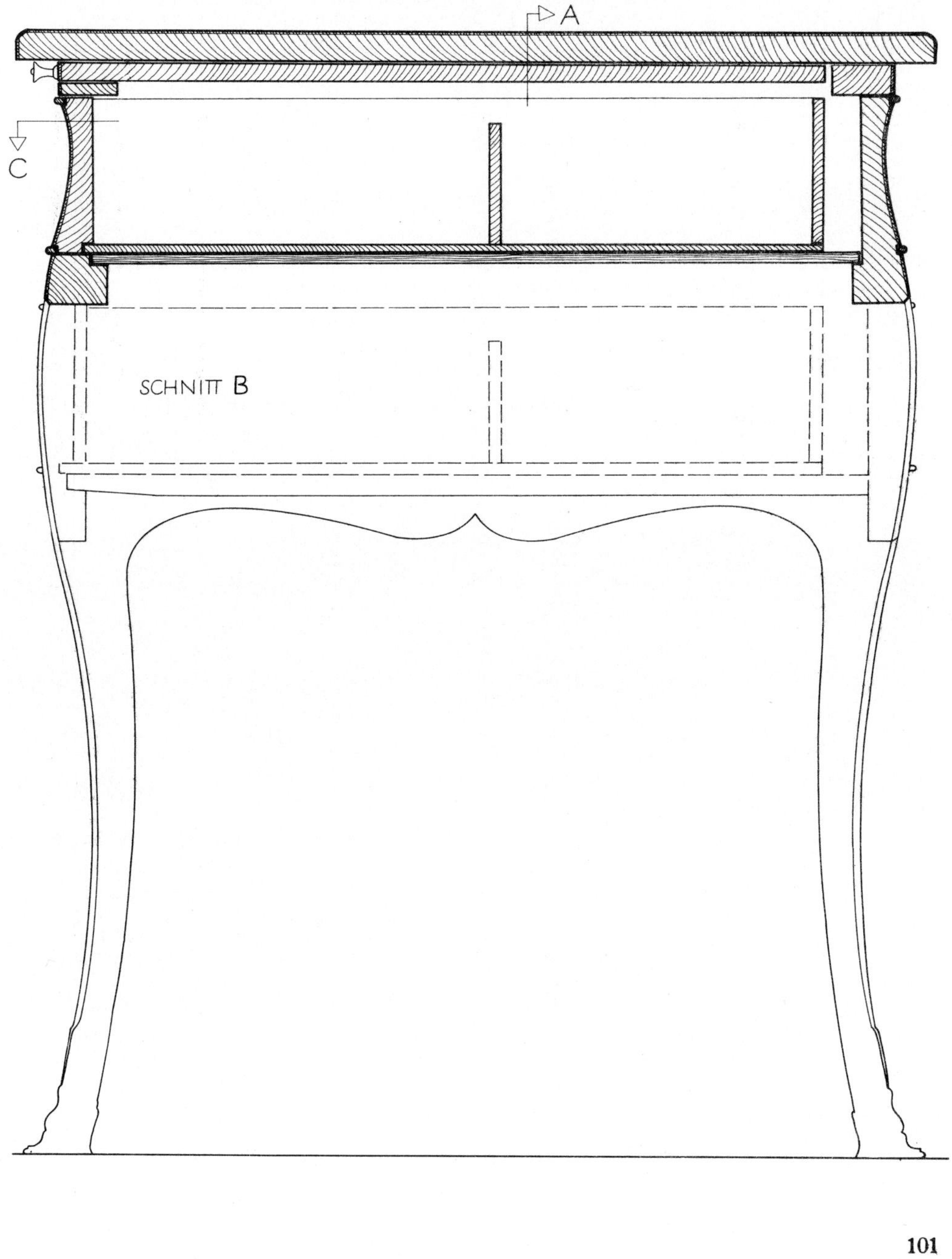

Süddeutsche Kommode, zweite Hälfte 18. Jahrhundert

Privatbesitz

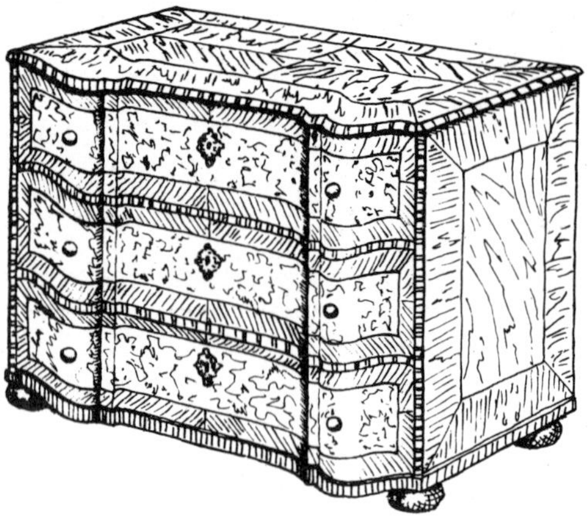

Die Kommode ist Nußbaum furniert. Das Blindholz ist Tanne. Blatt, Seiten und Boden sind miteinander verzinkt und bilden mit den beiden Laufrahmen das Gerüst für die Schubladen. Die aus drei Brettern verleimte Rückwand ist in einer Nut beweglich, nur unten wird sie von Holznägeln gehalten. Die einseitig furnierten Seiten mit breitem Querfries sind durch die Zinken an Blatt und Boden sowie durch die auf Grat eingeschobenen Laufrahmen gerade gehalten. Blatt, Boden und Seiten können miteinander arbeiten. Die Gratleisten können sich in den Seiten bewegen. Das Blatt, das wie die Seiten einseitig furniert ist, wird nur durch die Seiten an den Enden gerade gehalten.

Beschlag

Hardware

Garniture métallique

Die übliche Ausbildung von Profilen in der Vorderfront war im 18. Jahrhundert das vorgeleimte Hirnholz (vgl. die Zeichnung unten). Bei dieser Kommode dagegen wurde rundes Querholz verwendet und zwar als dünne Auflage und mit schräger, also größerer Leimfläche. Da das mit der Seite verzinkte Blatt seitlich nicht übersteht, wurde hier ein Langholzprofil angeleimt, das gleichzeitig die Zinken verdeckt. Der Boden ist vorn und seitlich durch Leisten verstärkt und bildet vorn einen Sockel, der mit massivem unprofiliertem Querholz belegt ist. An der Seite wird dieses Profil durch eine Langholzleiste weitergeführt.

Die über die Längsfaser geschnittenen Schweifstellen der Schubladenvorderstücke würden der normalen Beanspruchung kaum standhalten, wäre nicht der Schubladenboden darunter geleimt und durch Holznägel gehalten. Über das Vorderstück und den Boden sind die Furniere geleimt, die Schublade ist also zuerst verleimt und dann furniert worden. Um einen guten Untergrund für das in verschiedenen Richtungen zusammengesetzte Außenfurnier zu bekommen, ist das aus Brettern verleimte Grundholz zunächst mit einem Fichtenfurnier überleimt und damit einseitig abgesperrt. Die durch Fries und Adern eingefaßten Mittelfelder der Schubladenvorderfronten sind aus dunklen, in der Struktur bis zur Wildheit gesteigerten Nußbaumkernfurnieren zusammengeschnitten. Dabei folgen die Fugen der Bewegtheit der Struktur.

Sonst übliche Ausbildung der Profile (vgl. Text)
Conventional attachment of moldings (see text)
Profils traditionnels (voir texte)

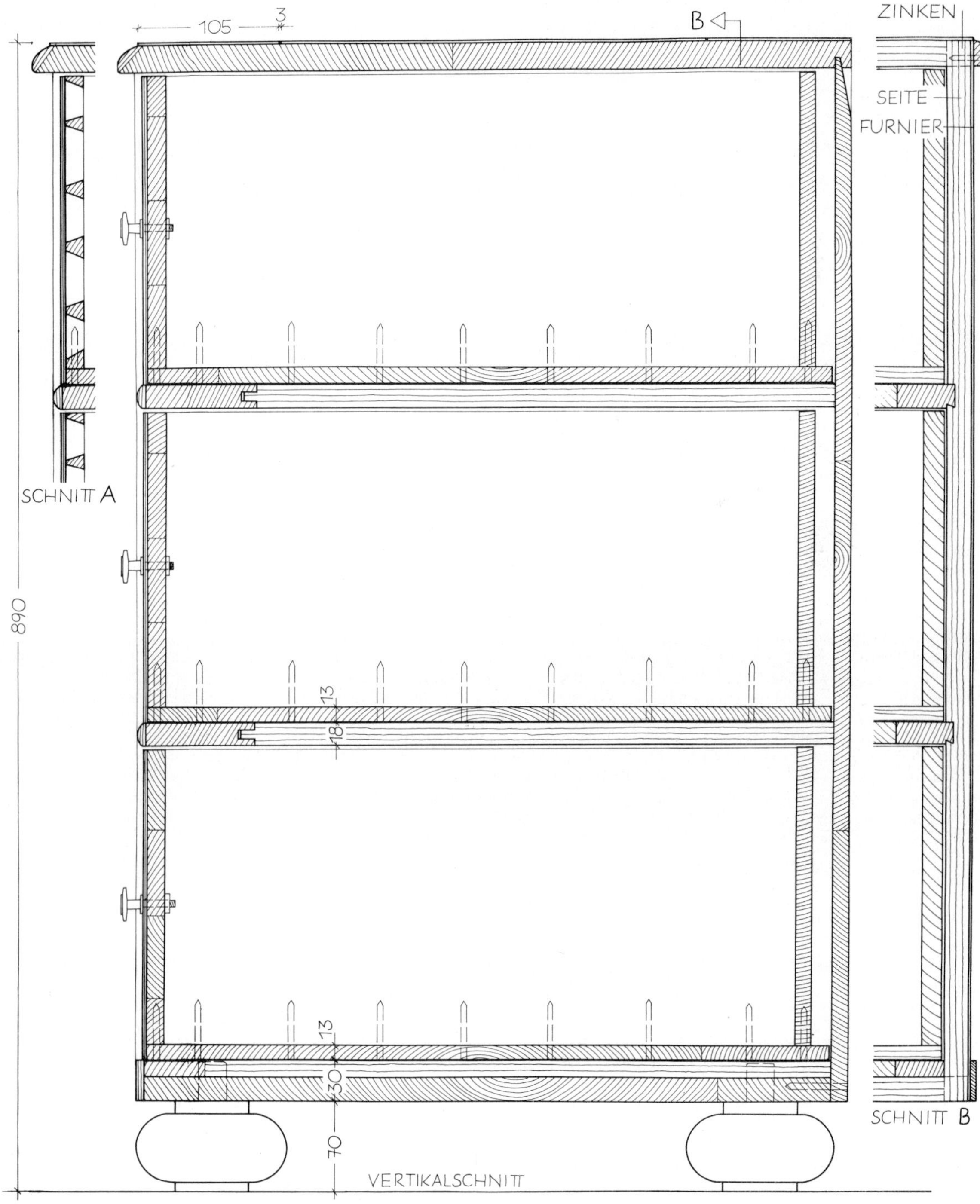

Vertikalschnitt
Vertical section
Section verticale

Schnitt
Section
Coupe

Zinken
Tenons
Tenons à queue d'aronde

Seite
Side
Côté

Furnier
Veneer
Placage

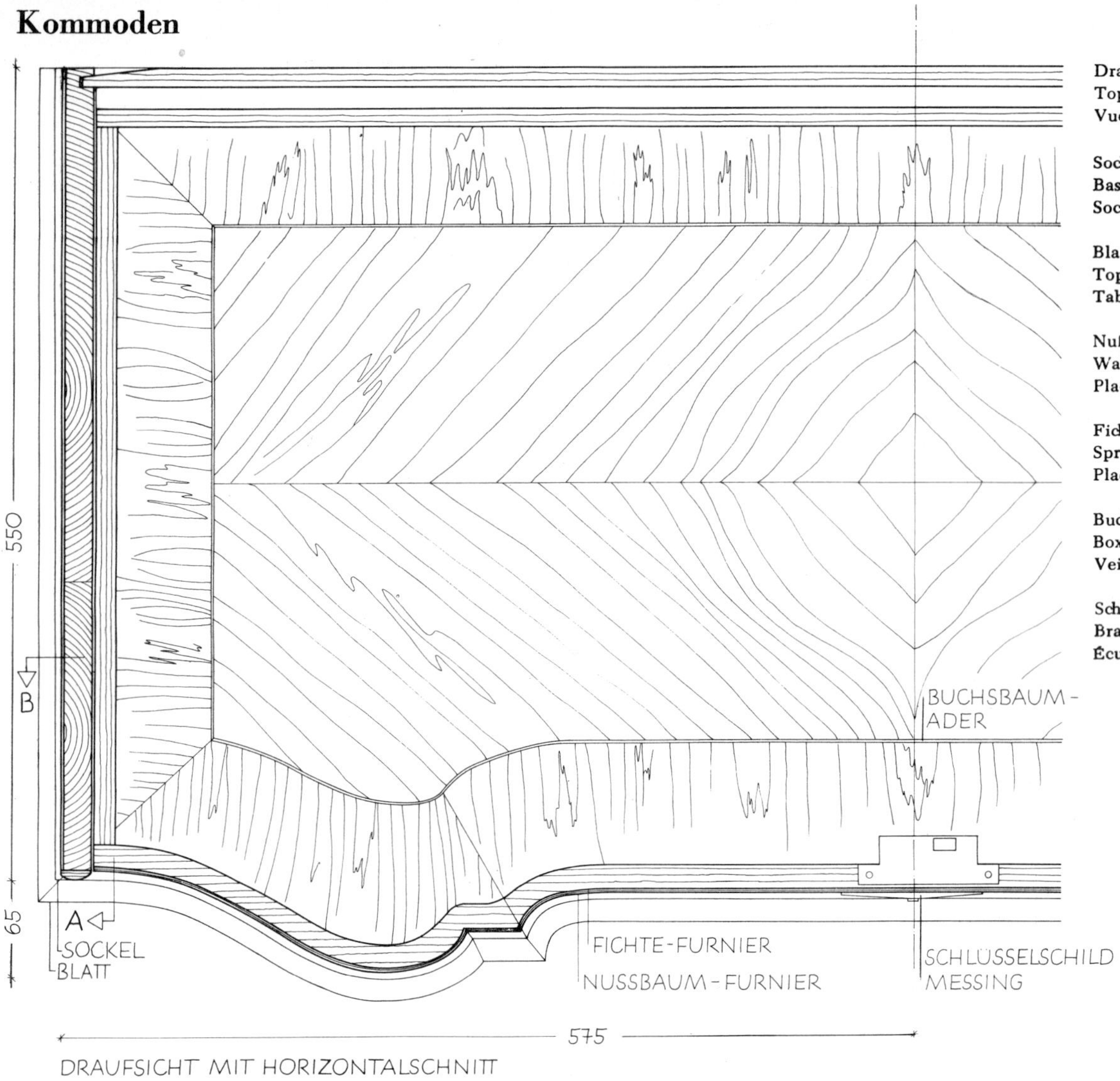

Draufsicht mit Horizontalschnitt
Top plan view with horizontal section
Vue d'en haut avec section horizontale

Sockel
Base
Socle

Blatt
Top
Tablette

Nußbaum-Furnier
Walnut veneer
Placage en noyer

Fichte-Furnier
Spruce veneer
Placage en sapin

Buchsbaumader
Boxwood line
Veine de buis

Schlüsselschild Messing
Brass escutcheon plate
Écusson en laiton

South German Chest of Drawers, second half of 18th century

This chest of drawers is veneered in walnut. The core is fir-wood. The top, sides and bottom are joined by dovetails and form, in conjunction with the drawer slide frames, the carcass for the drawers. The back, glued up of three boards, is permitted to move in grooves; only at the bottom is it secured with wood pegs. The sides, which are veneered only on the outside, are kept straight by the dovetailing on top and bottom and also by the drawer slides in dovetail housings. Top, bottom and sides can shrink and swell together. Only the sides keep the top straight, which also is veneered on the upper side only.

The usual front molding in the 18th century was the glued-on end-grained beading (drawing page 103, above). For this chest, however, cross-banded round moldings of little thickness were used with diagonally increased glue seats. Since the dovetailed top is flush with the sides, a molding of longitudinal grain direction was fitted, which at the same time covers the dovetailing.

Front and side rails reinforce the bottom. The front edge is covered with an unmolded strip of crossbanded solid wood. A strip of equal cross-section and longitudinal grain direction hides the lower dovetails in the sides.

The curving of the drawer fronts is cut through the longitudinal fiber and could hardly take the normal stresses were the drawer bottom not glued to the front and held by wood pegs. The veneers are glued over the front and the front edge of the bottom; the drawers were first joined and then veneered.

To obtain a perfect surface for the outside veneers, which are assembled in different grain directions, the core glued up of boards was veneered with a single ply of fir veneer on one side.

The central drawer front areas of sumptuously figured dark walnut heartwood veneer are framed by crossbanded inlays and lines of box-wood. The veneer is matched along the grain pattern.

Commode de l'Allemagne du Sud. Seconde moitié du 18 ème siècle

Cette commode est en sapin plaqué de noyer. Le dessus, les côtés et le fond, assemblés à queue d'aronde, et les cadres horizontaux constituent l'ossature qui supporte les tiroirs. Le dos est fait d'un feuillet de sapin assemblé à rainures avec le dessus et les côtés du meuble. La partie inférieure est fixée au fond par une série de chevilles. Les côtés sont plaqués en forme de cadres à coupe d'onglet, et sont raidis par les assemblages hauts et bas avec le dessus et le fond, ainsi que par chaque cadre à tiroir assemblé par rainure et languette en demie queue. Ce mode d'assemblage admet les retraits du bois et maintient la solidité.

Le dessus plaqué seulement sur sa face extérieure est maintenu plan par ses assemblages avec les côtés. Comme il ne déborde pas l'aplomb des côtés, il a été prolongé à chaque extrémité par des baguettes moulurées qui cachent en même temps les tenons d'assemblage.

Le fond est renforcé par une baguette à l'avant et sur chacun des côtés; cette baguette sert de coulisseau. Une autre baguette perpendiculaire à celle-ci sert de couvre-joint et tourne autour du meuble.

La découpe très prononcée des façades de tiroir rend celles-ci fragiles. Elles ont donc été renforcées par un collage direct chevillé avec les fonds de tiroir sur les trois côtés. La façade des tiroirs est plaquée; cette opération a donc été faite après l'assemblage du fond.

Pour améliorer le support des placages, les planches massives du bâti sont contre-collées d'une feuille épaisse de sapin afin de prévenir les éclatements et les fentes. Le centre des façades de tiroir est plaqué en ronce de noyer bordé par des bandes en noyer de fil disposées symétriquement. Cette disposition donne au meuble un caractère très animé.

Kredenz, Oberitalien, 15. Jahrhundert. Mittelteil feststehend, rechts und links Türpaare

Sideboard, Northern Italy, 15th century. Fixed center part, two pairs of doors at the left and right

Crédence, Italie du Nord, XV-e siècle. Corps médian fixe, deux paires de battants à droite et à gauche

Florenz, Museo Bardini

Große Kredenz, Nußholz, Löwenköpfe geschnitzt, Ringe Bronze, Siena um 1540

Big walnut sideboard, carved lion heads, bronze rings, Siena, about 1540

Grande crédence en noyer, têtes de lion sculptées, anneaux en bronze. Sienne aux environs de 1540

H 1.25 B 2.28 T 0.88
Berlin, Ehem. Staatliche Museen

Kleine Tischkredenz, Oberitalien, 16. Jahrhundert. Oberteil mit Deckel, Unterteil mit zwei Türen geschlossen.

Small sideboard, Northern Italy, 16th century. Upper chest with lid, lower cabinet with two doors.

Petite table-crédence, Italie du Nord, XVI-e siècle. Corps supérieur fermé par un couvercle, corps inférieur par deux portes.

Queen Anne Kommode, London, um 1710

Queen Anne chest of drawers, London, about 1710

Commode Queen Anne, Londres aux environs de 1710

Kommode mit eingelegten Chinoiserien, Art David Roentgens, um 1770. Konstruktion ähnlich wie Zeichnung S. 102—104

Chest of drawers with Chinese marquetry designs, of the type as made by David Roentgen, about 1770. Construction similar to drawings on pages 102 to 104

Commode aux chinoiseries marquetées, genre David Roentgens, aux environs de 1770. Construction similaire aux plans pages 102—104

B 1.25 T 0.65

Kommode mit vergoldeten Bronzebeschlägen, Paris, Anfang 18. Jahrhundert

Lowboy with gilded bronze hardware, Paris, beginning of 18th century

Commode aux garnitures métalliques en bronze doré. Paris, début du XVIII-e siècle

Ansbach, Schloß

Kommode mit vergoldeten Schnitzereien im Stile Hoppenhaupts aus dem Neuen Palais, Potsdam. Potsdam, um 1760

Lowboy with carved and gilded ornaments of Hoppenhaupt style from the New Palace, Potsdam, about 1760

Commode aux sculptures dorées, style d'Hoppenhaupt. Nouveau Palais de Potsdam. Potsdam aux environs de 1760

H 0.91 B 1.45 T 0.88

Damenschreibtisch in Boulle-Arbeit (Intarsien aus Metall, Schildpatt, Elfenbein etc.), Paris, Anfang 18. Jahrhundert

Lady's escritoire with Boulle ornamentation (inlays of metal, tortoise shell, ivory, etc.), Paris, beginning of 18th century

Secrétaire de dame, genre Boulle. Marqueteries en métal, écaille, ivoire, etc. Paris, début du XVIII-e siècle

London, Victoria und Albert-Museum

Schreibtisch, gold und rot lackiert, Berlin (?), um 1700

Kneehole desk, painted in gold and red, Berlin(?), about 1700

Bureau laqué en or et rouge, Berlin (?) aux environs de 1700

H 0.78 B 1.20 T 0.74
Charlottenburg, Schloß

Oben: Kommoden mit Intarsien und vergoldeten Beschlägen, süddeutsch, erste Hälfte 18. Jahrh.

Above: Chests of drawers with inlays and gilded hardware, Southern Germany, first half of 18th century

Ci-dessus: Commodes ornées de marqueteries et de garnitures métalliques dorées, Allemagne du Sud, première moitié du XVIII-e siècle

(links, at left, à gauche): H 0.87 B 0.99 T 0.57
Nürnberg, Germanisches Nationalmuseum

Unten: Kommode, reich geschnitzt, mit Lackfarben und Spiegelglas, Würzburg, Mitte 18. Jahrh.

Below: Chest of drawers with rich carved and painted ornamentation, mirror glass topped, Würzburg, middle of 18th century

Ci-dessous: Commode richement sculptée et vernie, ornée de petits miroirs. Wurtzbourg, aux environs de 1750

H 0.80 B 1.07 T 0.62

Für die mehrfach geschweiften Schubladen und Kastenseiten vergleiche Zeichnung und Text S. 90-92 und S. 98

For the bow and serpentine fronts and sides see drawings and text on pages 90 to 92 and 98

Pour les tiroirs et côtés à bombements multiples, voir plans et texte pages 90-92 et 98

Kommode, weiß lackiert, mit vergoldeter Schnitzerei, München, um 1750. Vergleiche Zeichnungen S. 88—92

Chest of drawers, painted white, carved ornaments are gilded, Munich, about 1750. Compare drawings plans p. 88—92

Commode laquée blanc et ornée de sculptures dorées. Munich aux environs de 1750. Voir également on pages 88 to 92

H 0.82 B 1.25 T 0.60

Kommode mit Messingbeschlägen, Paris, um 1770/80. Oben drei kleine darunter vier große Schubladen

Chest of drawers with brass hardware, Paris, about 1770/80. Three small drawer topping four big drawers

Commode avec garnitures métalliques en laiton. Paris aux environs de 1770/80. Trois petits tiroirs en haut, 4 grands tiroirs en bas

Kommode aus Nußwurzelholz mit Messingbeschlägen, nördliche Niederlande, um 1760/70

Chest of drawers of walnut root-wood with brass hardware, Northern Netherlands, about 1760/70

Commode en bois de racine de noyer, garnitures métalliques en laiton. Néerlande du Nord, aux environs de 1760/70

Amsterdam, Städtisches Museum

Kommode mit Intarsien, Paris, um 1780. Drei Schubladen übereinander. Schloß Robertsau (Elsaß)

Chest of drawers with marquetry fronts, Paris, about 1780. Three drawers on top of one another

Commode ornée de marqueteries, Paris aux environs de 1780. Trois tiroirs superposés

Kommode mit Intarsien in der Art Christoph Wolffs, zwei Schubladen. Paris um 1770

Inlaid lowboy of Christoph Wolff style, two drawers, Paris, about 1770

Commode ornée de marqueteries style Christoph Wolff, 2 tiroirs. Paris aux environs de 1770

Kommode, deutsch, erstes Drittel 19. Jahrhundert. Zwei große Schubladen, zwei schmalere im Sockel

German chest, first third of 19th century. Two big drawers above two small drawers in the base

Commode d'origine allemande, premier tiers du XIX-e siècle. Deux grands tiroirs principaux et deux tiroirs étroits dans le socle

Schloß Wörlitz.

Schubladenkasten, Wien, um 1800. Wien, Bundessammlung alter Stilmöbel

Chest of drawers. Vienna, about 1800

Commode à quatre tiroirs. Colonnes demi-rondes noires sur les côtés Vienne aux environs de 1800

Toilettentisch, süddeutsch, Mitte 18. Jahrhundert. Platte und Seiten auf Gehrung verzinkt. Konstruktionsart der Füße vergleiche Zeichnung S. 96, 97

Tallboy, Southern Germany, middle of 18th century. Top and sides joined by secret miter dovetails. Construction of cabriole legs see drawings on pages 96, 97

Table de toilette du Midi de l'Allemagne, aux environs de 1750. Plateau et côtés assemblés à onglet et à queue d'aronde. Pour la construction des pieds, voir plans p. 96/97

H 0.77 B 0.52 T 0.28

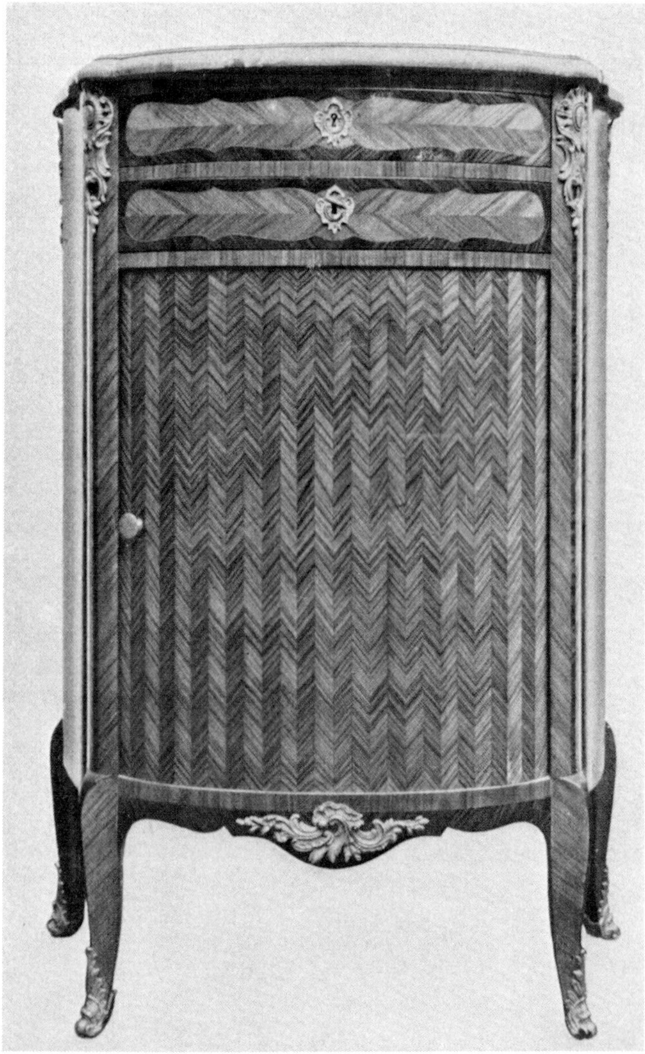

Pfeilerschränkchen mit Intarsien, Frankreich, um 1780. Für die Fußkonstruktion vergleiche Zeichnung S. 88, 89

Small stile cabinet with marquetry decoration, France, about 1780. Leg construction see drawings on pages 88, 89

Petit cabinet à pilastres orné de marqueteries. France aux environs de 1780. Pour la construction des pieds, voir plans p. 88/89

Kommode, deutsch, um 1800. Obere Schublade nach der Seite auszuziehen. Vgl. auch Zeichnung S. 98

German chest of drawers, about 1800. Top drawer pulls out from the side. Also see drawing on page 98

Commode allemande, aux environs de 1800. Tiroir supérieur glissant vers le côté. Voir également plan p. 98

Sheraton Toilettentisch mit Einlagen, England, um 1790

Sheraton vanity with marquetry ornamentation, England, about 1790

Table de toilette Sheraton ornée de marqueteries. Angleterre, aux env. de 1790

Queen Anne Toilettentisch, England, Anfang 18. Jahrhundert

Queen Anne vanity, England, beginning of 18th century

Table de toilette Queen Anne. Angleterre, début du XVIII-e siècle

Queen Anne Kommode, England, Anfang 18. Jahrhundert

Queen Anne chest of drawers, England, beginning of 18th century

Commode Queen Anne. Angleterre, début du XVIII-e siècle

Nähtische, süddeutsch, Mitte 18. Jahrhundert
(links): H 0.78 B 0.50 T 0.35 Vergl. Fußkonstruktion S. 96, 97
(rechts): H 0.73 B 0.52 T 0.35 Konstruktion wie Zeichnungen S. 98—101

Sewing tables, Southern Germany, middle of 18th century
at left: H 0.78, B 0.50, T 0.35 See leg construction on pages 96, 97
at right: H 0.73, B 0.52, T 0.35 Construction similar to drawings on pages 98 to 101

Chiffonniers du Midi de l Allemagne, aux environs de 1750
(à gauche): H 0.78, B 0.50, T 0.35 Voir construction des pieds p. 96/97
(à droite): H 0.73, B 0.52, T 0.35 Constructions similaires aux plans p. 98-101

Schloß Pommersfelden

Coiffeuse, Frankreich, um 1770

Coiffeuse, France, about 1770

Coiffeuse française, aux environs de 1770

Schreibschrank mit reichen, teilweise gravierten Einlagen, Würzburg, um 1730

Bureau with rich ornamentation, Würzburg, about 1730

Armoire-bureau au riche décor partiellement gravé, Wurtzbourg aux environs de 1730

H 2.10 B 1.40 T 0.77
Würzburg, Mainfränkisches Museum

Schreibschrank mit Intarsia, süddeutsch, Mitte des 18. Jahrhunderts

Bureau with marquetry ornaments, Southern Germany, middle of 18th century

Armoire-bureau ornée de marqueteries. Allemagne du Sud, aux environs de 1750.

H 2.17 B 1.48 T 0.64
Stuttgart, Landesgewerbemuseum

Sheraton Sekretär, London, Ende 18. Jahrhundert

Sheraton secretaire, London, end of 18th century

Sectrétaire Sheraton. Londres, fin du XVIII-e siècle

Sekretär, Rheinland, Mitte 18. Jahrhundert. Vergleiche Zeichnungen mit ähnlichen Konstruktionen S. 95—97, 99—101

Secretaire, Rhineland, middle of 18the century. Compare drawings with similar constructions on pages 95 to 97 and 99 to 101

Secrétaire de la Rhénanie, aux environs de 1750. Voir plans reproduisant des constructions similaires aux pages 95-97, 99-101

H 0.98 B 1.16 T 0.52

Schreibpult (Bureau à cylindre), Paris, um 1780

Writing desk, Paris, about 1780

Bureau à cylindre, Paris aux environs de 1780

Paris, Louvre

Damenschreibtisch, vermutlich von Charles Topino, Paris, um 1775

Lady's escritoire, probably by Charles Topino, Paris, about 1775

Secrétaire de dame, crée probablement par Charles Topino, Paris aux environs de 1775

Schloß Oberkirch im Elsaß

Schreibtisch (Bureau plat) von Martigny, Paris, um 1780

Writing desk by Martigny, Paris, about 1780

Bureau plat de Martigny, Paris aux environs de 1780

Sheraton Schreibtisch, London, gegen 1800

Sheraton writing desk, London, about 1800

Bureau Sheraton, Londres, aux environs de 1800

Süddeutsches Bett, erste Hälfte 18. Jahrhundert

Schloß Heiligenberg

Die Enden der Bettseiten sind mit je zwei Zapfen und einer Feder in die Stollen der Betthäupter eingelassen. Stollen und Seitenzapfen sind auf Zug verbohrt und durch starke Holznägel miteinander verbunden. Schlägt man die Nägel heraus, können die Teile voneinander getrennt werden.

Die Bettseiten aus massivem Eichenholz haben ein vorgetäuschtes Rahmenwerk. Die Profile sind mit Leim und Holznägeln aufgesetzt. Wie wieder geschlossene Nuten an den Stollen des Hauptstückes beweisen, trugen die Seiten ursprünglich hohe Backen und waren 1,77 m lang. Die Backen wurden später abgenommen und dabei die Bettseiten auf 1,61 m verkürzt. (In jüngster Zeit wurden die Bettseiten wieder auf 1,97 m verlängert.) Auch die Flächen des Kopf- und Fußstückes sind nicht als Rahmen und Füllung gearbeitet, sondern aus Eichenbrettern verleimt. Die Profilierung ist wie bei den Seiten ins massive Holz geschnitten. Das Kopfstück ist bis zum Aufsatz wie das Fußstück konstruiert, nur ohne Profile, die ja die Kissen sowieso verdeckt hätten. Der Aufsatz ist als besonderer Teil abnehmbar gearbeitet. Auch seine Ornamente sind in die massive Holzfläche geschnitten. Die Voluten dagegen sind aufgeleimt und haben eine stark plastische Wirkung. Das Betthaupt wurde hinten als Rückseite behandelt und nur mit dem Schrubbhobel bearbeitet. Es ist mit einer horizontalen Leiste von etwa quadratischem Querschnitt versehen, die an zwei Stellen ausgeklingt ist und die beiden vertikalen Leisten des Aufsatzes aufnimmt.

South German Bed, 1st half of 18th Century

The bedrails are fastened to the posts of the head- and footboards with two tenons each and one tongue. The tenon joints are reinforced by thick wood pegs across the tenons for added security. The parts separate if the wood pegs are driven out.

The bedrails of solid oak simulate frame and panel construction. The moldings are fastened with glue and wood pegs. Closed grooves in the posts of the headboard betray that the bedrails carried high wings and had an original length of 70 in. The wings were later removed and the bedrails shortened to 63 in. (Recently, the bedrails have been extended again to 78 in.) The head- und footboards are not of frame and panel construction either but are glued up of oak boards. As in the bedrails the moldings are carved into the solid wood. The headboard equals the footboard up to the top part except for the moldings, which the cushions would have covered anyhow. The headboard top is a separate part and is removable. Again, the ornaments are cut into the solid wood. The volutes, however, are glued to the board and have a markedly sculptured effect. The back of the headboard was merely jack-planed. A horizontal cleat on the back of the headboard is lapped to receive the vertical cleats of the top.

Lit du Sud de l'Allemagne, première moitié du 18 ème siècle

Chacun des lompans de ce lit est assemblé aux dosserets de tête et de pied par un tenon double claveté par deux chevilles qu'il faut extraire pour démonter l'assemblage.

Les lompans en chêne massif sont ornés d'un faux cadre sculpté dans la masse et de moulures chevillées. Des traces de rainures refermées sur les pieds du grand dosseret révèlent qu'autrefois ce lit était utilisé avec des joues hautes. À cette époque les lompans mesuraient 1 m 77. Ensuite ces joues furent supprimées et la longueur réduite à 1 m 61. Ce n'est que récemment que la longueur fut portée à 1 m 77.

Le dosseret de pied est également décoré par un faux panneau sculpté. Il est constitué par des planches massives assemblées à rainure et languette avec les montants des pieds.

Le dosseret de tête est construit de la même manière mais ne comporte pas de panneau sculpté qui se trouverait caché par les oreillers. Les ornements sont sculptés dans le bois massif. Toutefois les volutes sont collées et se remarquent par leur caractère plastique très prononcé.

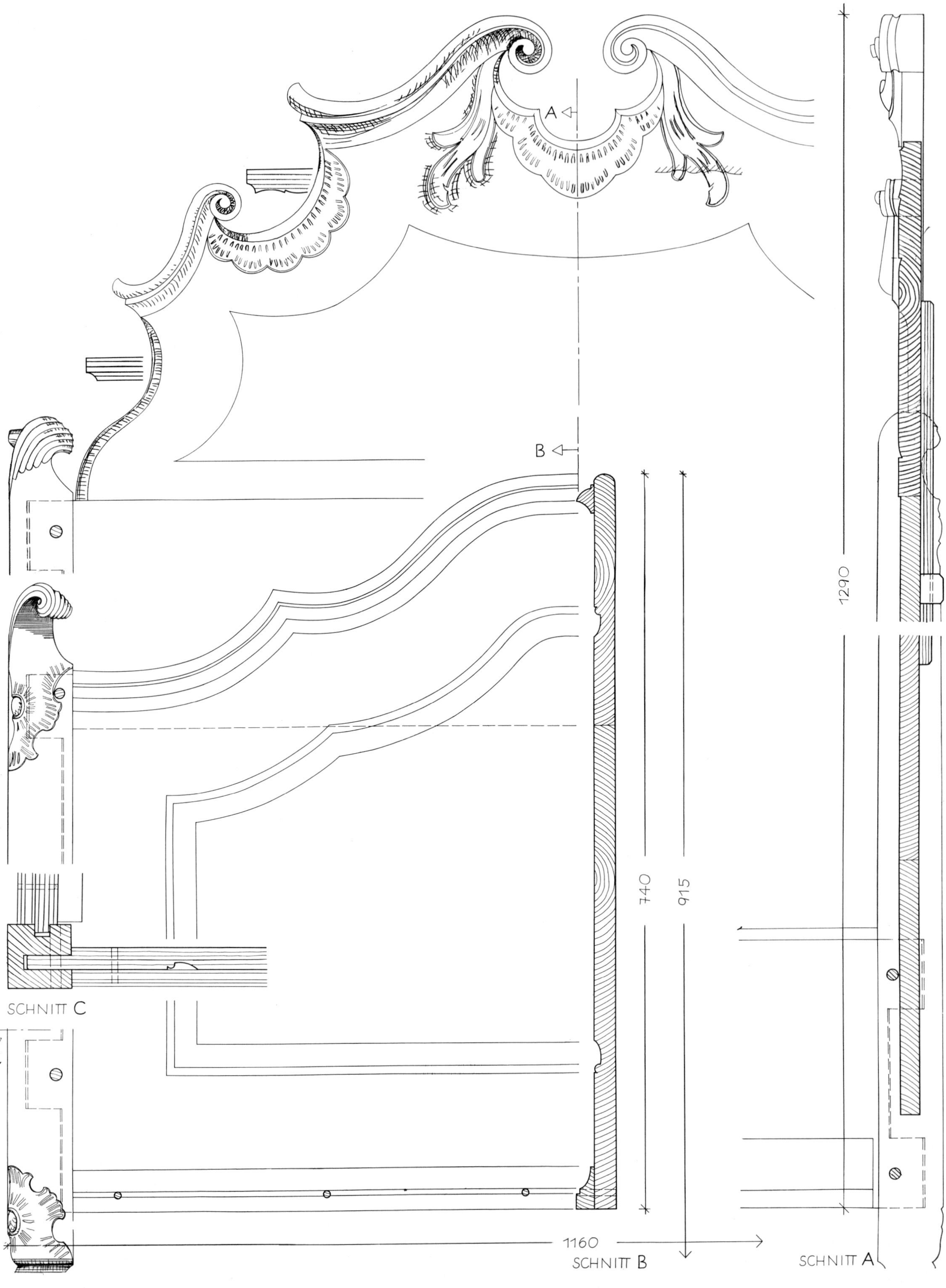
A
B
1290
740
915
1160
SCHNITT C
C
SCHNITT B
SCHNITT A

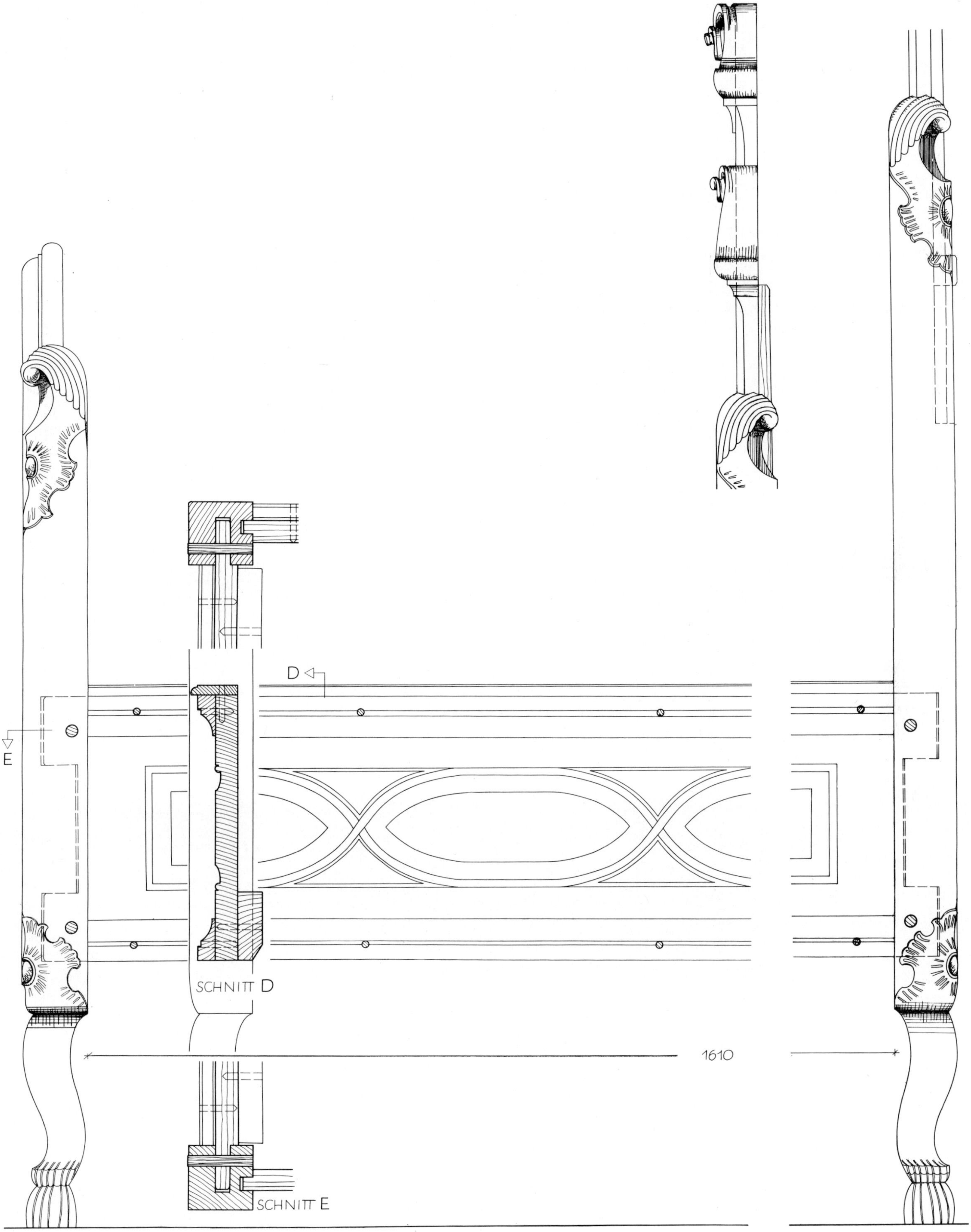
D
E
SCHNITT D
1610
SCHNITT E

Süddeutsches Bett, Mitte 18. Jahrhundert

Schloß Heiligenberg

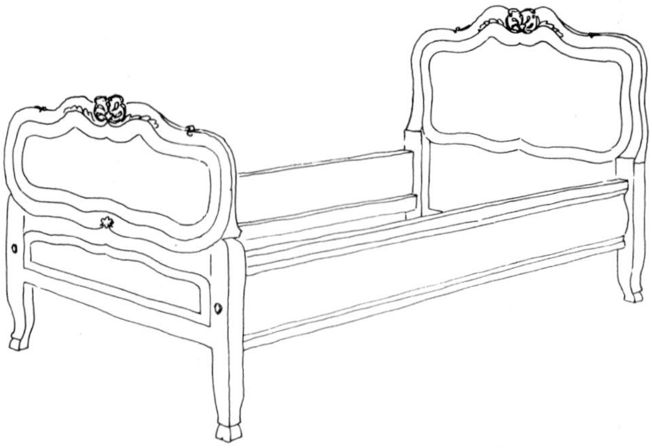

Das Bett ist in Eichenholz gefertigt. Die Verbindung der Flächen mit den Stollen an Haupt- und Fußstück ist fast die gleiche wie bei dem auf Seite 129 ff gezeigten Bett. Der untere Teil der Häupter ist mit seinen Profilen aus einem vollen Brett geschnitten und mit den Stollen verzapft und verbohrt. Der obere Teil hat eine Füllung, beiderseits abgefälzt. Die oberen Rahmenstücke sind mit den in die Linienführung einbezogenen Stollen durch verbohrte Zapfen verbunden, die allerdings sehr schmal sind. Das stumpfe Zusammenzapfen hat den Nachteil, daß die geschweiften Profile an den Verbindungsstellen kurzes Hirnholz aufweisen. Die Bettseiten sind aus einem starken Brett gekehlt.

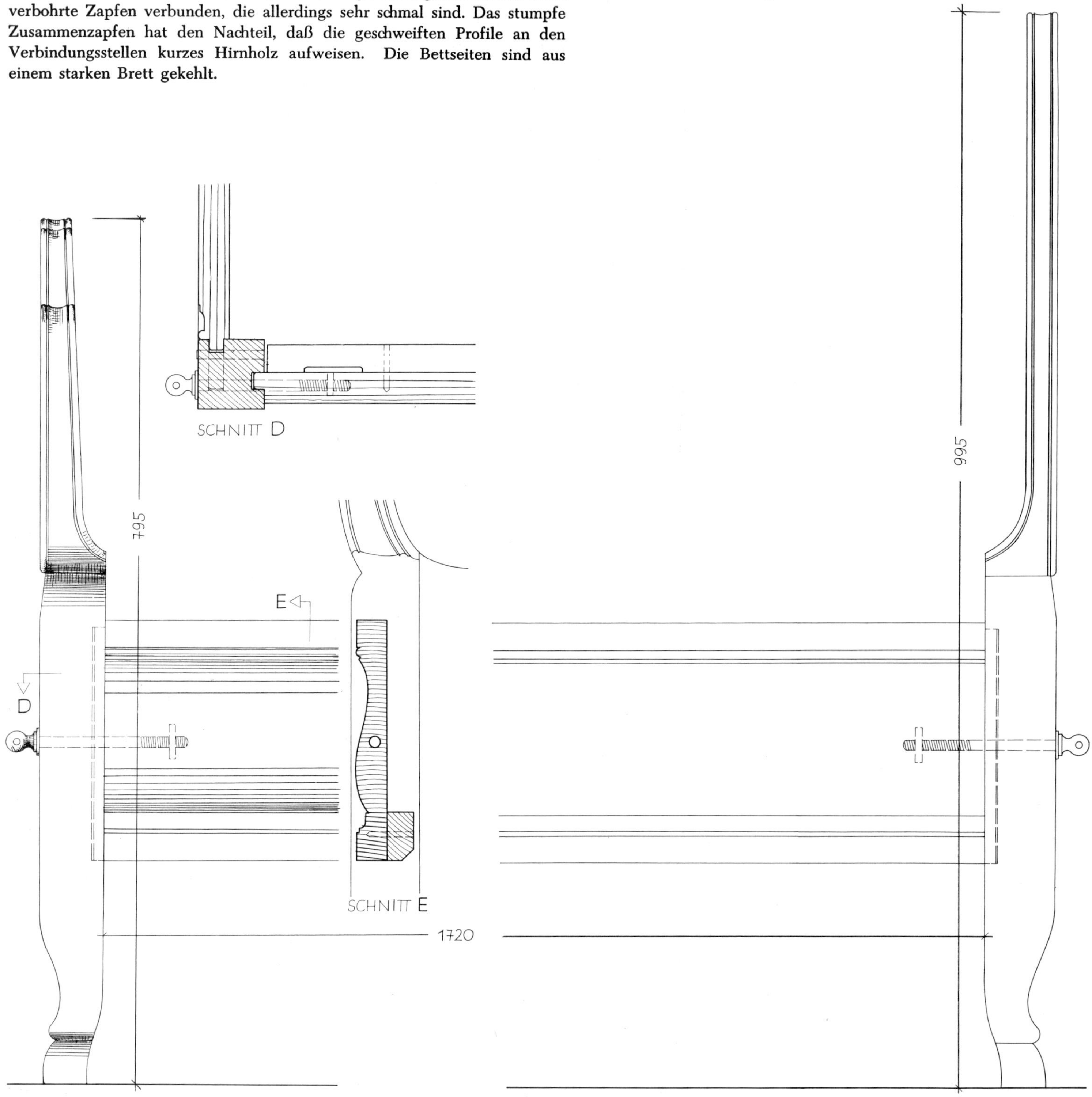

South German Bed, middle of 18th century

The bed is made of oak-wood. The head- and footboard panels are joined to the posts in almost the same way as in the bed shown on page 129. The moldings on the lower parts of the head- and footboards are carved from the solid wood and the boards have tenons mortised into the posts with cross pegs for added security. The upper parts have panels which are rabbeted on both sides. The upper frame members are fastened to the curved posts with cross-pegged tenons of very small width. However, the butt-mortised joints have the disadvantage of resulting in short end-grained wood at the joints of the curved moldings. The bedrails are shaped from a thick solid board.

Lit du Sud de l'Allemagne, 1750 environ

Ce lit est en chêne. Les assemblages entre les surfaces et les montants sont à peu près les mêmes que sur le lit reproduit page 129 ff. Les parties basses des dosserets de-tête et de pied sont découpées d'une pièce dans une planche massive assemblée par des tenons aux montants de pied. La partie supérieure de chaque dosseret est constituée par un panneau emboîté sur les quatre côtés. Les traverses supérieures sont assemblées par tenons aux montants de pied qui, dans leur partie haute, constituent les traverses latérales du panneau. Ces tenons étroits sont assez fragiles puisque l'assemblage en courbe impose un tenon incliné dont le fil est en partie coupé et dont la resistance est diminuée. Les lompans de ce lit sont constitués par une solide planche profilée.

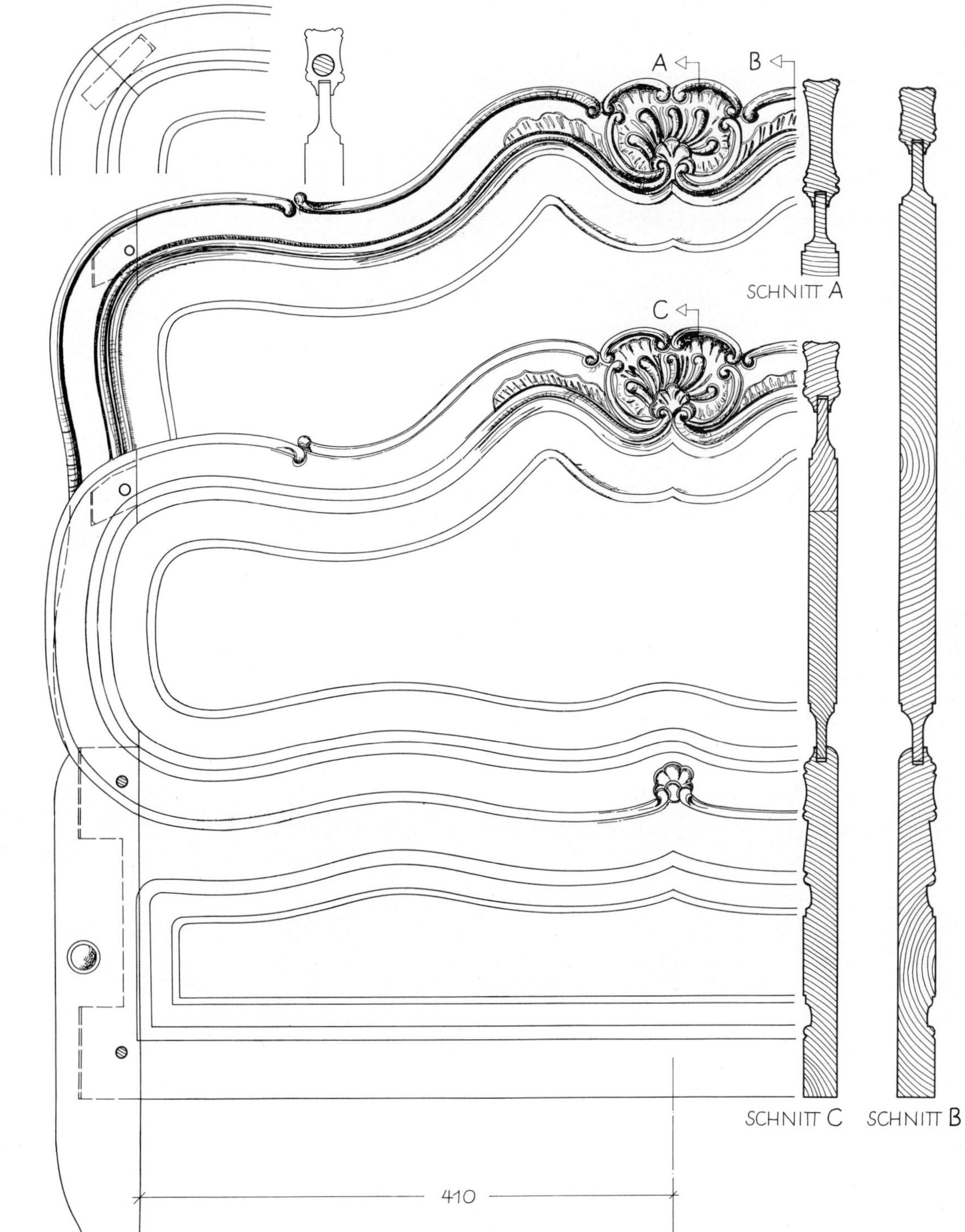

Süddeutsches Bett, um 1800

Schloß Heiligenberg

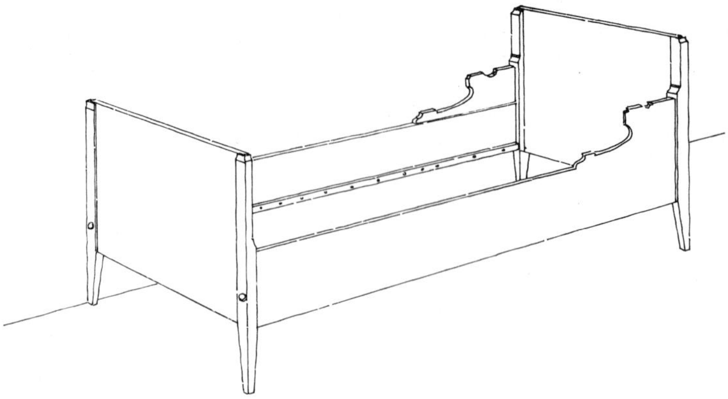

Die Flächen des Kopf- und Fußstücks sind aus massiven Brettern verleimt und an den Enden mit je zwei Zapfen und einer Feder mit den Stollen verbunden. Die Zapfen sind zusätzlich mit Holznägeln verbohrt. Die Füße sind nur einseitig von innen abgespitzt, um der Bettstelle den Ausdruck größerer Standfestigkeit zu geben. Haupt- und Fußstück sind mit den Seiten durch Bettschrauben zusammengehalten. An einer Ecke ist die verloren gegangene Schraube durch Haken und Ösen ersetzt. Das natur polierte Kirschholz ist rötlich-braun nachgedunkelt, wie es durch keine Beize erreicht werden kann.

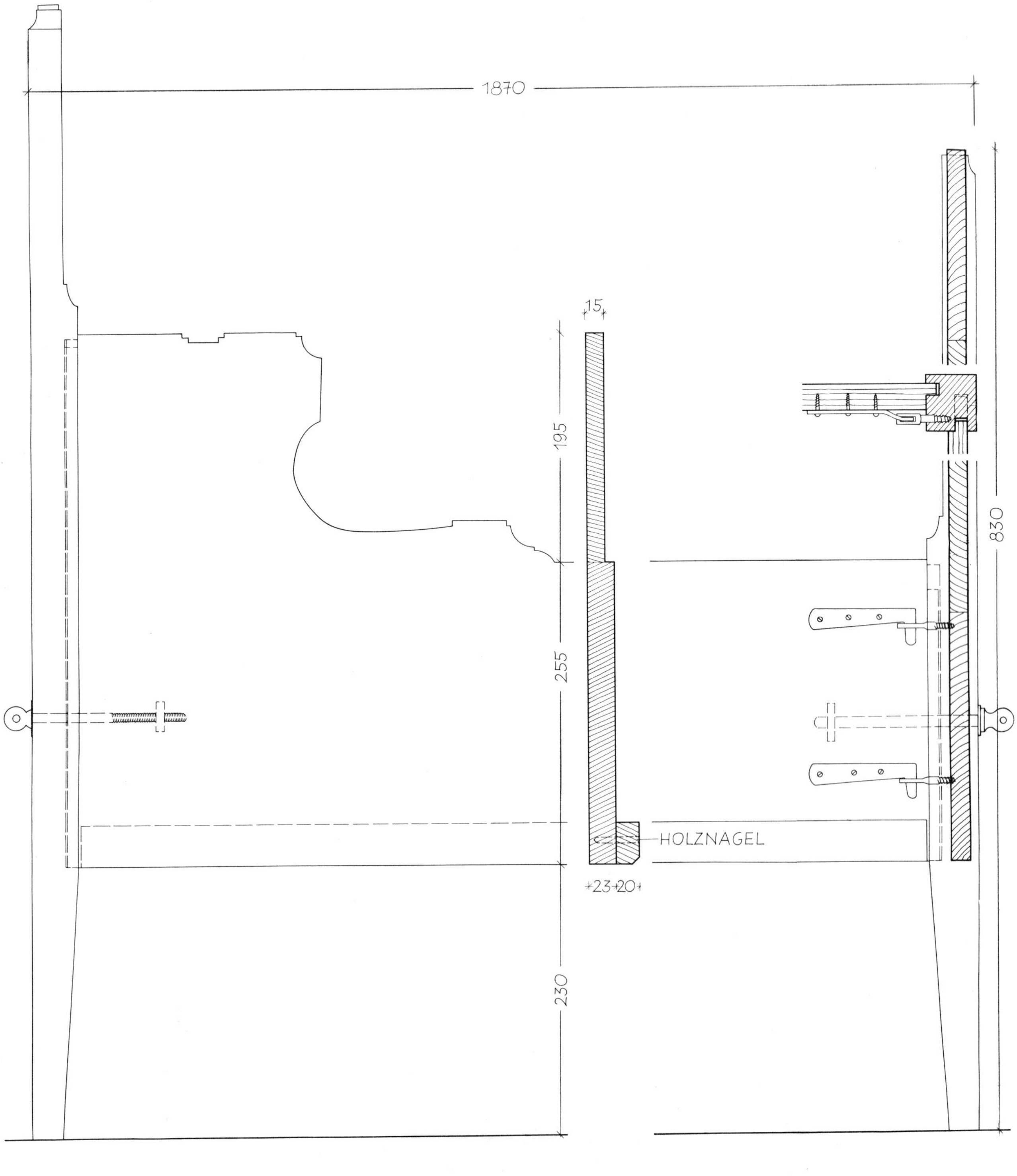

Holznagel
Wood peg
Cheville en bois

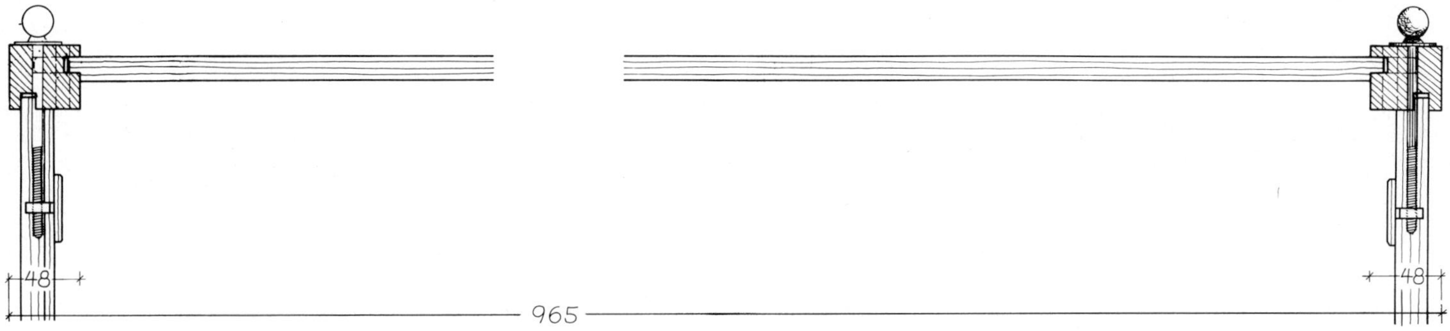
48
48
965

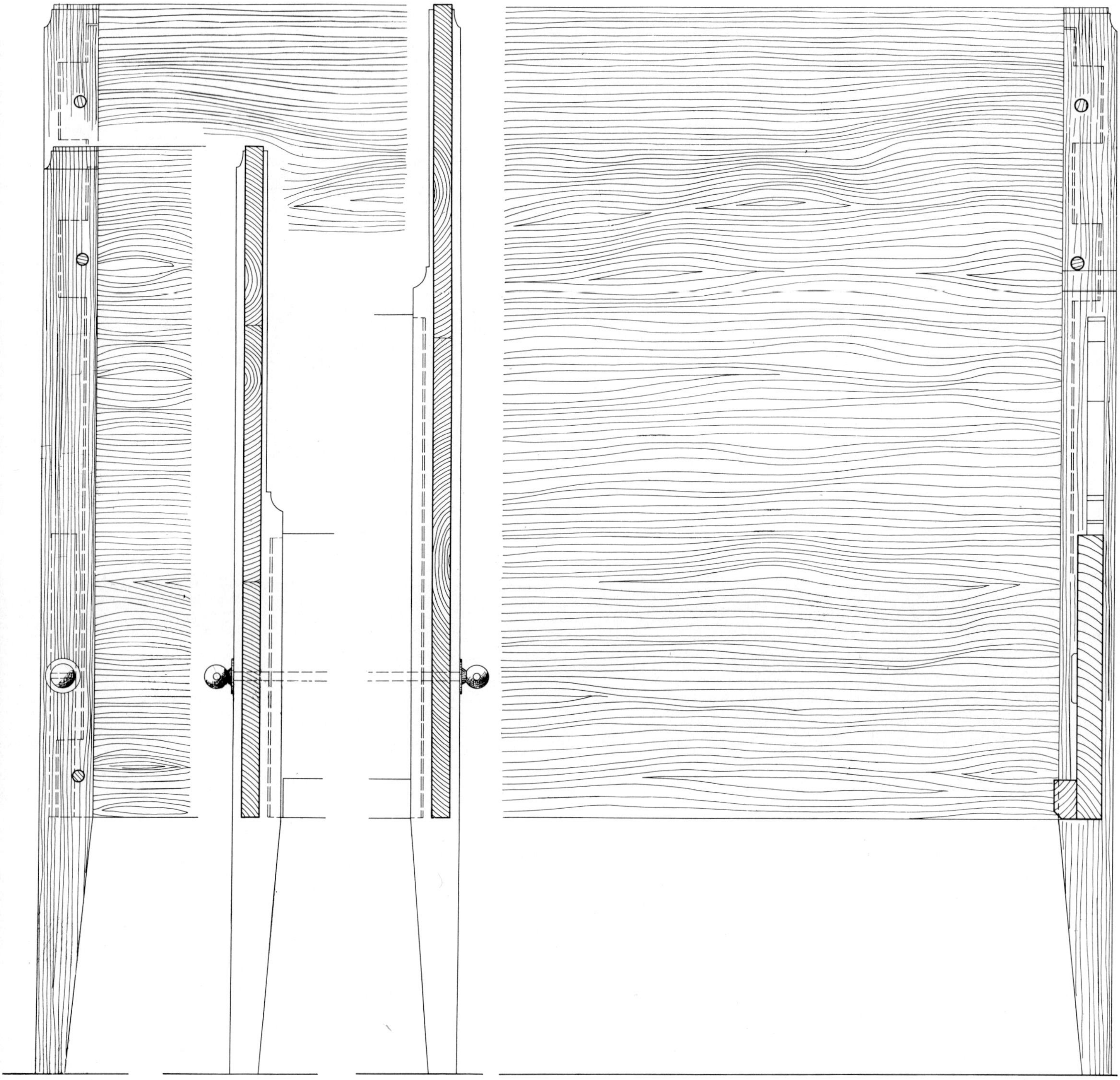

South German Bed, about 1800

The panels of the head- and footboards are assembled of solid boards and joined to the boards by two tenons each and one tongue. The tenons are held by additional wood cross pegs. A taper on the inside of the legs is to create the impression of greater steadiness. The bedrails are fastened to the head- and footboards by means of bed bolts. The missing bolt at one corner has been replaced by a bedrail fastener. The polished natural cherry-wood has aged to a dark reddish-brown as it can never be achieved by staining.

Lit du Sud de l'Allemagne, 1800 environ

Les panneaux des dosserets de ce lit sont constitués de planches massives jointées sur champ par collage. Les extrémités sont assemblées aux montants par une languette comprise entre deux tenons chevillés. Les pieds sont gainés intérieurement pour une meilleure stabilité. Les dosserets sont assemblés aux lompans par des vis romaines. Sur un des assemblages, la vis égarée a été remplacée par des crochets. Le merisier naturel poli a pris une magnifique teinte oranger sombre qu'aucune finition artificielle ne peut imiter.

Kinderwiege, süddeutsch, Mitte 18. Jahrhundert

South German Baby cradle, middle of 18th century

Berceau d'enfant, midi de l'Allemagne, aux environs de 1750

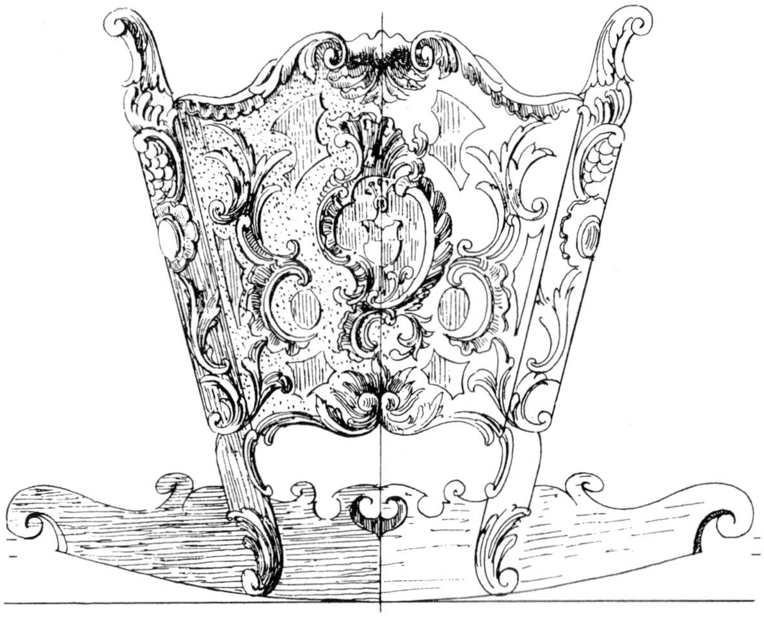

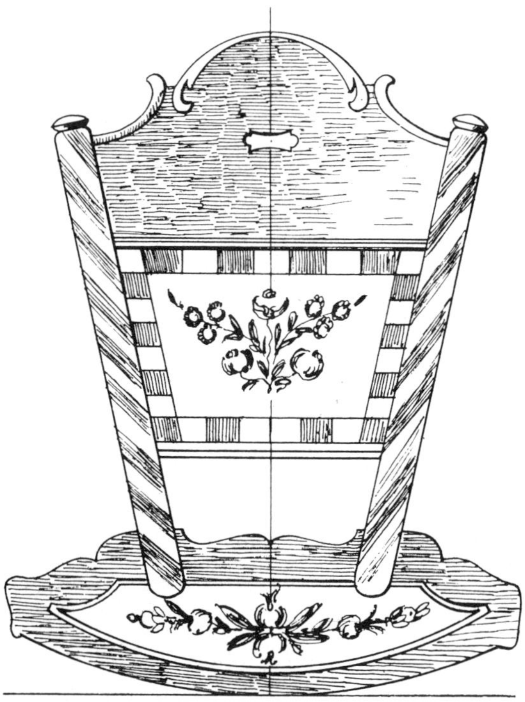

Kinderwiege, Bauernmöbel, 19. Jahrhundert

Baby cradle, piece of rustic furniture, 19th century

Berceau d'enfant, meuble rustique du XIX-e siècle

Christkindwiege, Wien, um 1320, Traggestell 15. Jahrhundert

Viennese cradle, about 1320, supporting stand 15th century

Berceau de Vienne, aux environs de 1320, piètement porteur du XV-e siècle

L 0.27 (Gestell 0.32) H 0.13 B 0.10
München, Bayer. Nationalmuseum

Bemaltes Bettgestell, Toskana, 1337

Painted bed, Tuscany, 1337

Bois de lit peint, Toscane, 1337

Pistoja, Ospedale del Ceppo

Baldachinbett, Stollenkonstruktion. Am Kopfende durchbrochene Füllungen. Augsburg, 1470

Canopy bed, post and panel construction. Open-work panels in headboard. Augsburg, about 1470

Lit à baldaquin. Construction à montants. Panneaux à claire-voie au chevet. Augsbourg en 1470

H 2.31 L 1.96 B 1.60
München, Bayer. Nationalmuseum

Baldachinbett, Basel, um 1512

Canopy bed, Bâle, about 1512

Lit à baldaquin. Bâle aux environs de 1512

H 2.91 L 2.41 B 1.99
Basel, Historisches Museum

Reisebett, zerlegbar, Ebenholz mit Elfenbeineinlagen und mit Seidenbaldachin aus Schloß Ansbach, Ende 16. Jahrhundert

Dismountable travel bed, ebony with ivory inlays, silk canopy. Castle of Ansbach, end of 16th century. H (without canopy)

Lit désassemblable de voyage, bois d'ébène, décor ivoire. Baldaquin en soie. Château d'Ansbach, fin du XVI-e siècle. H (sans baldaquin)

H (ohne Baldachin) 1.87 B 1.08 T 1.93
München, Bayer. Nationalmuseum

Bettgestell, Oberitalien (?), nach 1600. Bettseiten in die Stollen eingezapft, mit Holznägeln verbohrt; Aufsatz wahrscheinlich nicht zugehörig

Bed, Northern Italy (?), after 1600. Bed rails are mortise and tenon jointed to the head- and footboards and cross-pegged. Headpieces seem to be of different origin

Bois de lit, Italie du Nord (?), après 1600. Côtés de lit fixés avec des tenons dans les montants et y chevillés. Fronton probablement d'autre origine

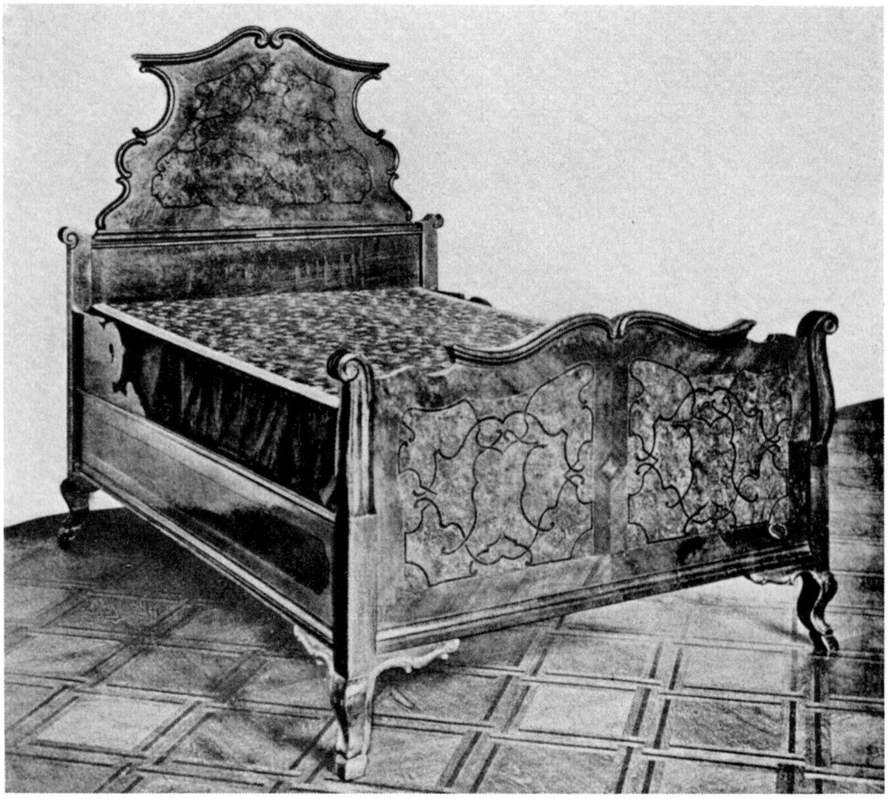

Bett aus Nußholz mit Nußwurzel furniert, Süddeutschland, erste Hälfte 18. Jahrhundert. Konstruktionsart wie Zeichnung S. 121—123.

Walnut bed veneered with walnut butt veneer, Southern Germany, first half of 18th century. Construction similar to drawings on pages 121 to 123

Lit en noyer plaqué de racine de noyer. Allemagne du Sud, première moitié du XVIII-e siècle. Construction similaire aux plans pages 121-123

L 2.14 B 1.42

Bettgestell mit Damastbezug, Paris, um 1700

Bed frame with damask covering, Paris, about 1700

Bois de lit garni de damas. Paris aux environs de 1700

Paris, Musée des arts décoratifs.

Chippendale-Himmelbett, London, um 1760

Chippendale four-poster bed, London, about 1760

Lit à ciel Chippendale, Londres aux environs de 1760

Bett mit reichen Akanthusschnitzereien, München, um 1700

Bed with rich acantho-carving, Munich, about 1700

Lit richement ornementé d'acanthes sculptées. Munich aux environs de 1700

H 1.71/0.79 B 1.39 L 1.85
München, Bayer. Nationalmuseum

Ruhebett, norddeutsch, Mitte 18. Jahrhundert

Lounge, Northern Germany, middle of 18th century

Chaise longue, Allemagne du Nord, aux environs de 1750

Schloß Oranienbaum bei Wörlitz

Hepplewhitebett, London, um 1780

Hepplewhite bed, London, about 1780

Lit Hepplewhite, Londres, aux environs de 1780

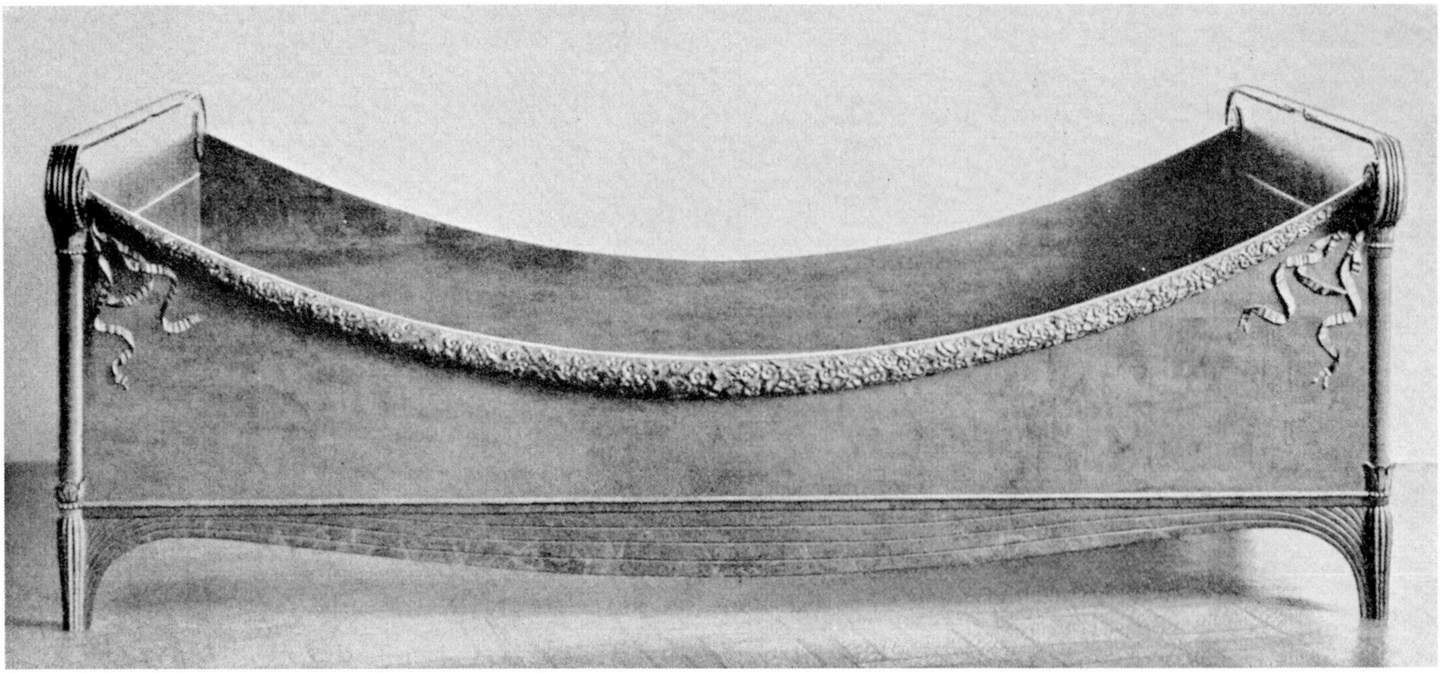

Bett der Königin Luise, nach Entwurf von Friedrich Schinkel, Berlin, 1810

Bed of Queen Luise, designed by Friedrich Schinkel, Berlin, 1810

Lit de la Reine Louise, création Friedrich Schinkel, Berlin en 1810

Berlin, Schloß Charlottenburg

Bett, norddeutsch, um 1830

Bed from Northern Germany, about 1830

Lit de l'Allemagne du Nord, aux environs de 1830

Schleswig, Schleswig-Holsteinisches Landesmuseum

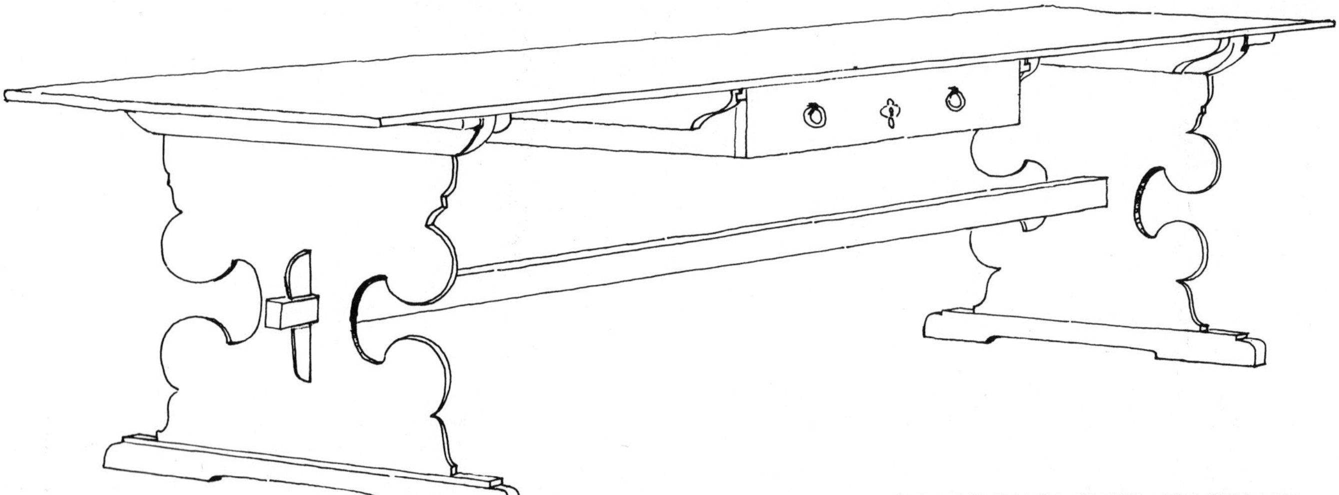

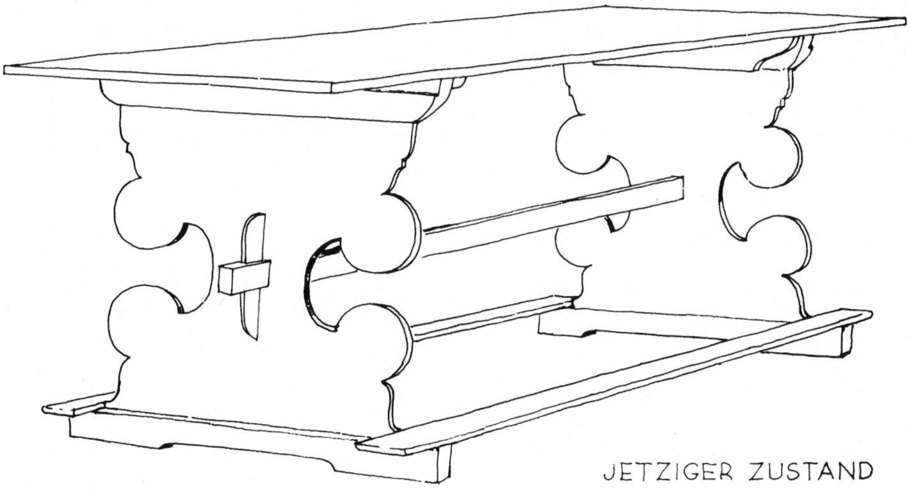

Ursprünglicher Zustand
Original appearance
État initial

Jetziger Zustand
Present appearance
État actuel

Klatt 11

Deutscher Wangentisch, 17. Jahrhundert

Schloß Heiligenberg

German Table, 17th century

Originally, this table had straight sides, which were only connected by the central keyed stretcher, and a drawer in the middle of the table top above. Later on, the top was shortened, the drawer was removed, and the sides were splayed. They aradon top fastened to the dovetail dadoed rails and connected by two additional foot rails (below).

The original state of the table could be traced by means of the cross-section of the upper side rails and the drawer slides; the exact length, however, could not be determined.

Table allemande du 17 ème siècle

Les pieds de cette table étaient initialement droits et entrecroisés par une seule traverse clavetée à mi-hauteur avec chaque pied suivant l'axe médian du plateau qui comportait à l'origine un tiroir au milieu (gravure ci-dessous). Par la suite, la table fut raccourcie, le tiroir supprimé et les pieds furent inclinés pour être fixés aux tasseaux du tiroir qui subsistent et dont la présence permet de déterminer l'aspect initial du modèle.

Dieser Tisch hatte ursprünglich gerade Wangen, die nur durch den verkeilten Mittelsteg verbunden waren, und in der Mitte der Tischplatte eine Schublade (Bild oben). Später wurde die Platte gekürzt, die Schublade fiel weg und die Wangen wurden schräg eingesetzt. Sie sind oben an den Gratleisten der Schublade befestigt und unten durch zwei Fußbretter zusätzlich verbunden worden (Bild unten).

Der ursprüngliche Zustand konnte nach dem Querschnitt der oberen Wangenleisten und der Schubladenführung rekonstruiert werden, die genaue Länge war jedoch nicht festzustellen.

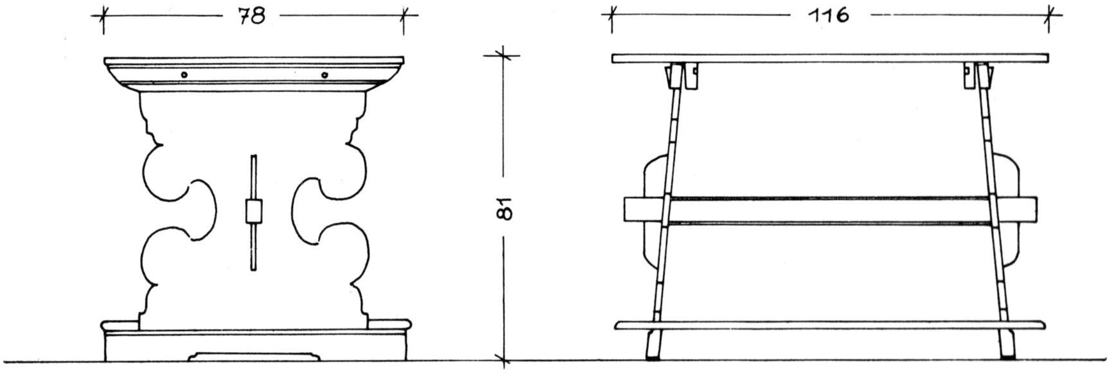

ANSICHTEN VOM JETZIGEN ZUSTAND M 1:20

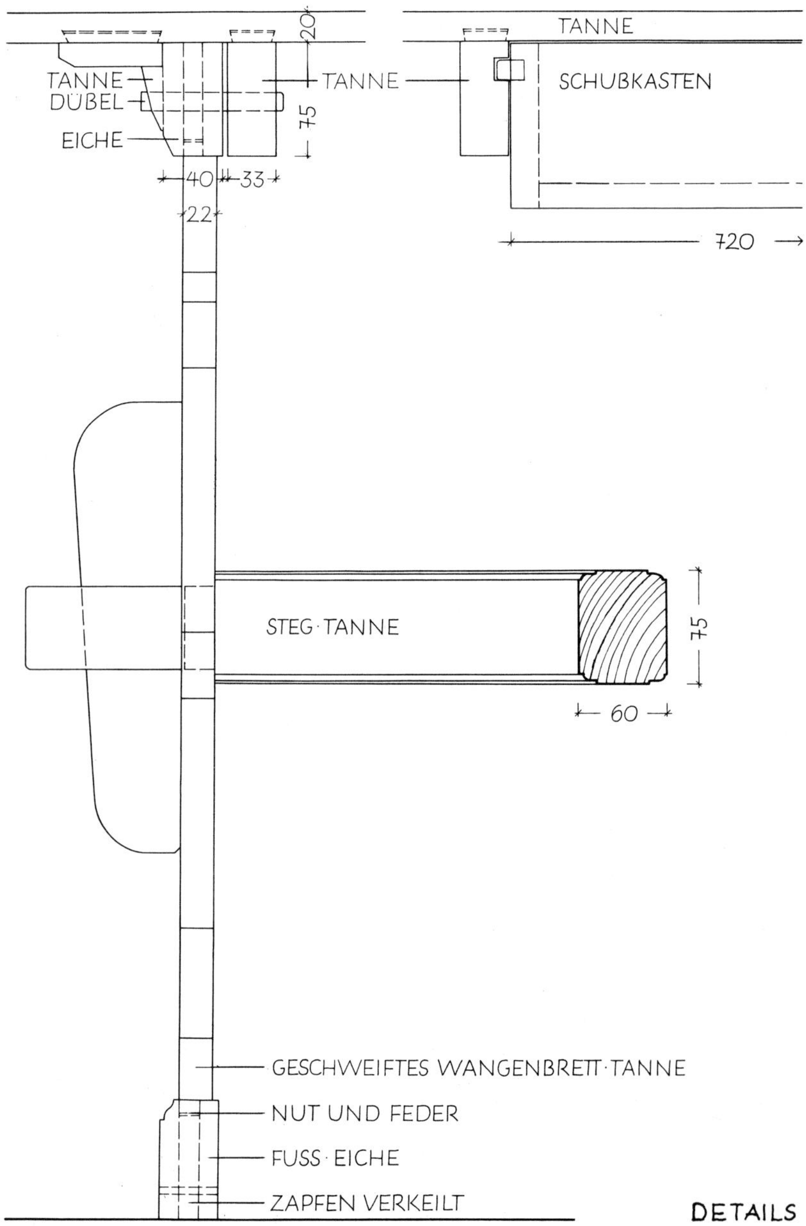

DETAILS VOM URSPRÜNGLICHEN ZUSTAND M 1:5

In seinem Aufbau entspricht dieser Tisch ähnlichen Möbeln der Gotik oder der Renaissance, nur die Ausbildung der Wangen zeigt barocke Formen.

Die breite Wange hat an jedem Ende zwei verkeilte Zapfen und eine dazwischen verlaufende Feder. Die Fußleiste ist in der Mitte ausgeschnitten, so daß nur die Enden aufstehen. Die beiden Wangen sind durch einen verkeilten Steg miteinander verbunden. Vier Gratleisten halten die Platte gerade, von denen die zwei mittleren mit einer Nut zur Aufnahme des Schubkastens versehen sind. Durch die beiden äußeren sind in die oberen Wangenleisten Holznägel gesteckt, wodurch Untergestell und Platte zusammengehalten werden.

Platte, Wangen, Steg und Gratleisten sind aus Tannenholz, Fußleiste und obere Querleiste der Wange aus Eiche. Die Platte in einer Stärke von 20 mm ist für die Ausmaße des Tisches erstaunlich schwach gehalten. In der Regel wurden solche Platten in der Mitte noch durch S-förmige Eisen gegen den Steg abgestützt.

In der Gotik und in der Renaissance machte man die aufrechten Wangen zumeist verhältnismäßig schmal, um ein Reißen zu vermeiden. Aus dem gleichen Grund wurden manchmal auch zwei geschweifte Bretter mit Zwischenraum und je einem Steg nebeneinander gesetzt.

Dübel	Dowel	Cheville
Eiche	Oak	Chêne
Fuß Eiche	Oak foot	Pied en chêne
Geschweiftes Wangenbrett Tanne	Curved side of fir	Montant échancré en sapin
Nut und Feder	Tongue and groove	Rainure et languette
Schubkasten	Drawer	Tiroir
Tanne	Silver fir	Sapin
Zapfen verkeilt	Keyed tenon	Cheville clavetée

The table corresponds in construction to similar furniture of the gothic or renaissance periods, only the sides betray baroque characteristics.

The wide side has two wedged tenons at each end and a tongue between the tenons.

The foot rail is cut out in the middle so that only the ends stand on the floor. The two sides are connected by a keyed stretcher. Four dovetail dadoed rails keep the top straight. The two center rails are grooved to receive one drawer. The two outer dado rails are pegged to the upper side rails to secure the table top on the understructure.

Top, sides, stretcher and dado rails are made of fir-wood; the foot rails and upper cross rails are of oak. The top with a thickness of 20 mm (3/4 in.) is surprisingly thin for the dimensions of the table. Normally, such tops were center-braced with an S-iron between the stretcher and the top.

During the Gothic and Renaissance periods the upright sides were in most cases kept relatively narrow to prevent splitting. For the same reason two curved boards were sometimes used close to each other with separate stretchers.

Cette table est inspirée par l'époque de la Renaissance ou Gothique. L'inclinaison des pieds lui donne une allure plus légère.

Les pieds obliques sont fixés au plateau par l'intermédiaire de traverses et assemblés à celles-ci par une languette comprise entre deux tenons chevillés. Une échancrure à la base et au centre de chaque pied donne à ceux-ci une meilleure assise au sol.

Quatre traverses assemblées en rainure à queue d'aronde raidissent le plateau. Les deux traverses centrales sont les anciens tasseaux du tiroir. Ce sont les seules pièces en chêne, le reste de la table étant en sapin.

Par rapport aux dimensions de la table, le plateau est de faible épaisseur, 20 m/m. Il était courant à l'époque de soutenir le plateau en son centre par des fers en S prenant appui sur l'entretoise.

Aux époques Gothique ou Renaissance, on construisait en général des pieds inclinés relativement plus étroits pour éviter au bois de se fendre. Pour la même raison, le pied était souvent formé de deux planches découpées symétriquement et reliées par une entretoise.

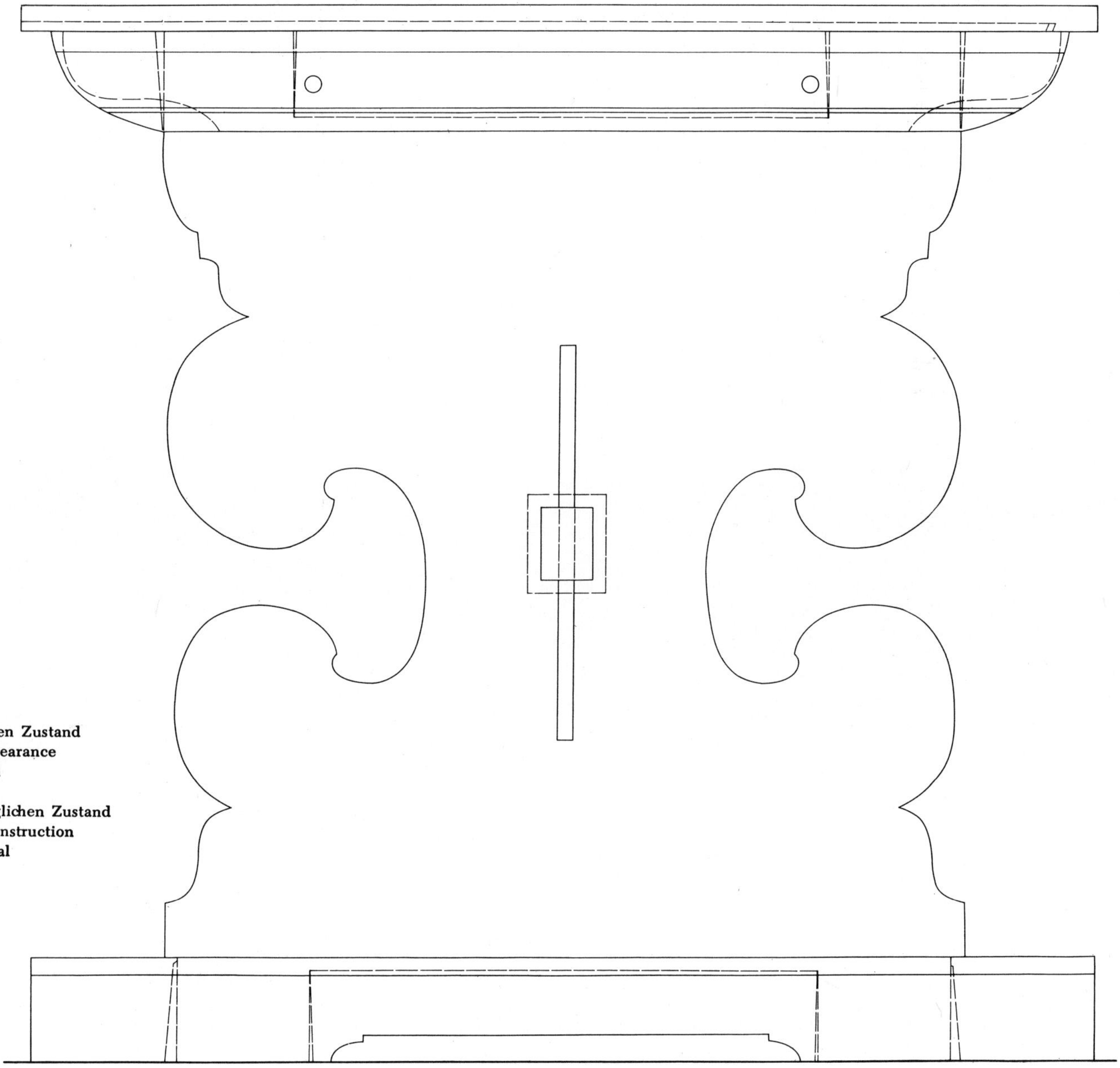

Ansichten vom jetzigen Zustand
Views of present appearance
Vues de l'état actuel

Details vom ursprünglichen Zustand
Details of original construction
Détails de l'état initial

Süddeutscher Tisch, 17. Jahrhundert

Privatbesitz

Die schräggestellten Beine aus Eichenholz sind oben in zwei kräftigen Zargen verzapft. Sie werden außerdem gehalten durch ein ringsumlaufendes Fußbrett und durch eine im oberen Teil an den Längsseiten durchlaufende profilierte Leiste. Die Tischplatte aus massivem Tannenholz wird durch zwei Gratleisten gerade gehalten, die mit langen Dübeln an den Zargen befestigt sind.

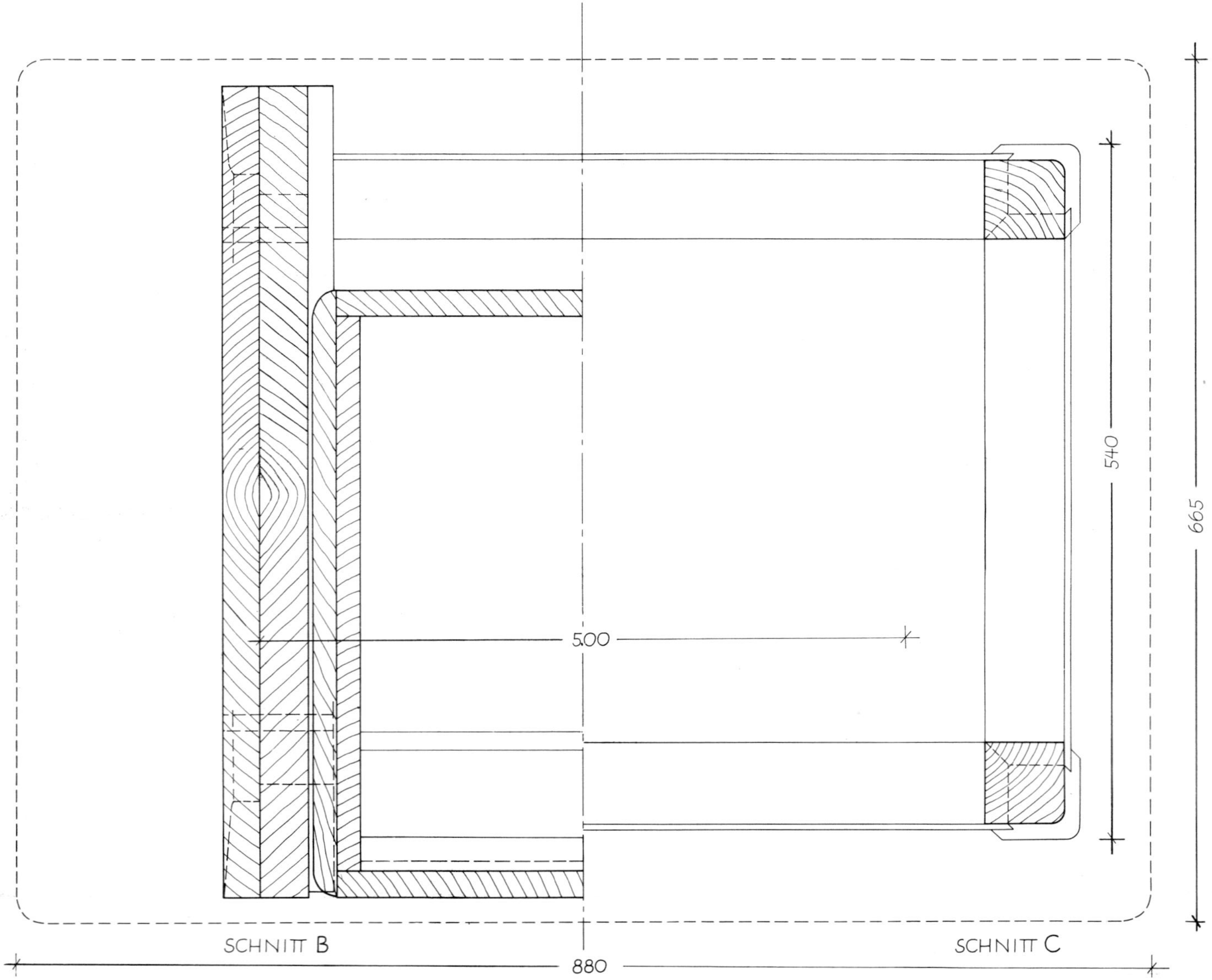

South German Table, 17th century

The splayed oak legs have tenons mortised into the two thick aprons. They are also held by two foot rails and two higher longitudinal molded stretchers. The table top of solid fir is kept straight by two dovetail dado rails which are fastened to the aprons with long dowels.

Table originaire du Sud de l'Allemagne, 17 ème siècle

Les pieds en chêne sont inclinés et fixés par des tenons dans les deux très robustes traverses du plateau. Ils sont par ailleurs solidement équérrés par quatre entretoises basses et deux traverses hautes profilées. Le plateau de table est en sapin monté sur deux traverses par des rainures à queue d'aronde. Ces traverses sont elles mêmes fixées au piétement par de longues chevilles en bois.

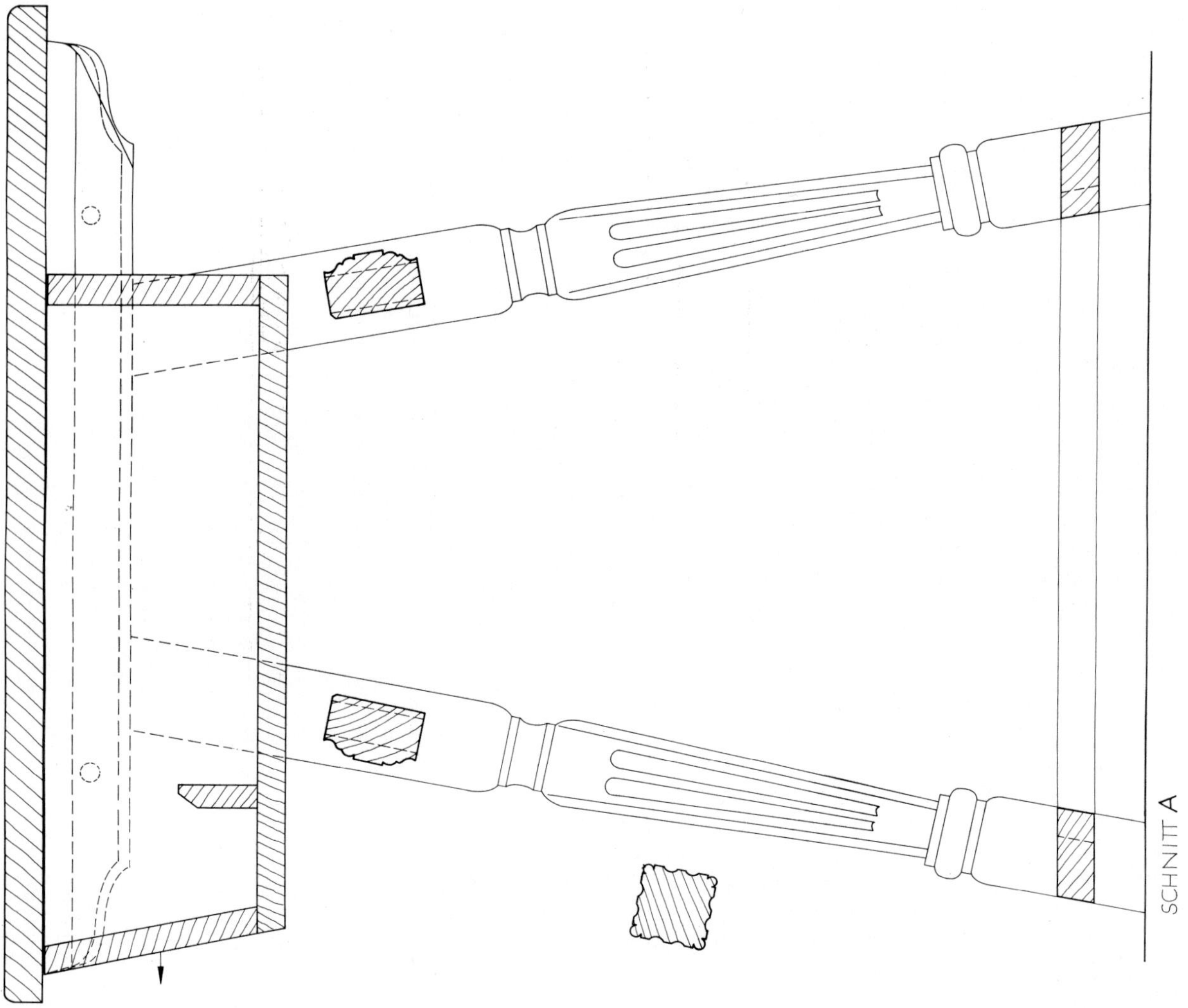
SCHNITT A

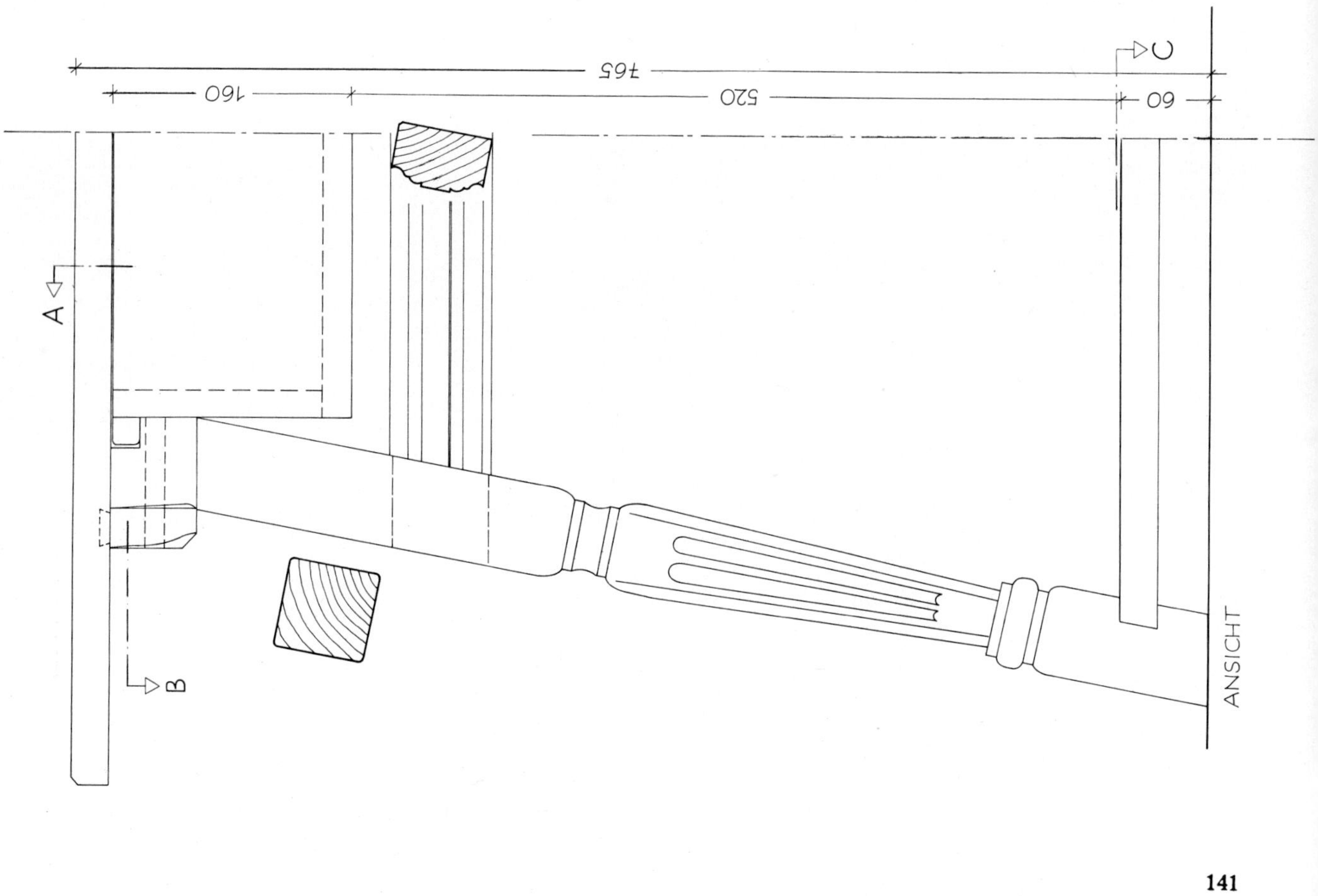
765
160
520
60
A
B
C
ANSICHT

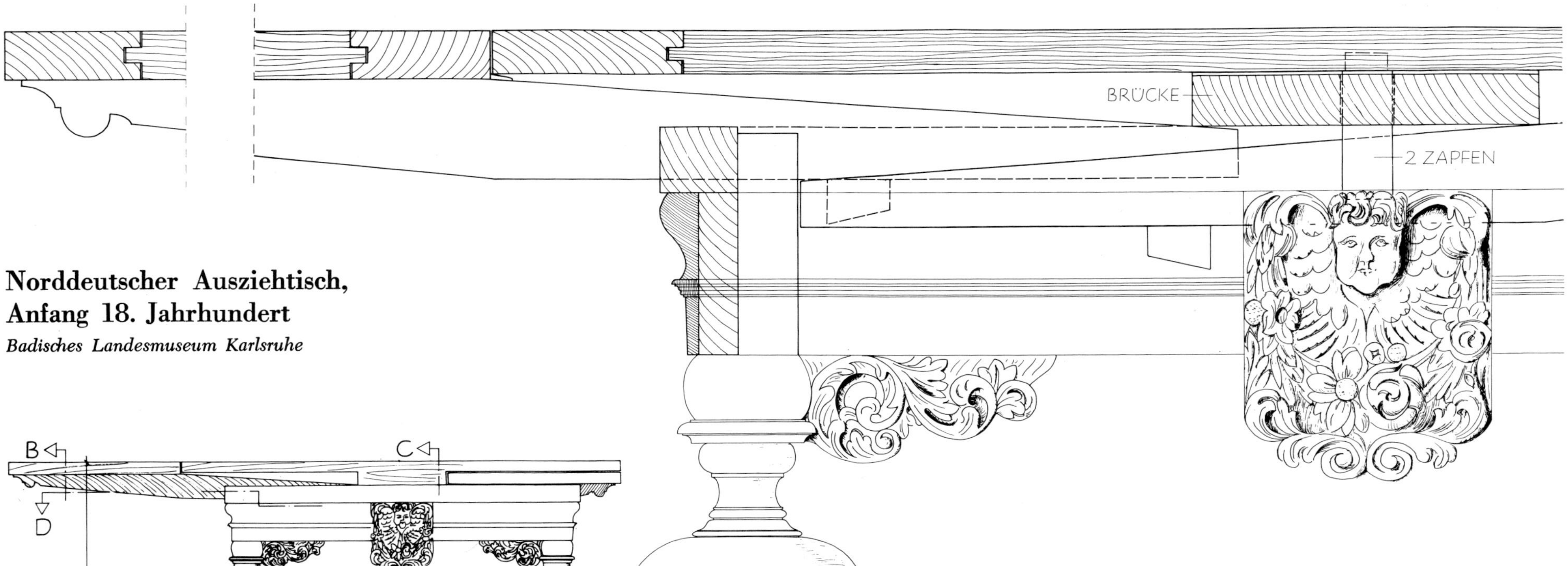

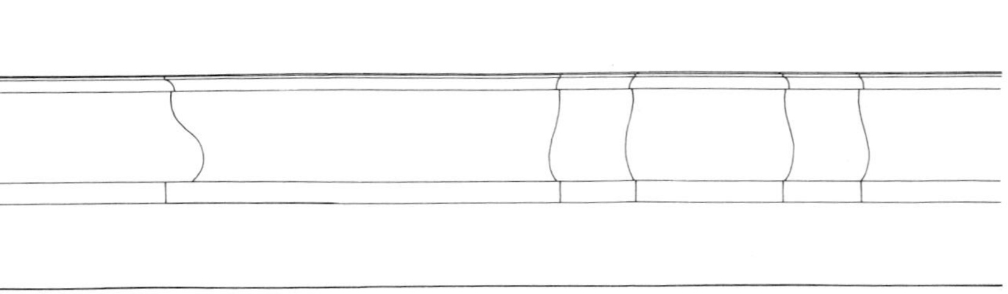

Norddeutscher Ausziehtisch, Anfang 18. Jahrhundert

Badisches Landesmuseum Karlsruhe

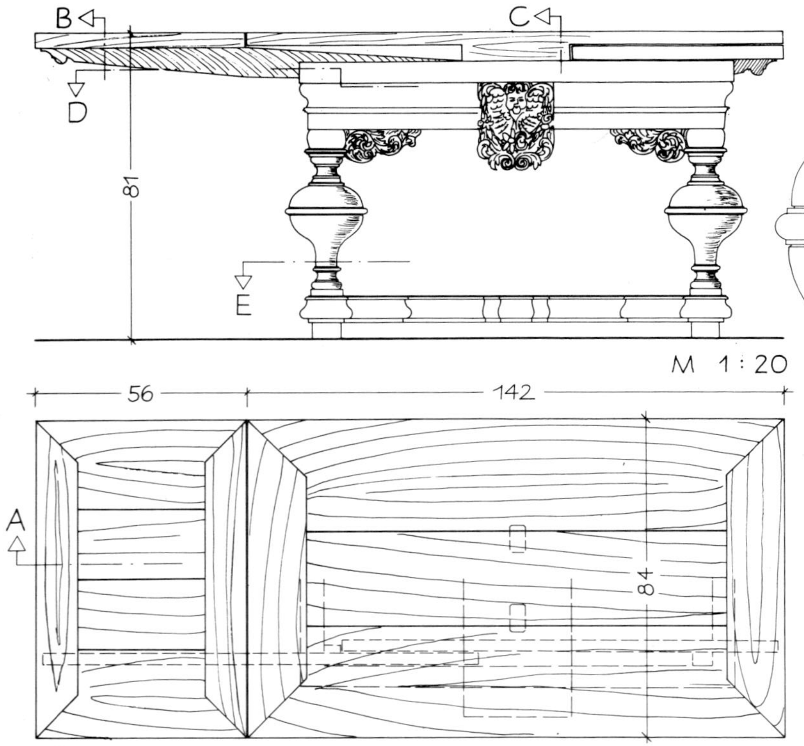

Draufsicht mit Schnitt D, linke Platte ausgezogen	Top plan view with section D, left-hand leaf pulled out	Vue d'en haut avec section D, coulisse gauche retirée
Schnitt C, bei eingeschobener Tischplatte	Section C, leaf not extended	Section C la coulisse étant mise en place
Brücke	Bridge	Pont
Eiche	Oak	Chêne
Nußbaum (Nuß)	Walnut	Noyer
Zapfen	Tenon	Tenon

Sogenannter Holländer Ausziehtisch, die Platte in massivem Eichenholz, die übrigen sichtbaren Teile in Nußbaumholz.

Die Konstruktion wird heute noch in gleicher Weise ausgeführt. Die Platte liegt lose auf einer Brücke, die auf den beiden Längszargen befestigt ist. Ein seitliches Verschieben wird durch zwei kräftige, durch die Brücke durchgesteckte Zapfen verhindert. Unter der Platte liegt zuseiten der Brücke je ein Verlängerungsstück, das in der Längsrichtung ausziehbar ist. Jeder dieser Auszüge hat zwei Führungsleisten. In den Querzargen befinden sich entsprechende Ausschnitte. Die Unterkante der Führungsleisten ist so abgeschrägt, daß die Auszugplatte beim Ausziehen um die Stärke der Mittelplatte gehoben wird.

Die Platten sind bei diesem Tisch nicht aus gleich breiten, rings umlaufenden Friesen mit dazwischenliegender Füllung gearbeitet, sondern mit wesentlich breiteren Längsfriesen, die deshalb nur zum Teil mit den schmaleren Querfriesen auf Gehrung geschnitten sind.

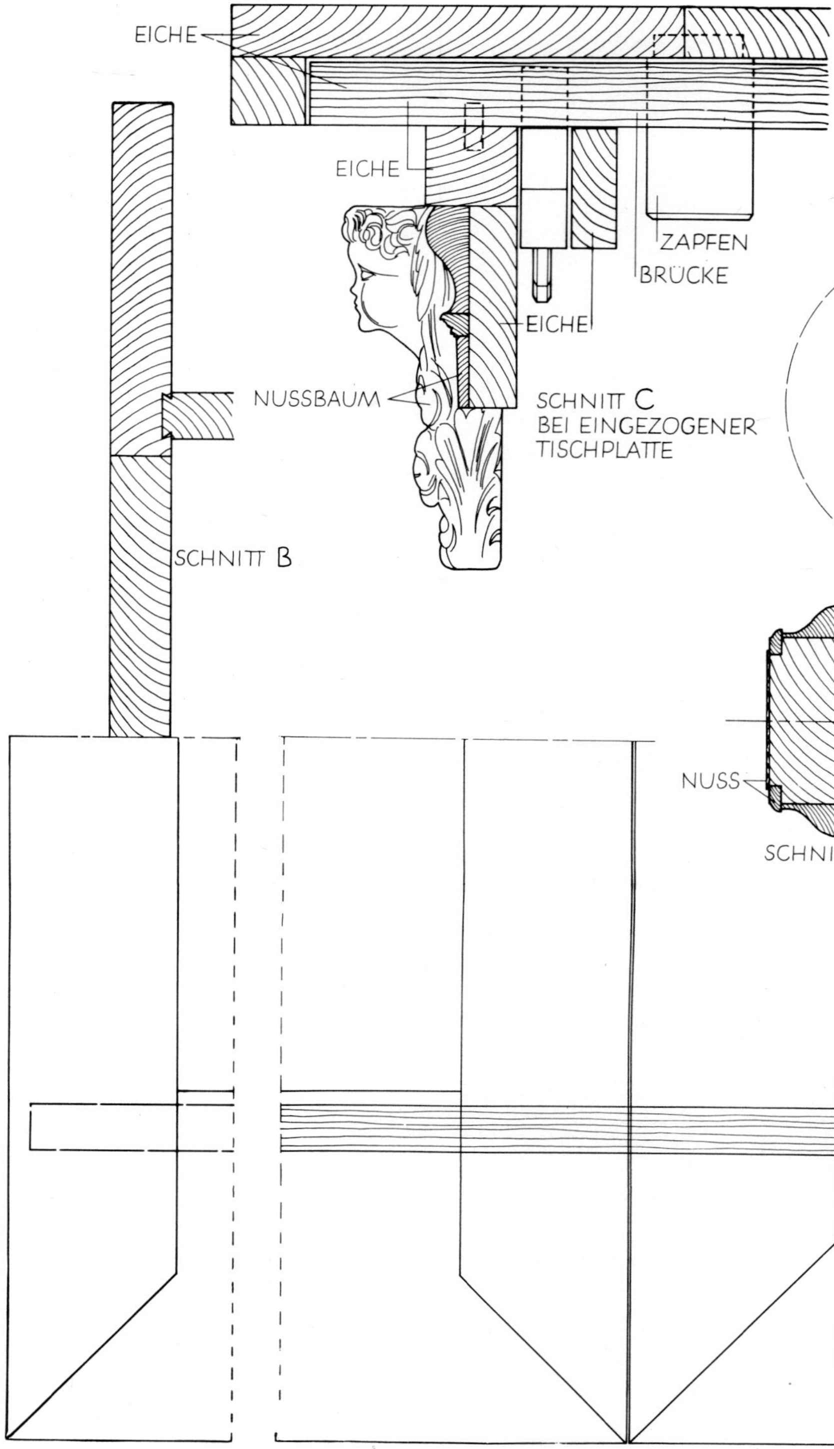

North German Extension Table, beginning of 18th century

Dutch extension table, as it is called. Solid oak top, walnut for all other visible parts.

This type of construction is still used today. The top is seated on a frame secured to the two longitudinal aprons. Lateral movement is prevented by two strong tenons plugged through the frame. Below the top and towards the frame two extension rails are arranged which pull out in longitudinal direction. Each of these extension rails is provided with two guide rails and moves in suitable cut-outs in the cross aprons. The lower edge of the guide rails is slanted and the pulled-out extension top is thus lifted by the thickness of the center top.

Table à coulisses originaire de l'Allemagne du Nord, début du 18 ème siècle

Table avec allonge à l'italienne; le plateau est en chêne massif, les autres parties visibles en noyer.

Ce principe est encore employé sur certains modèles modernes. Le plateau principal est amovible et repose sur un pont central fixé au milieu de la ceinture. Deux robustes tourillons solidaires du plateau traversent le pont empêchant tout déplacement transversal. De part et d'autre de ce pont sont logées deux allonges qui se déplacent longitudinalement, guidées par de longs coulisseaux ayant leur passage dans des encoches pratiquées dans les deux petites faces de la ceinture. Ces guides sont découpés de sorte qu'au cours de leur déplacement, les allonges changent de hauteur et viennent se placer au niveau du plateau central.

Les plateaux de cette table sont emboîtés par des traverses ayant deux largeurs differentes; les traverses longitudinales étant plus larges sont partiellement assemblées à coupe d'onglet avec les traverses transversales.

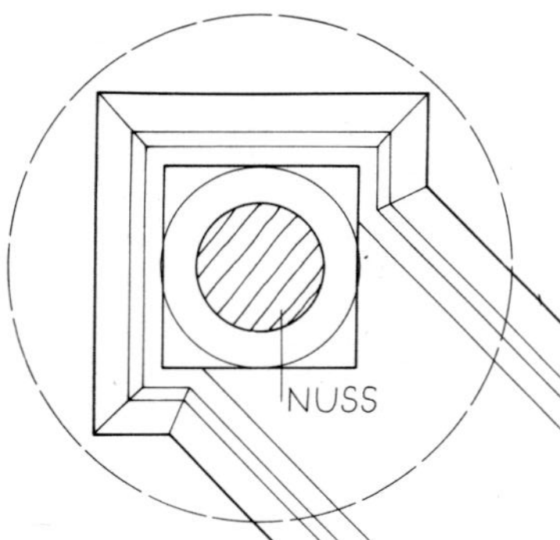

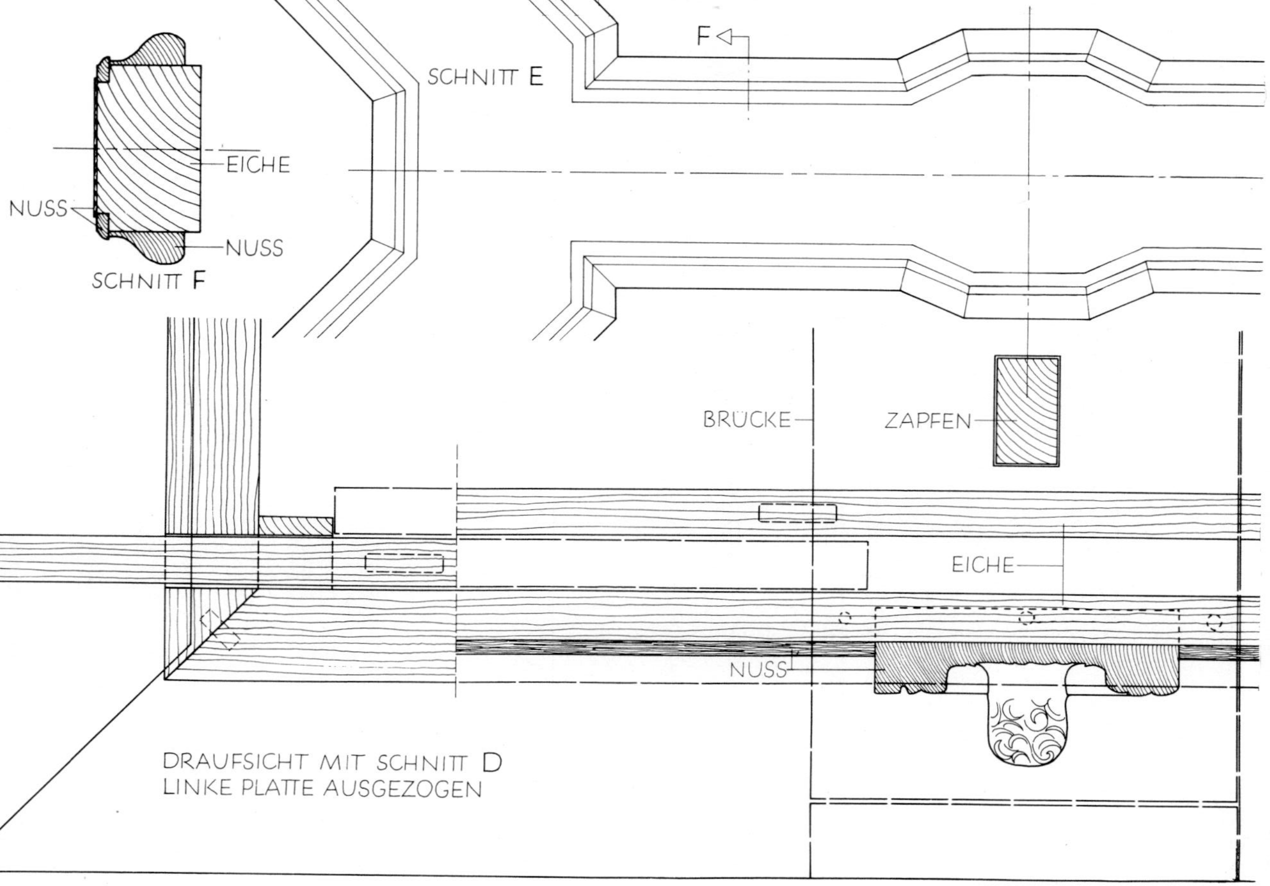

Kastentisch alter Form von 1809

Schloß Heiligenberg

Die Form des Kastentisches reicht bis in die Gotik zurück und nahm besonders im 17. Jahrhundert eine wichtige Stellung unter den Bauernmöbeln ein. So ist auch der gezeigte Tisch auf ältere Vorbilder zurückzuführen.

Die überstarken Hölzer mit den einfachen Einlegearbeiten geben ihm ein Aussehen von urwüchsiger Kraft und Schönheit. Die star-

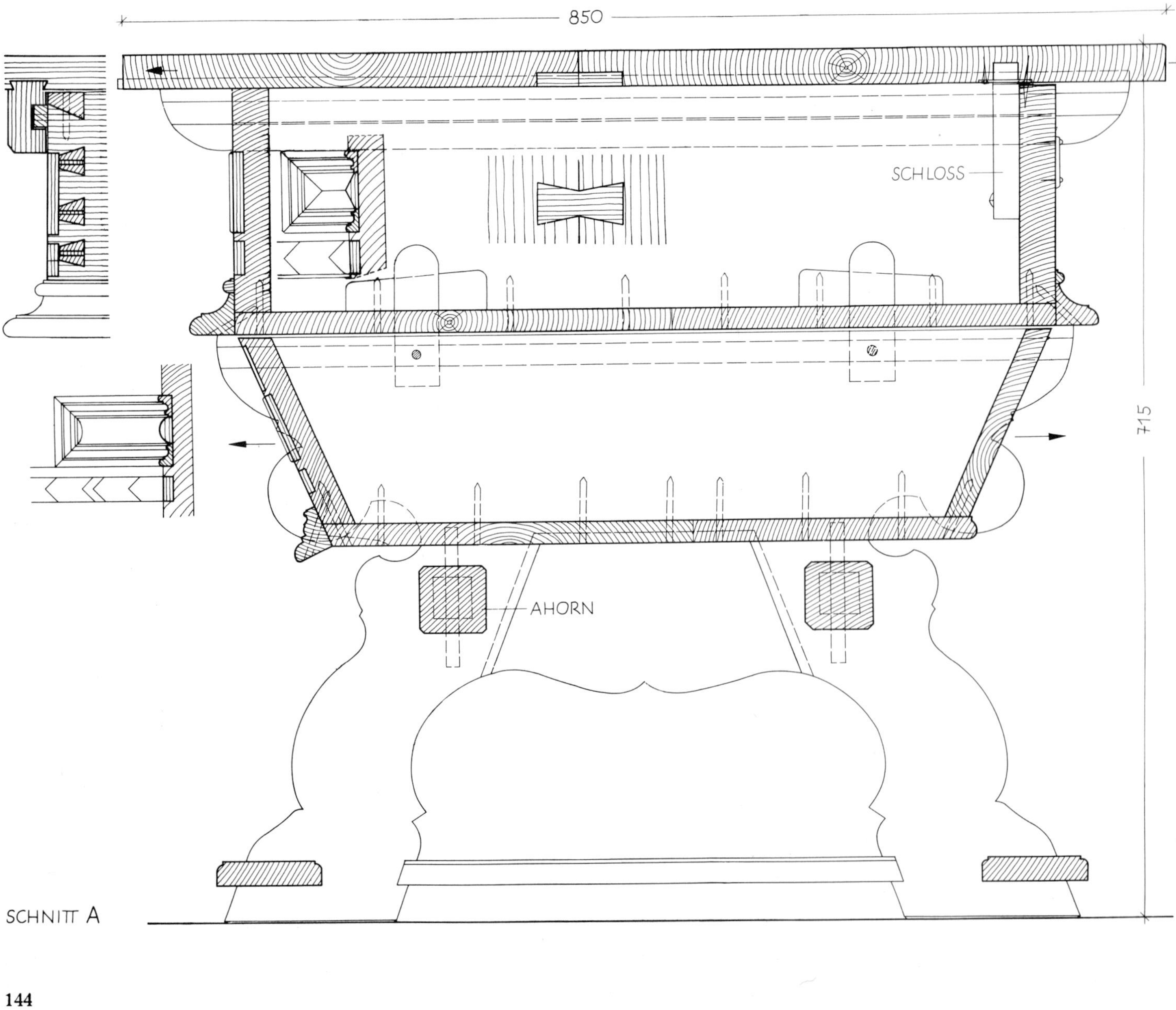

ken Bretter der Platte sind verleimt und zusätzlich durch Schwalbenschwänze gehalten, eine Methode, die in der Gotik üblich war. Starke Gratleisten aus Buche halten die Platten gerade und sind an der Innenseite mit einer Führungsnut versehen, die Laufleisten aus Hartholz aufnehmen, die am feststehenden Kasten angeleimt sind. In ihnen läßt sich die Platte verschieben.

Der obere feststehende Kasten aus starken Eichenbrettern ist normal zusammengezinkt. Zur Aufnahme der Einlegearbeiten sind breite, ca. 1 cm tiefe Nuten eingestoßen, in die dann die einzelnen Motive aus schwachen Brettern (nicht Furnieren!) eingelegt sind.

Die Sterne der Seitenwangen mußten erst in ihrer Form aus Ahorn und Apfelbaum zusammengesetzt und dann ins massive Ahornstück eingestemmt werden.

Der Boden des feststehenden Kastens sowie des Schubkastens ist aus vollen Brettern untergeleimt und mit Holznägeln versehen. Auch das Profil um den Kasten ist angeleimt und von der Unterkante schräg mit Holznägeln angebohrt, damit das Hirnholz der Nägel von oben nicht sichtbar wird. Der Zwischenraum von einigen Millimetern vom Profil bis zum eingelegten Band ist in Ermangelung schwarzer Hölzer durch einen schwarzen Strich ersetzt. Der Schubkasten, der nach zwei Seiten aufzuziehen ist, hängt an zwei angeleimten und mit Holznägeln befestigten Nutleisten im Gestell. Die reiche Ausbildung ist nur einseitig.

Das schräge Vorder- und Hinterstück ist mit den Seiten verzinkt. Die Zinken sind wie in früheren Jahrhunderten noch verkeilt. Das Profil unten am Vorderstück ist angeleimt und wie das obere Profil am feststehenden Kasten von unten schräg mit Holznägeln verbohrt.

Die Seitenwangen des Untergestells, bestehend aus drei starken, miteinander verzapften Ahornholzstücken mit ornamental ausgebildeter Füllung, sind durch Fußbretter starr miteinander verbunden.

Schnitt	Section	Coupe
Schloß	Lock	Serrure
Einbau mit Kästchen: Kiefer	Drawers: pine	Compartiment avec petit casier: bois de pin
Schrift: Ahorn	Inscription: maple	Épigraphe; érable
Intarsien: Ahorn und Apfel	Marquetry: maple and apple	Marqueteries: érable et pommier
Ahorn hell, Ahorn schwarz	Maple light, maple black	Érable clair, érable noir
Apfel hell und dunkel	Apple, light and dark	Pommier, clair et foncé
Eiche	Oak	Chêne
Esche	Ash	Frêne
Kiefer	Pine	Bois de pin
Kirsche	Cherry	Merisier
Nußbaum (neu)	Walnut (new)	Noyer (neuf)
Rotbuche	Beech	Hêtre

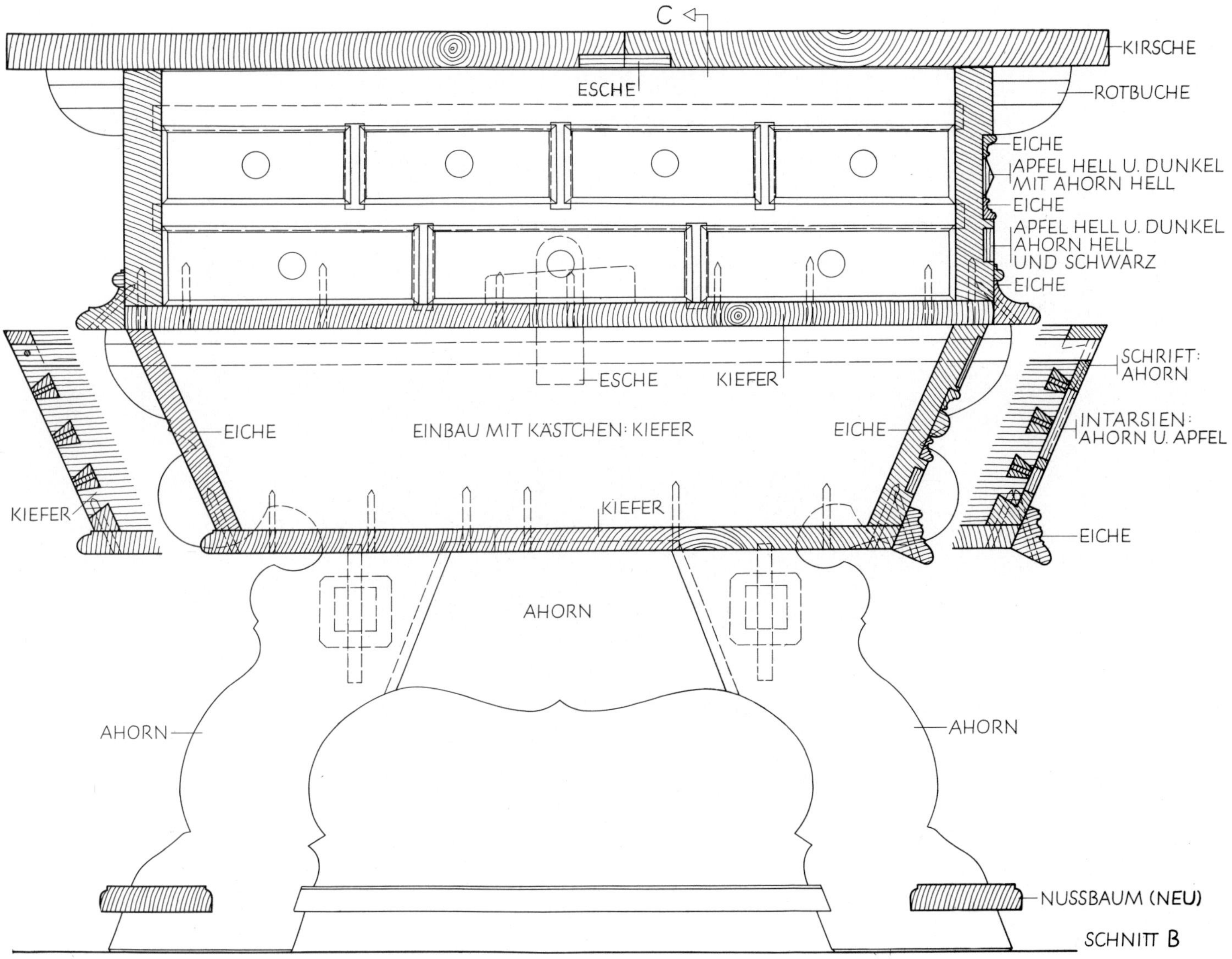

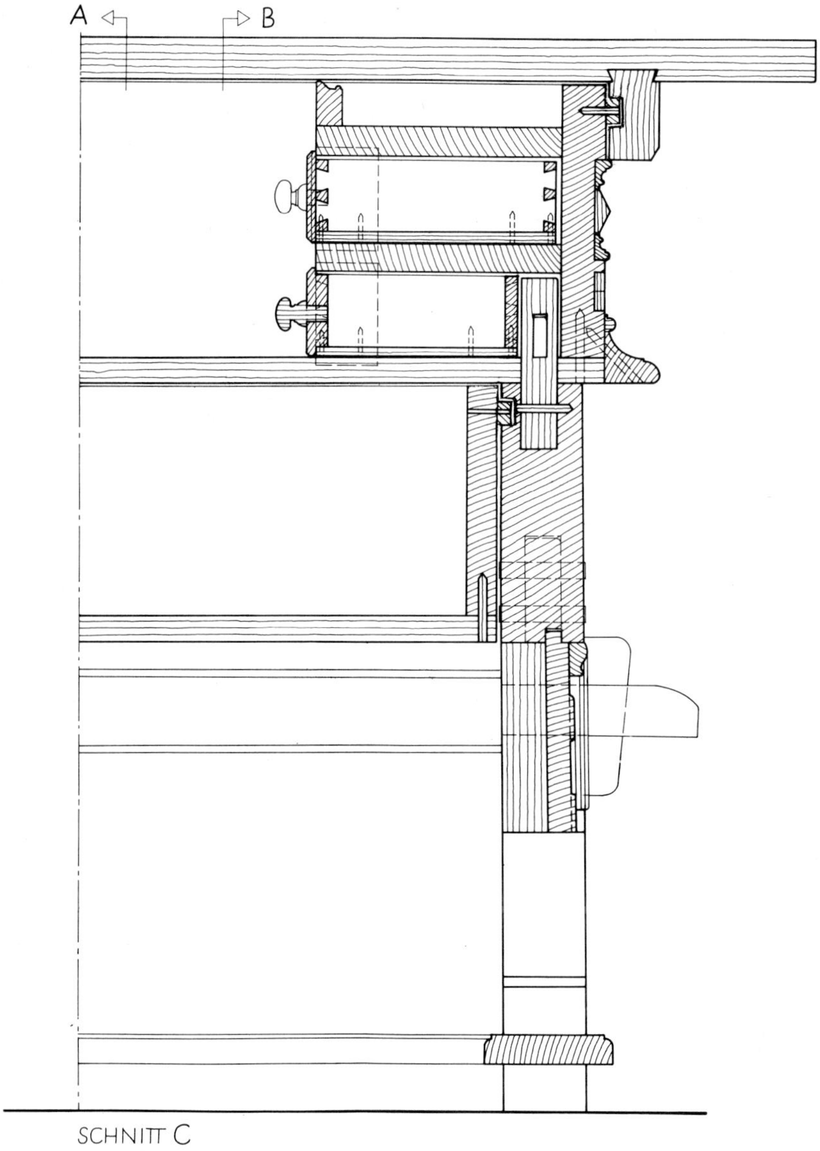

Box Table, ancient style, dating from 1809

The box table dates back to the gothic period and was particularly prominent among rustic furniture in the 17th century. Thus, the table shown on this page is a late edition of earlier examples.

The excessively thick timber with simple inlays lend it an authoritative presence and beauty. The thick boards of the table top are glued up and held by additional dovetails, a method usual in the Gothic period. Thick dovetail dado rails keep the top straight and are grooved on the inside to receive hardwood slides glued to the fixed box. The top moves in these slides.

The upper fixed box of thick oak boards is joined with regular dovetails. Almost 1/2 inch deep grooves are cut into the boards to receive the inlays of thin boards, not veneers.

The stars in the side aprons were first assembled of maple and apple-wood and then set into the solid maple.

The solid bottoms of the box and the drawer are glued and wood-pegged to the respective lower edges. The moldings are also glued around the box and wood-pegged from the lower edge of the box sides for complete concealment of the wood pegs. Because of the lack of black wood, the narrow space between the molding and the banding was painted black. The drawer pulls out on two sides in grooved slides which are glued and wood-pegged to the structure. The rich designs are found on one side only.

The slanted front and back are dovetailed into the sides. As in earlier centuries, the dovetails are wedged. The lower molding at the front is glued on and, like the upper molding at the fixed box, secured with wood pegs from below.

The sides of the understructure, consisting of three thick tenoned maple members with ornamental panels, have stretchers for added security.

Copie de table ancienne, à casier et tiroirs, réalisée en 1809

Les tables à casier remontent à l'époque gothique, mais c'est surtout au 17 ème siècle qu'on les trouve en plus grand nombre dans la production rustique. Néanmoins, le présent modèle est inspiré d'une époque plus ancienne.

La très grande épaisseur des planches, ornées de marqueterie très simple, donne à ce meuble un caractère de beauté robuste.

Les planches du plateau, très épaisses, sont assemblées par des cléfs en queue d'aronde, méthode courante en menuiserie médiévale. Les traverses du plateau sont en hêtre; elles comportent sur leur face interne des rainures qui servent de guide pour le déplacement du plateau de table sur le casier fixe logé entre les pieds.

La partie supérieure du casier est réalisée en fortes planches de chêne assemblées à queue d'aronde, suivant la méthode classique. Cette partie comporte une marqueterie rudimentaire faite de planchettes logées dans des rainures d'un peu plus d'un centimètre de profondeur. La technique du placage n'existait pas à cette époque.

Les étoiles qui décorent les pieds inclinés sont faites de bois d'érable et de pommier encastrés dans l'érable massif du piétement.

Le fond du casier et celui du tiroir sont renforcés de planches massives fixées par des chevilles en bois. La moulure qui entoure le casier supérieur est fixée par des chevilles inclinées. Des traits noirs de quelques millimètres de largeur remplacent une marqueterie de bois noir entre la moulure et la bande de bois encastrée. Le tiroir, qui peut être tiré dans les deux sens, est suspendu par deux baguettes qui coulissent en rainure dans le piétement. Seulement les faces extérieures sont richement ornées.

Les deux faces du tiroir sont assemblées à queue d'aronde avec les côtés. Comme au siècle précédent, on a claveté les tenons. Les moulures de ce tiroir, comme du casier, sont chevillées. Les pieds se composent chacun de trois planches d'érable assemblées par des cléfs et décorées par un motif sculpté. Ils sont solidement entretoisés par des traverses clavetées à leurs extrémités.

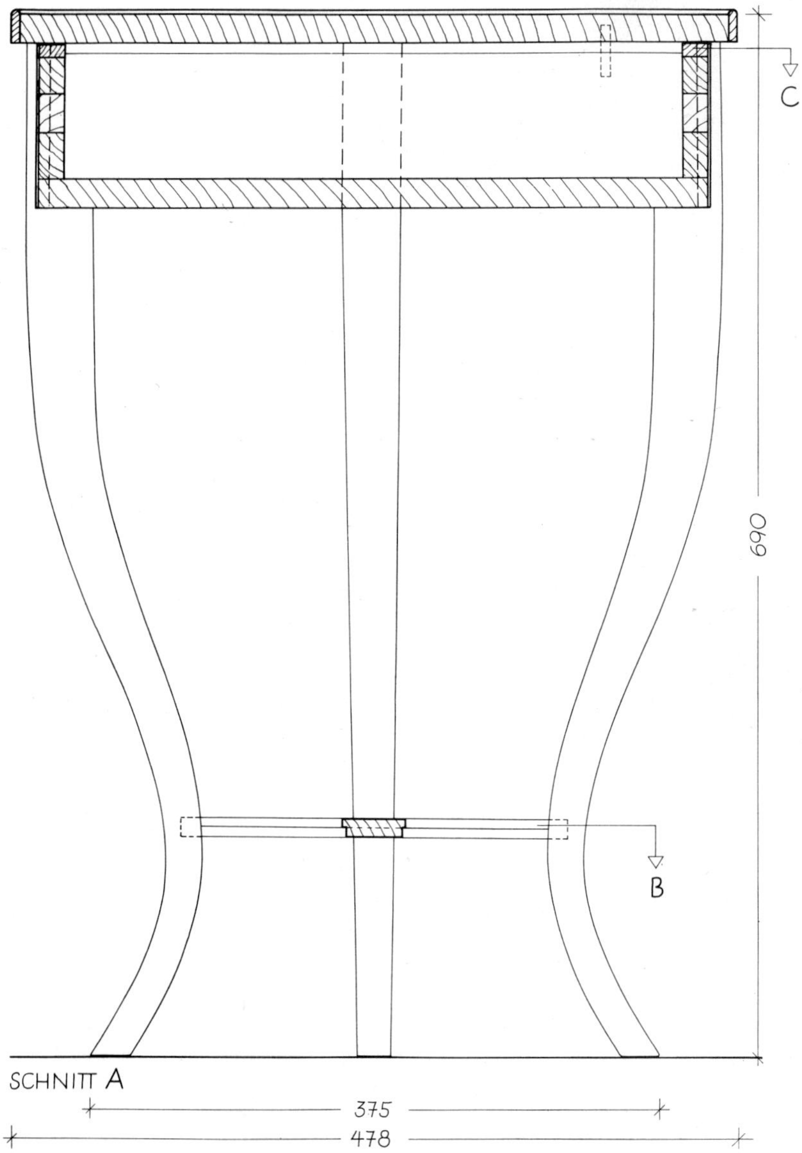

Südwestdeutscher Nähtisch, um 1800

Privatbesitz

Die runde Zarge ist aus einzelnen kurzen Stücken in der Art eines Mauerverbandes aufgebaut und nachträglich außen und innen sauber bearbeitet. Der Boden ist stumpf gegen die Unterseite geleimt. Erst jetzt kann die Zarge über den Boden hinweg auf der Außenseite furniert werden. Der Kasten ist in die Beine eingeklinkt, die so bis zur Platte durchlaufen. Die übergroße Schweifung der Beine ergibt verhältnismäßig viel „kurzes Holz". Das eingezapfte untere Kreuz steift die Beine gegenseitig aus. Die Deckelplatte wird seitlich herausgeschwenkt.

South-west German Sewing Table, about 1800

The round apron was assembled of single short pieces in masonry fashion and subsequently smoothed on both sides. The bottom is butt-jointed and glued to the lower edge of the apron. The entire outside of the apron, including the edge of the bottom, was then veneered. The cabriole legs are lapped over the box and continued right up to the table top. The excessive curving of the legs results in relatively much "short wood". The legs are braced by tenoned cross stretchers. The table top swings out.

Chiffonnier du Sud-Ouest de l'Allemagne, 1800 environ

Le plateau de ce chiffonnier pivote et dégage un casier compartimenté. La ceinture est constituée par un latté courbe composé de petites lattes curvilignes disposées en quinconce. Les faces de ce latté ont été poncées après l'assemblage des lattes afin de présenter une surface sans défauts. Le fond en massif a été collé bord à bord sous cette ceinture. L'ensemble a été ensuite plaqué d'une même feuille. Les pieds de ce chiffonnier sont entaillés en partie haute et réunis au casier par des assemblages à mi-bois. Dans leur partie inférieure, ils sont maintenus par une croix tenonnée à chacune de ses extrémités, ceci afin de corriger la fragilité due à la courbure très prononcée du piétement.

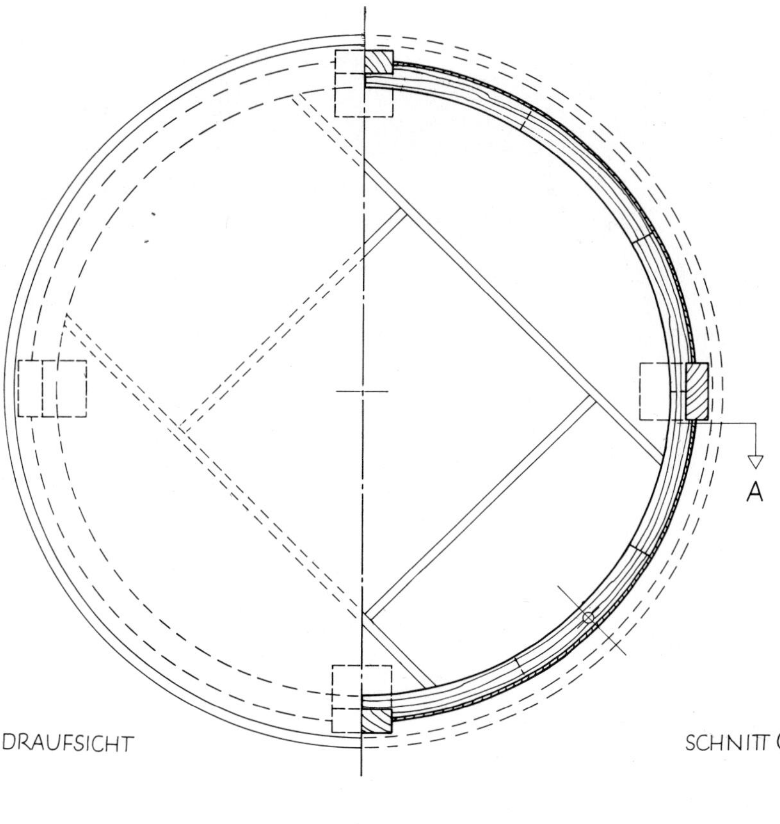

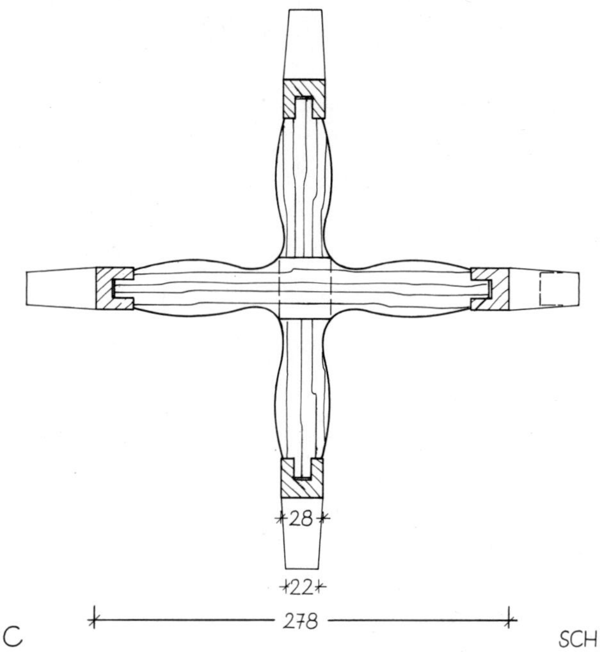

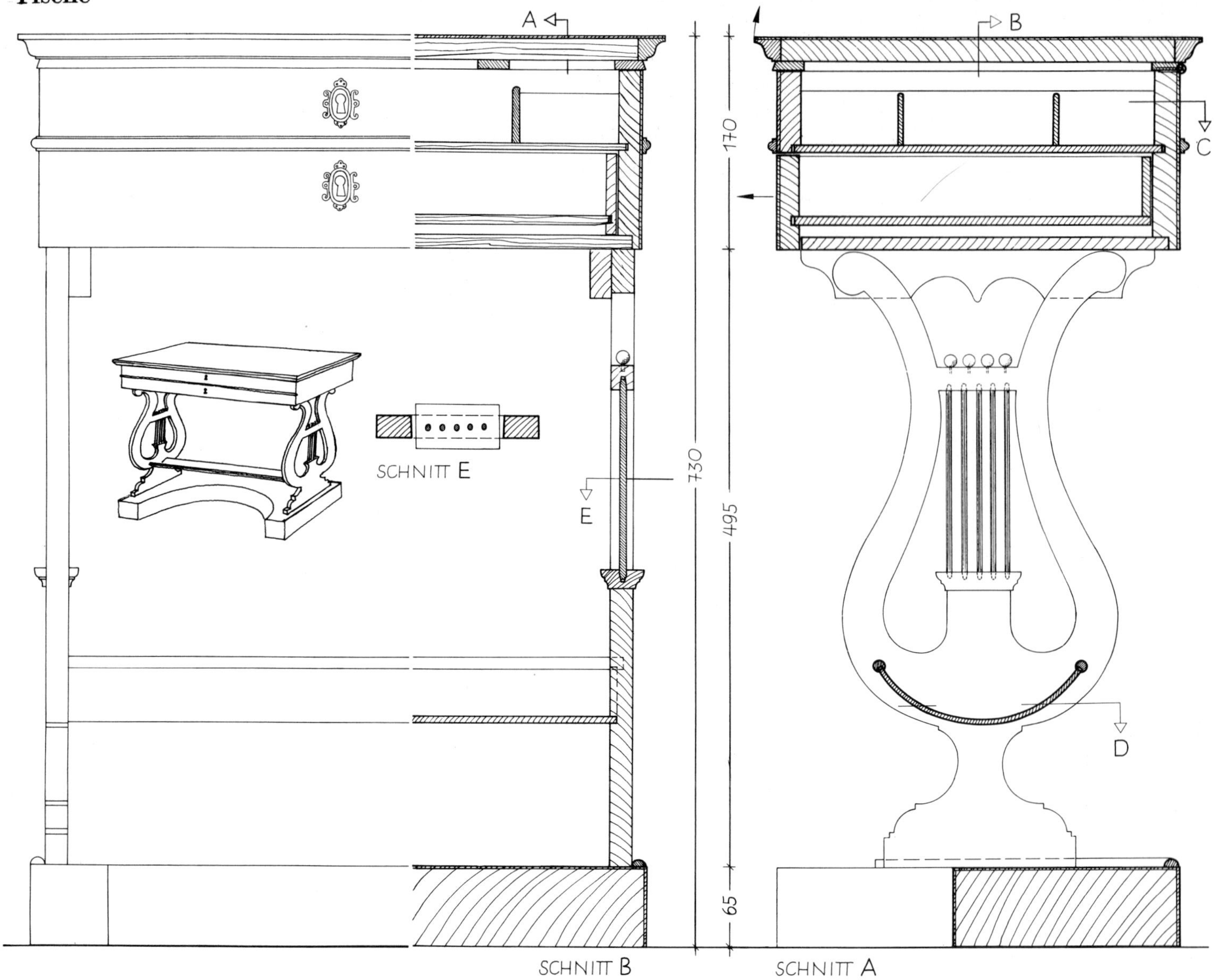

Norddeutscher Nähtisch, um 1830

Privatbesitz

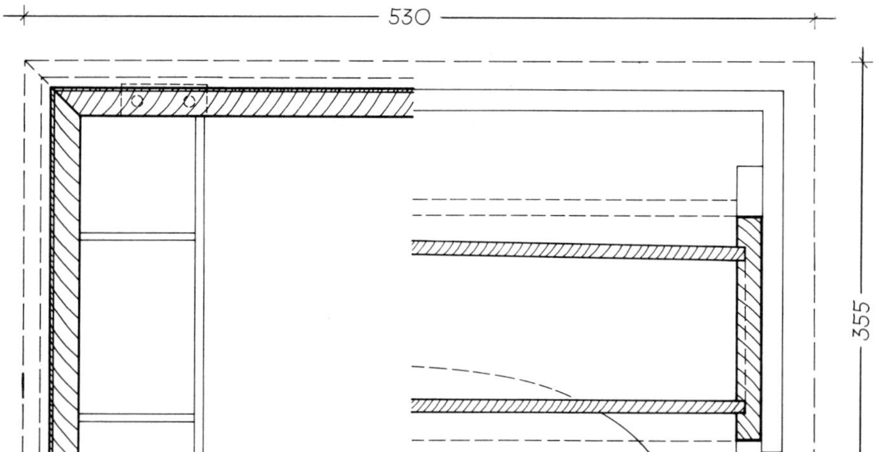

Zwei Lyren mit Metallstäbchen an Stelle der Saiten stehen auf einer starken Fußplatte und tragen den Kasten mit einer Schublade und einem von oben zugänglichen Fach.

Das Tischchen ist in Nußbaumholz gefertigt, Blindholzteile aus Fichte.

North German Sewing Table, about 1830

Two lyres with metal rods instead of strings are set in a thick base and support the box with one drawer and a compartment accessible from above.

The table is made of walnut and fir groundwork.

Chiffonnier de l'Allemagne du Nord, 1830 environ

Deux lyres dont les cordes sont figurées par des barreaux métalliques reposent sur un socle massif. Elles supportent un coffre plaqué, comportant un tiroir et un casier compartimenté accessible par l'ouverture du plateau.

Réalisation en noyer massif et placage de noyer sur bâti de sapin.

Tisch, Venedig, nach 1500 (?). Lose Platte auf Böcken

Venetian table, after 1500 (?), top movably seated on legs

Table de Venise, après 1500 (?). Plateau amovible sur des chevalets

Wangentisch, Toscana, nach 1500. Konstruktionsart ähnlich wie Zeichnung S. 137—139 L 2.93

Tuscan table, after 1500. Construction similar to drawings on pages 137 to 139

Table à éventail, Toscane, après 1500. Construction similaire aux plans pages 137-139

Tisch mit Balusterfüßen, Italien, nach 1600. In der Zarge zwei Schubladen L 3.25

Table with baluster legs, Italy, after 1600. Two drawers in the apron

Table à pieds en balustre. Italie après 1600. Deux tiroirs dans le châssis de plateau

Bauerntisch aus Kiefernholz mit Flachschnitt, Graubünden, 16. Jahrhundert. Die Tischplatte ist beweglich. Vergleiche Tischzeichnung Seite 144—146

Peasant table of pine-wood carved in low relief. Graubünden, 16th cent. Movable table top. Compare table drawings on p. 144 to 146

Table rustique en bois de pin ornée de bas-reliefs. Canton des Grisons, XVI-e siècle. Plateau amovible. Voir plans de tables p. 144—146

Tisch, süddeutsch, 16. Jahrhundert. H 0.75 Platte 1.24×1.09 Konstruktionsart wie Zeichnung S. 140, 141

South German table, 16th century. H 29½ in. Top 48¾ × 43 in. Construction similar to drawings on pages 140, 141

Table d'Allemagne du Sud, XVI-e siècle H 0.75 Plateau 1,24 × 1,09. Construction similaire aux plans pages 140/141

Nürnberg, Germanisches Nationalmuseum

Runder Tisch, süddeutsch, Ende 16. Jahrhundert. Tischplatte Kalkstein, flach geätzt

Round table, Southern Germany, end of 16th century. Movable lime-stone table top is etched

Table ronde. Allemagne du Sud, fin du XVI-e siècle. Plateau en pierre calcaire gravée à l'eau forte

München, Bayer. Nationalmuseum

Tisch mit massiven geschnitzten Standbrettern, Mittelitalien nach 1600

Table with carved legs of solid boards, Central Italy, after 1600

Table sur pieds de planches pleines disposées en étoile. Italie centrale, après 1600

Wangentisch, Toscana, erste Hälfte 16. Jahrhundert. Konstruktionsart wie Zeichnung S. 137--139. L 2.77

Tuscan table, first half of 16th century. L 2.77. Construction similar to drawings on pages 137 to 139

Table à éventail, Toscane, première moitié du XVI-e siècle. L 2.77. Construction similaire aux plans pages 137-139

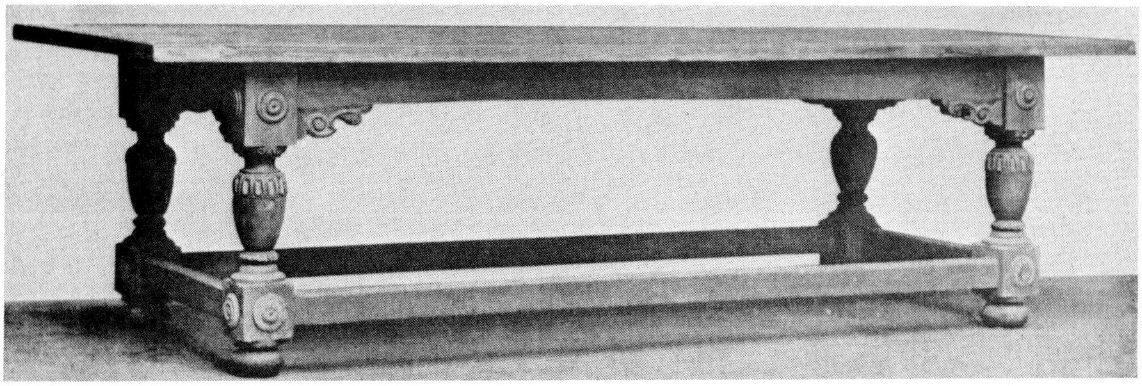

Nußholz-Tisch, Oberitalien, um 1600

Walnut table, Northern Italy, about 1600

Table en noyer, Italie du Nord, aux environs de 1600

H 0.83 B 3.00 T 1.07

Wangentisch mit Schubladen, Oberitalien, um 1600

Table with drawers, Northern Italy, about 1600

Table à éventail avec tiroirs, Italie du Nord, aux environs de 1600

Schragentisch, süddeutsch, 16./17. Jahrhundert. Burg Kreuzenstein. H. 0.76 Platte 1.18×1.25

Cross-legged table, Southern Germany, 16th/17th century H 30 in., Top 46½ × 49½ in.

Table à pieds croisés, Allemagne du Sud, XVI-e au XVII-e siècle. H 0,76, Plateau 1,18 × 1,25

Spieltisch aus Schloß Kirchberg von Hans Daniel Sommer mit Intarsien aus Horn, Schildpatt und Zinn, Künzelsau, 1666. Fußteil vgl. Zeichnungen S. 142/143

Card table from the Castle of Kirchberg, by Hans Daniel Sommer, with horn, tortoise-shell and tin inlays. Künzelsau, 1666. See drawings on pages 142/143 for leg construction

Table à jouer du Château de Kirchberg. Création Hans Daniel Sommer avec marqueteries en corne, écaille et étain. Kuenzelsau en 1666. Piètement voir plans pages 142-143

Neuenstein, Hohenlohe-Museum

Tisch, süddeutsch, zweite Hälfte 17. Jahrhundert

South German table, second half of 17th century

Table de l'Allemagne du Sud, seconde moitié du XVII-e siècle

H 0.81 B 1.03 T 0.62
Nürnberg, Bayer. Landesgewerbeanstalt

Ausziehtisch, mitteldeutsch, um 1700, Konstruktionsart wie Zeichnung S. 142/143

Extension table, Central Germany, about 1700, Construction similar to drawings on pages 142/143

Table à coulisses. Allemagne centrale, aux environs de 1700, Construction similaire aux plans pages 142/148

H 0.80 B 1.40 T 0.80
Nürnberg, Germanisches Nationalmuseum

Klapptisch, süddeutsch, Ende 17. Jahrhundert

Collapsible table, Southern Germany, end of 17th century

Table à abattants. Allemagne du Sud, fin du XVII-e siècle

H 0.83 B 1.04 T 0.56
Nürnberg, Germanisches Nationalmuseum

Schreibtisch mit Bandintarsien, Berlin um 1700

Writing desk with inlaid banding, Berlin, about 1700

Bureau orné de marqueteries en bandes. Berlin, aux environs de 1700

H 0.78 B 1.13 T 0.82
Berlin, Schloß Charlottenburg

Konsoltisch, geschnitzt und vergoldet, Frankreich, Anfang 18. Jahrhundert

Console table, carved and gilded, France, beginning of 18th century

Console sculptée et dorée. France, début du XVIII-e siècle

New York, Metropolitan Museum

Tisch mit Metalleinlagen, Paris, um 1700

Table with metal inlays, Paris, about 1700

Table de Paris au décor métallique. Paris, aux environs de 1700

Fontainebleau

Schreibtisch (Bureau plat) mit Metalleinlagen, Frankreich, um 1720

Escritoire with metal inlays, France, about 1720

Bureau plat au décor métallique. France, aux environs de 1720

London, Victoria and Albert-Museum

Geschnitzter Tisch, Platte mit Einlegearbeit. Paris, um 1720

Carved table, inlaid top, Paris, about 1720

Plateau sculpté à marqueteries. Paris aux environs de 1720

Bruxelles, Musée du Cinquantenaire

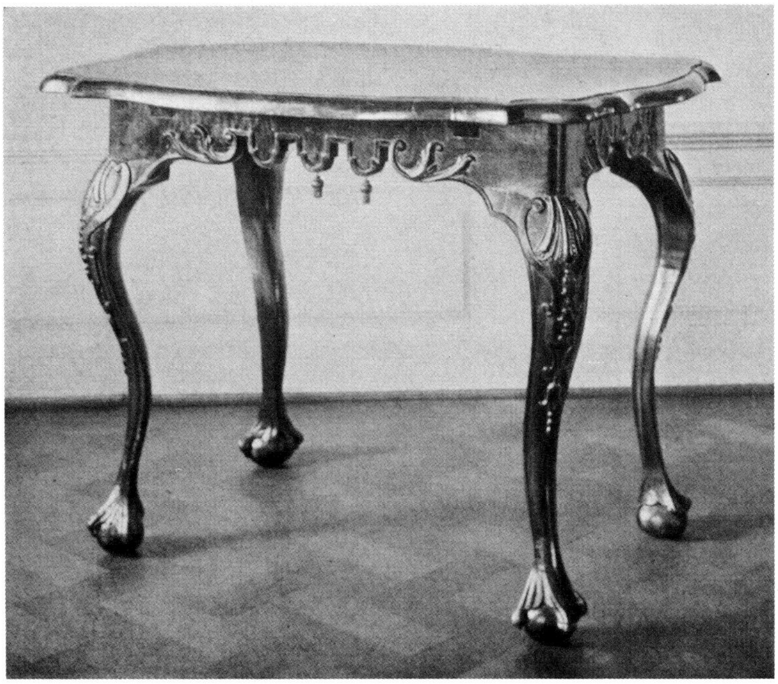

Tisch, süddeutsch, um 1720

South German table, about 1720

Table de l'Allemagne du Sud, aux environs de 1720

H 0.79 B 1.01 T 0.70

Schloß Laupheim

Kleiner Tisch, Franken, erste Hälfte 18. Jahrhundert

Small Frankonian table, first half of 18th century

Petite table de Franconie. Première moitié du XVIII-e siècle

H 0.70 B 0.65 T 0.38

Schloß Pommersfelden

Für die Fußkonstruktion vergleiche die Zeichnungen S. 96—101

See drawings on pages 96 to 101 for leg constructions

Pour les constructions des pieds, voir également les plans reproduits aux pages 96-101

Tisch, Paris, um 1710

Table from Paris, about 1710

Table de Paris, aux environs de 1710

Paris, Musée des Arts Décoratifs

Spieltisch aus Mahagoniholz. Aufgeklappt liegt die Platte auf dem beweglichen Fuß. Holland, um 1740

Mahogany card tables. A gateleg supports the folding top. Holland, about 1740

Table à jouer en acajou. Le plateau rabattu repose sur le pied mobile. Hollande aux environs de 1740

Konsoltisch aus der Werkstatt von Nahl, um 1760

Wall table from the workshop of Nahl, about 1760

Console originaire des ateliers du maître Nahl, aux environs de 1760

H 0.90 B 1.14 T 0.51
Schloß Wilhelmsthal bei Kassel

Spieltisch, Franken, Mitte 18. Jahrh.

Card table, Frankonia, middle of 18th century

Table à jouer de Franconie, aux environs de 1750

H 0.78 B 1.20 T 0.90
Schloß Greifenstein

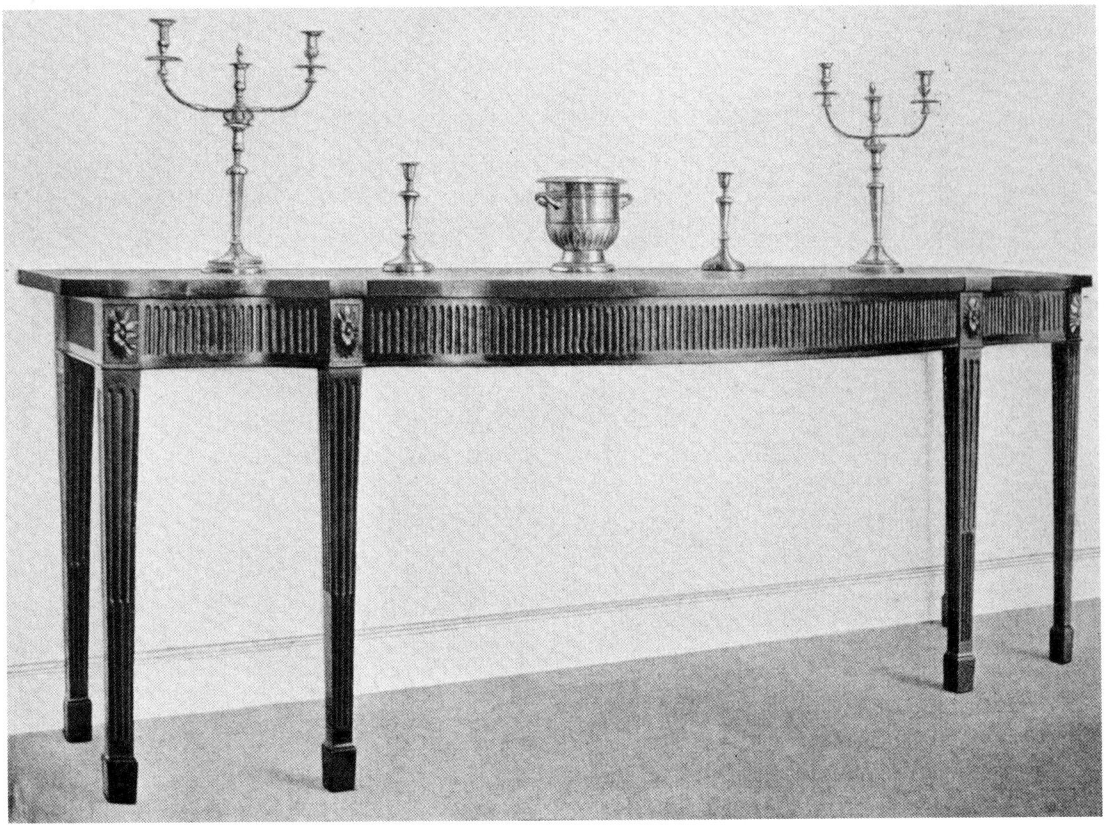

Adam Wandtisch, England, um 1770

Adam wall table, England, about 1770

Table murale d'Adam, Angleterre aux environs de 1770

Queen Anne Tisch, England, Anfang 18. Jahrhundert

Queen Anne table, England, beginning of 18th century

Table Queen Anne. Angleterre, début du XVIII-e siècle

Arbeitstischchen (Table à ouvrage) aus Ebenholz mit Lackarbeit, Frankreich, um 1780

Ebony side table, painted decoration, France, about 1780

Table à ouvrage en ébène, décor verni. France, aux environs de 1780

Später Sheratontisch, England, um 1800

Table from the late Sheraton period, England ab. 1800

Table de la dernière époque Sheraton. Angleterre aux environs de 1800

Klapptisch im Sheratonstil, London, Ende 18. Jahrhundert

Sheraton drop-leaf table, London, end of 18th century

Table pliante style Sheraton. Londres, fin du XVIII-e siècle

Konsoltisch aus vergoldetem Holz mit Marmorplatte, Frankreich, Ende 18. Jahrhundert

Console table of gilded wood with marble top, France, end of 18th century

Console en bois doré avec plateau en marbre. France, fin du XVIII-e siècle

Halbmondkonsole, Frankreich, um 1790

Crescent console, France, about 1790

Console en demi-lune. France aux environs de 1790

Berlin, Ehem. Staatl. Museen

Tisch aus Ebenholz mit Mosaikplatte, Martin Carlin, Paris, um 1770

Ebony table with mosaic top, Martin Carlin, Paris, about 1770

Table en ébène, plateau en mosaïque. Création Martin Carlin. Paris aux environs de 1770

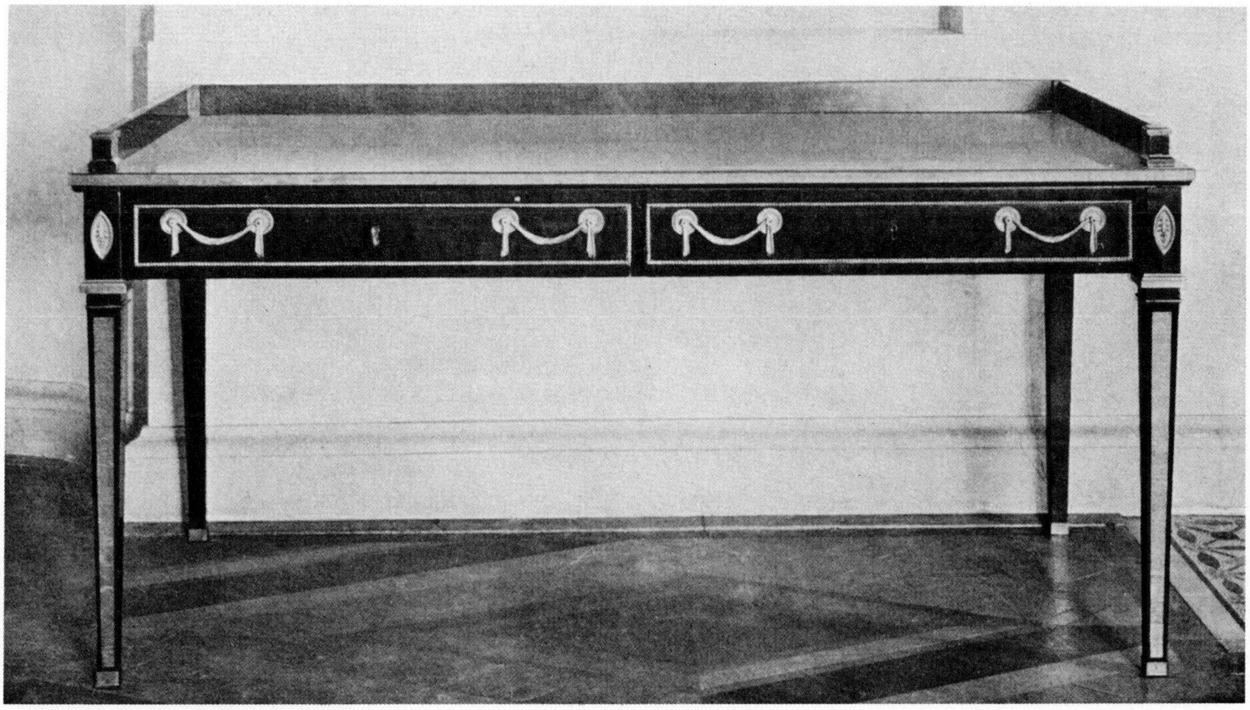

Schreibtisch aus dem Marmorpalais bei Potsdam, Schule Roentgen, um 1790

Writing desk from the Marble Palace near Potsdam, school of Roentgen, about 1790

Bureau du Palais de Marbre de Potsdam. École de Roentgen, aux environs de 1790

Kleiner Tisch mit vergoldeten Bronzebeschlägen, Paris, um 1770

Small table with gilded bronze hardware, Paris, about 1770

Petite table aux garnitures en bronze doré. Paris aux environs de 1770

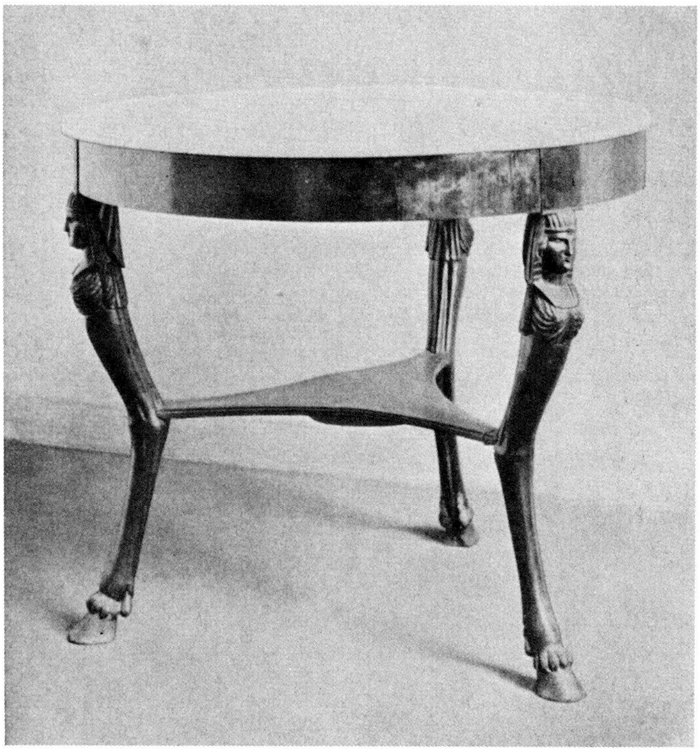

Runder Tisch, süddeutsch, um 1800

Round table, Southern Germany, about 1800

Table ronde, Allemagne du Sud, aux environs de 1800

Zur Konstruktion runder Tischzargen vergleiche Zeichnungen und Text S. 147

See drawing and text on page 147 for the construction of round table aprons

Quant à la construction des châssis ronds de plateaux, voir également les plans et le texte reproduits à la page 147

Tisch aus dem Marmorpalais bei Potsdam, norddeutsch, erstes Drittel 19. Jahrhundert. Eingelegte Marmorplatte

Table from the Marble Palace near Potsdam, Northern Germany, first third of 19th century. Inlaid marble top

Table du Palais de Marbre près Potsdam, Allemagne du Nord, premier tiers du XIX-e siècle. Plateau en marbre à ornements encastrés

Tische, Süddeutschland, um 1820

South German tables about 1820

Tables provenant de l'Allemagne du Sud, aux environs de 1820

Stuhl aus Mittel-Norwegen, nordisch-romanisch
Universität Oslo

Chair from central Norway, Scandinavian romanesque, University of Oslo

Chaise de la Norvège centrale, style nordique-roman, Université d'Oslo

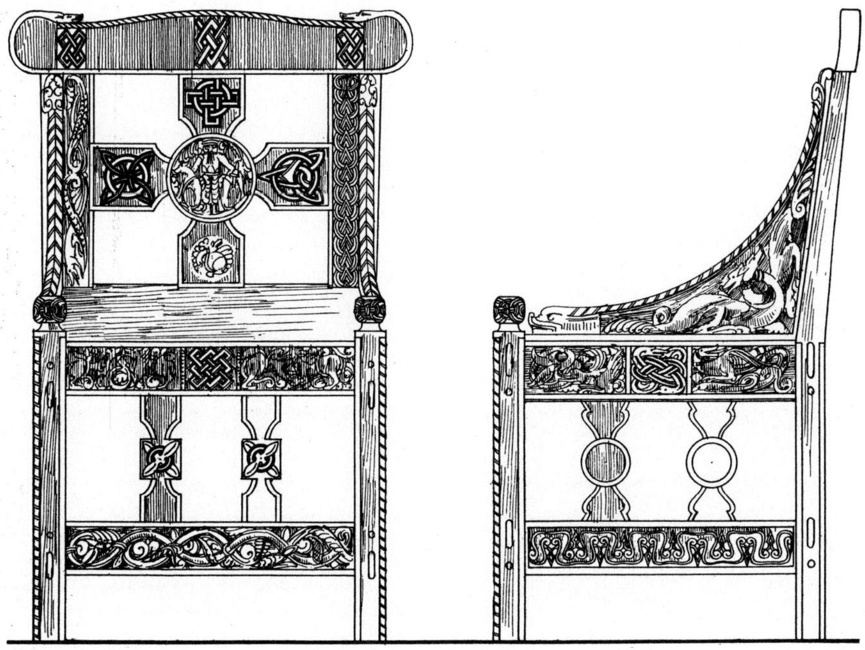

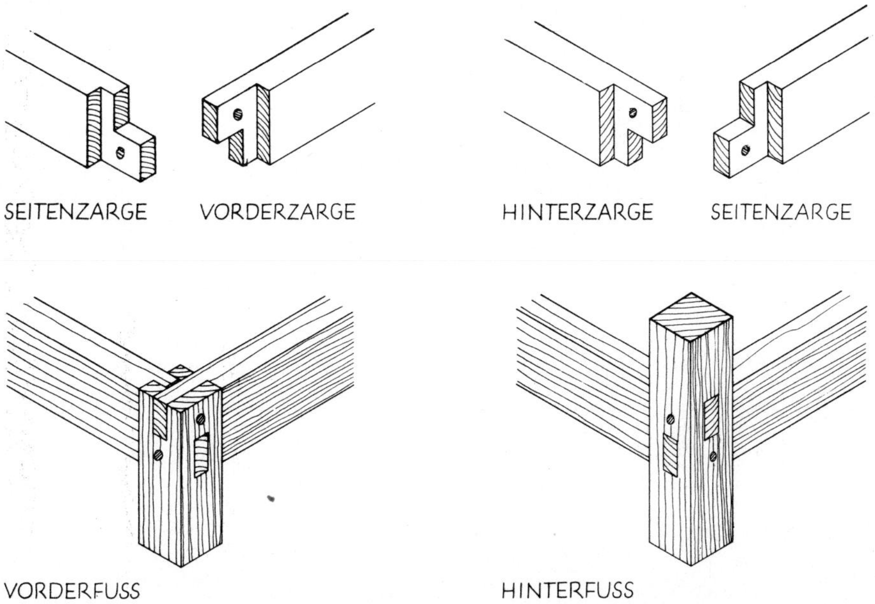

Seitenzarge	Side apron	Traverse latérale de la ceinture
Vorderzarge	Front apron	Traverse avant
Hinterzarge	Rear apron	Traverse arrière
Vorderfuß	Front leg	Pied avant
Hinterfuß	Rear leg	Pied arrière

Abgesehen von Klappstühlen, Brettschemeln und anderen einfachen Konstruktionen werden bei Stühlen und Sesseln die Füße ringsum durch Zargen verbunden.

Schon bei romanischen Stühlen finden wir, daß die Zapfen in halber Zargenbreite durchgestemmt und mit Holznägeln verbohrt oder auch verkeilt sind. Wie die Zeichnung zeigt, gehen die Zapfen über Kreuz durch den ganzen Fuß durch. Bei den damals sehr breiten Zargen wurden die Zapfen oft sogar verkeilt und verbohrt. Als später die Zargen schmaler wurden, verkeilte man die Zapfen, weil man sie durch Verbohren zu sehr geschwächt hätte. In der Renaissance war es bereits allgemein gebräuchlich, die Zapfen nicht mehr durchzustemmen, sondern sie unsichtbar zu verkeilen. Das Zapfenloch wurde dazu unterstemmt, so daß es nach innen wie ein Schwalbenschwanz breiter wurde. Zapfenlange Keile wurden mit ihrer Spitze in den Zapfen gestellt und preßten ihn beim Zusammenschlagen auseinander. Erst später führte es sich ein, die Zapfen an der Spitze auf Gehrung zu schneiden. Sie konnten jetzt in voller Zargenhöhe ausgeführt werden; beim Vorderfuß hielt man sie meist schmaler, um über den Schlitzen noch Holz stehen zu lassen (vgl. S. 172, 173).

With the exception of collapsible chairs, rustic chairs and other simple constructions, the legs of chairs and easy-chairs are joined with rails below the seat.

Even in ancient Romanesque chairs we find the wood-peeged or wedged through mortise and tenon joint of half rail width. The drawing shows that the tenons are cross-mortised right through the leg. The rails of that time were of considerable width and frequently the tenon and mortise joints were both wedged and wood-pegged. As the rail width was reduced later on, the joints were wedged because pegging would have weakened the joints too much. In the renaissance period it was usual to use blind-wedged mortise and tenon joints instead of the through mortise and tenon. The mortise was cut slightly fan-shaped to accommodate the butt ends of the wedges. The wedges of tenon length were inserted into the tenons with their pointed ends and as the tenons were forced into the mortises the tenons were firmly wedged in place. It was not until far later that the mitered mortise and tenon joint was introduced. The joints could then be made of complete rail width though narrower tenons were frequently used for the front legs to retain some wood abvoe the mortises (compare page 172, 173).

En général, les pieds d'une chaise ou d'un fauteuil sont reliés par des traverses qui constituent la ceinture de siège. Il n'y a que les chaises pliantes, les escabeaux et d'autres meubles simples qui soient dépourvus de ceinture.

Sur les sièges romains, on trouve déjà des tenons chevillés traversant le pied sur la moitié de l'épaisseur de la ceinture. Le plan ci-contre le démontre. Dans les anciens châssis de siège dont la ceinture était très large, les tenons étaient à la fois clavetés et chevillés. Par la suite, la ceinture devenant moins large, on se bornait à cheviller l'assemblage qui eut été trop affaibli par les deux opérations. Sous la Renaissance, il était courant de ne pas faire traverser les pieds de siège par les tenons de la ceinture, mais de les claveter d'une manière invisible. La mortaise était légèrement façonnée en queue d'aronde, ensuite on enfonçait légèrement un coin à l'extrémité d'un tenon fendu et l'on assemblait. Le tenon venait s'ouvrir sur le coin et prenait la forme de la mortaise à queue d'aronde. En France, cet assemblage s'appelle «tenon à l'allemande».

Ce n'est que plus tard qu'on adopta l'assemblage de ceinture sur toute la hauteur, grâce à une coupe d'onglet des extrémités des tenons qui évitait de les faire chevaucher. Les assemblages des pieds frontaux se faisaient moins larges pour avoir une mortaise fermée.

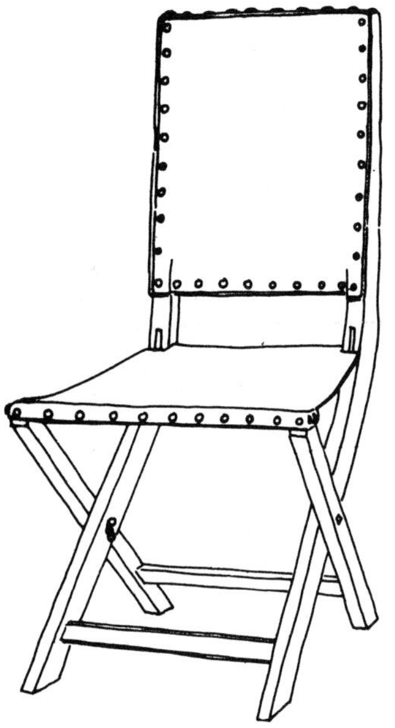

Italienischer Klapplehnstuhl, 16. Jahrhundert

Privatbesitz

Die Konstruktion ist denkbar einfach. Zwei verschieden breite Fußpaare aus Buchenholz sind als geschlitzte Rahmen ausgebildet, über Kreuz ineinander gesteckt und am Schnittpunkt mit Flügelschrauben zusammengehalten. Auf den waagrecht liegenden oberen Querfriesen ist der gefütterte Ledersitz befestigt. Die Rückenlehne besteht ebenfalls aus einem gepolsterten und mit Leder bezogenen Rahmen. Seine senkrechten Schenkel sind mit Schlitz und Zapfen auf das innere Fußpaar gesteckt und zusätzlich von den durchgesteckten und verkeilten Zapfen des Querfrieses gehalten.

Italian Collapsible Chair, 16th century

This chair is of very simple construction. Two pairs of beech legs of different width are constructed as mortise and tenon frames, assembled across and secured by butterfly screws at the intersection. The upper cross rails carry the stuffed leather seat. The back also consists of a padded and leather-covered frame. The vertical frame members are mortise and tenon jointed to the inside pair of legs. In addition, they are secured by the cross rail tenons plugged through the vertical members and wedged.

Chaise pliante originaire de l'Italie, XVI-e siècle

Il s'agit d'une construction des plus simples. Deux paires de pieds en hêtre de largeur différente forment des cadres dont les membrures fendues s'emboîtent l'une dans l'autre en forme de croix. Elles sont assemblées aux points d'intersection avec des boulons à ailettes. Le siège rembourré et revêtu de cuir est fixé sur les membrures supérieures transversales. Le dossier est également constitué par un cadre rembourré et garni de cuir. Les tenons de ses montants verticaux sont emmanchés dans les fentes des pieds intérieurs et, en plus, soutenus par les tenons de la traverse qui passent par les bouts inférieurs des montants du dossier où ils clavetés.

Gesamthöhe	Overall height	Hauteur totale	108 cm
Sitzhöhe	Height of seat	Hauteur du siège	50 cm
Sitztiefe	Depth of seat	Profondeur du siège	38 cm
Breite	Width	Largeur	50 cm

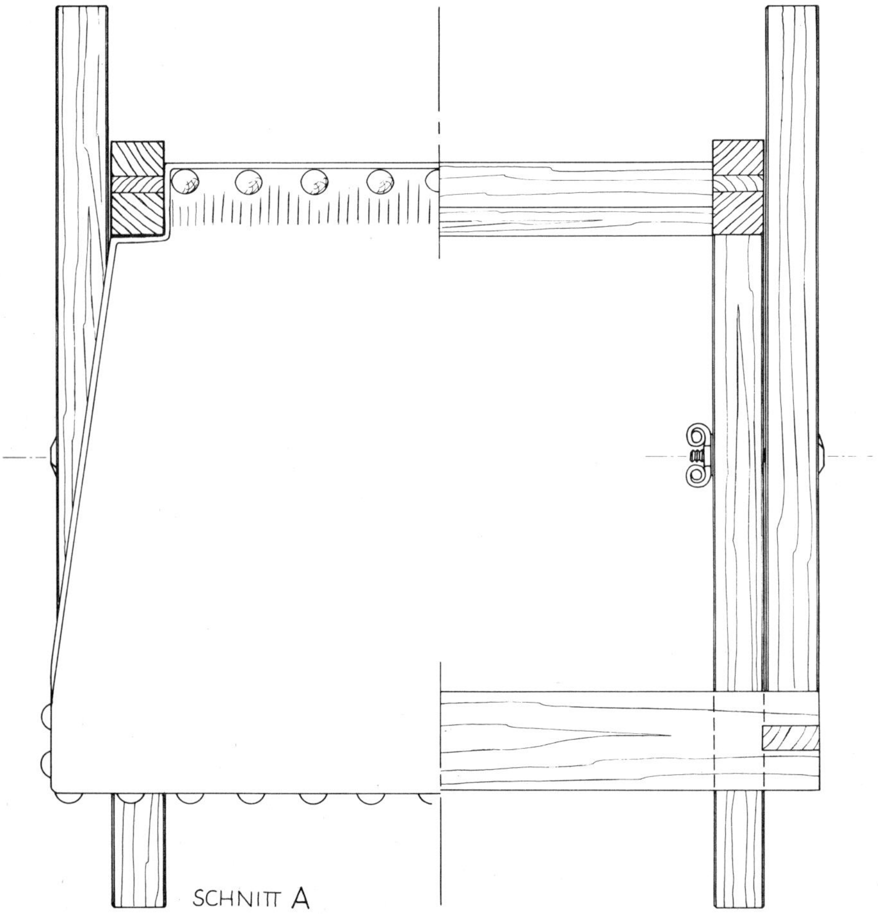

Brandstempel auf der Rückseite
Bradn mark in back
Cachet pyrogravé au dos

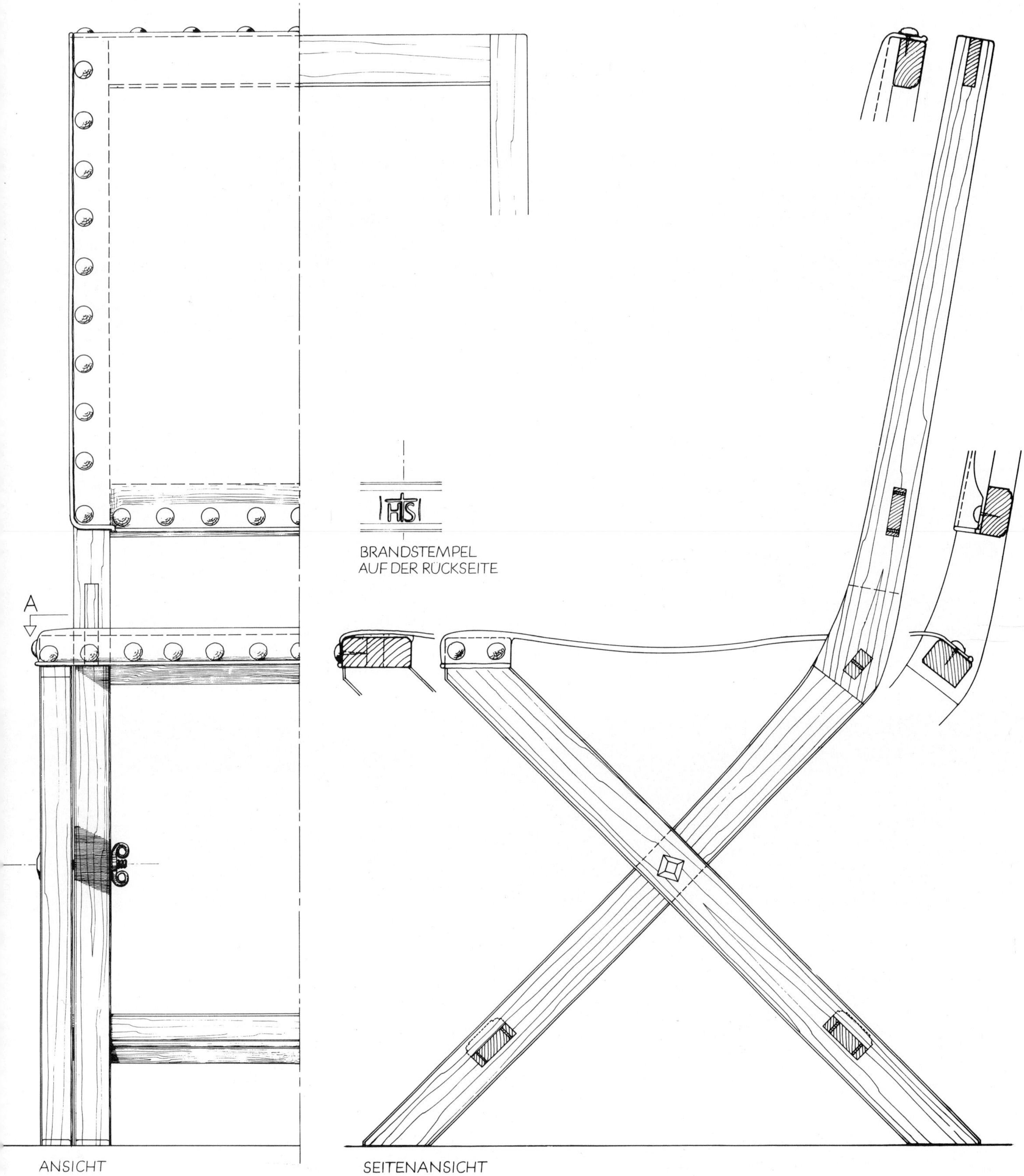

Süddeutscher Brettschemel, 18. Jahrhundert

Schloß Heiligenberg

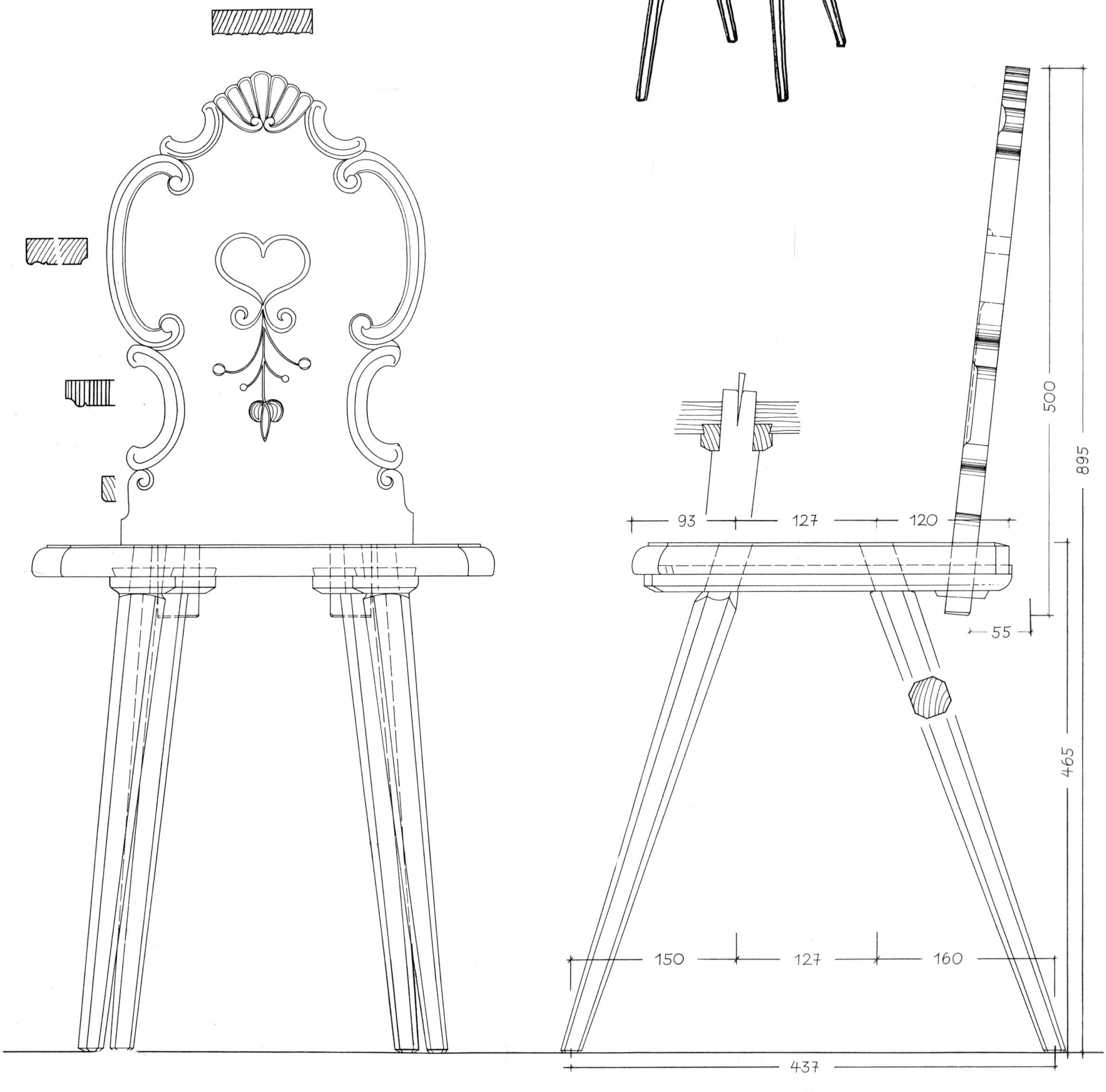

Seit dem 17. Jahrhundert sind einfache Holzschemel mit reich geschnitzter Lehne vor allem in ländlichen Gebieten beliebt. Der hier gezeigte Stuhl ist in Eichenholz ausgeführt. Seine achtkantigen, nach unten zugespitzten Beine sind oben angedreht, durch die Gratleisten in den Sitz eingebohrt und von oben verkeilt. Damit der auf diese Weise abgesperrte massive Sitz nicht reißt, werden die Beine möglichst weit in der Mitte eingebohrt. Um die Standfestigkeit des Stuhls zu erhöhen, werden sie sehr schräg eingesetzt. Die Lehne, die mehr oder weniger reich geschnitzt und durchbrochen ist, wird mit zwei Zapfen ebenfalls in den Sitz gesteckt und auf der Unterseite verkeilt.

Stühle dieser Art wurden vermutlich vom Wagner hergestellt. Ihre Bauart, zu der außer dem Holz kein anderes Material benötigt wird, entspricht durchaus den Gepflogenheiten dieses Handwerks. Wie für Wagenspeichen oder Leitersprossen wird das Holz für die Stuhlbeine gespalten. Anspruchsvollere Stühle dieser Konstruktion fertigte der Tischler gemeinsam mit dem Drechsler und dem Holzbildhauer an.

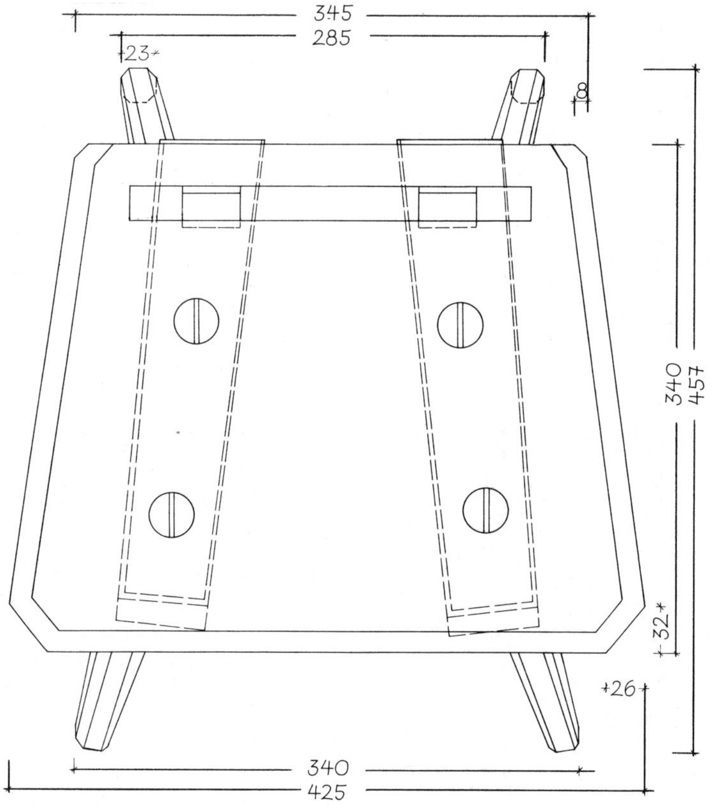

South German Rustic Chair, 18th century

This type of simple chair with lavishly carved back has been a popular article of furniture ever since the 17th century, especially in rural regions. The chair pictured on this page is made of oak. The tapered octagonal legs are turned on top, plugged through the dovetail dado rails and the seat, and wedged from above. To prevent splitting of the solid seat, the legs are secured close to the center. They are splayed at a wide angle for increased steadiness. The back with more or less rich ornamentation is attached to the seat with two keyed tenons.

Chairs of this type were probably made by cartwrights. Their construction, based exclusively on wood, is characteristic of that handicraft. Like for spokes or rungs the wood for the chair legs is cleaved. The more luxurious chairs of this type were made by the cabinetmaker in co-operation with the turner and wood-carver.

Chaise rustique du Sud de l'Allemagne, 18 ème siècle

Les chaises rustiques à dos massif decoupé et sculpté sont très répandues à la campagne depuis le 17 ème siècle. Ce modèle-ci est en chêne. Les pieds, de section octogonale, sont gainés et emmanchés par tenons tourillonés à travers le plateau de siège et la traverse correspondante. Chaque tenon fendu est bloqué dans son logement par une languette forcée introduite par le haut. Le plateau de siège étant en bois massif, on a reculé le plus possible vers le centre les assemblages des pieds, afin d'éviter les amorces de fendillement. La forte inclinaison des pieds donne à ce modèle une grande stabilité. Son dossier sculpté et évidé est assemblé au siège par deux tenons clavetés.

Il est probable que les charrons assuraient la fabrication de ces sièges, dont la technique de construction s'apparente à celle des roues de charette. Les chaises de fabrication plus bourgeoise étaient faites par des ébénistes, en coopération avec un tourneur ou un sculpteur sur bois.

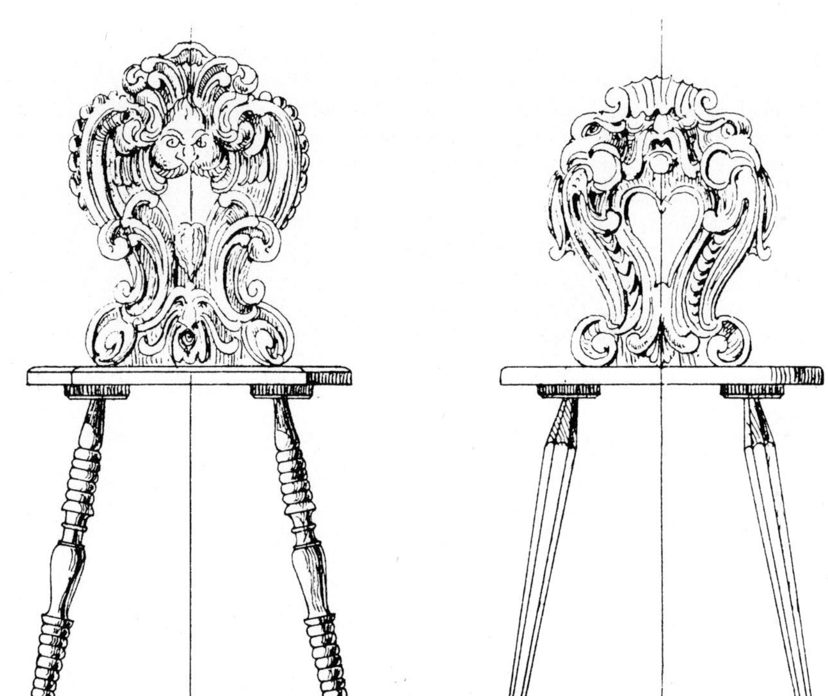

Deutsche Stühle, Anfang 17. Jahrhundert

German rustic Chairs, beginning 17th century

Chaises rustiques de l'Allemagne début du XVII-e siècle

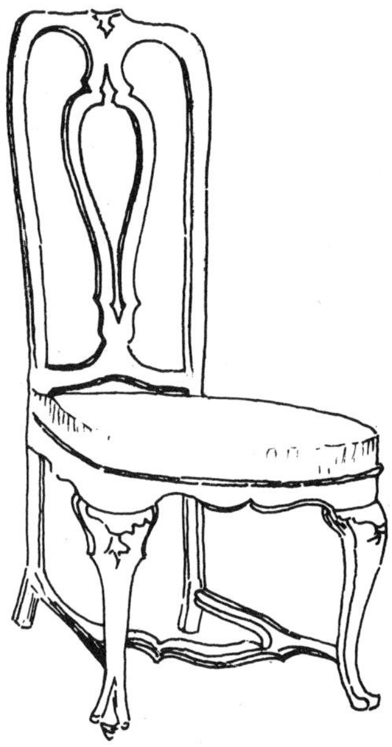

Schnitt	Section	Coupe
Hinterzarge verkeilt	Back apron wedged	Traverse arrière dorsale clavetée
Gobelin	Gobelin	Tapisserie

Aachener Stuhl, Mitte des 18. Jahrhunderts

Schloß Heiligenberg

Die Hauptmerkmale einer Stuhlkonstruktion liegen in der Verbindung der Zargen mit den Füßen. Bei diesem Stuhl aus Nußbaumholz ist sie in üblicher Weise gezapft. Der schön geformte Vorderfuß hat oben reichlich Holz, um die Zapfen aufzunehmen. Die Aussteifungsecken unter den Zargen sind gleichzeitig formbedingt. Die Lehne ist an ihren Einzelteilen mit Fasen versehen, dadurch erscheint sie besonders schlank. Das hintere Bein ist nur wenig geschweift, damit noch ein Teil der Holzfaser in der Längsrichtung durchläuft. Der ins Untergestell eingezapfte Steg nimmt den Druck von allen Seiten auf und entlastet die Verzapfung der Zargen.

Das Ornament ist bei diesem Stuhl zurückhaltend behandelt: Nur das Querstück der Lehne ist durch eine leichte Schnitzerei belebt, und wo der Vorderfuß an der Zarge eine starke Holzmasse aufweist, ist er mit leichtem Ornamentwerk versehen.

Aachen Chair, middle of 18th century

The principal characteristics of a chair construction are the leg and rail joints. In this chair it is a traditional mortise and tenon joint. The elegant cabriole and clawfoot legs are thick enough on top to receive the tenons. The corner blocks are an indispensable formal element in this chair. The back posts, top slat and bannister have beveled edges which give the back a slender appearance. The back post is almost straight to retain some of the longitudinal grain throughout the post. The tenoned stretchers absorb the pressure from all sides and relieve the rail tenons.

There is little ornament on this chair. Only the center back rail and the front legs are decorated with few carved ornaments where they are joined to the rails.

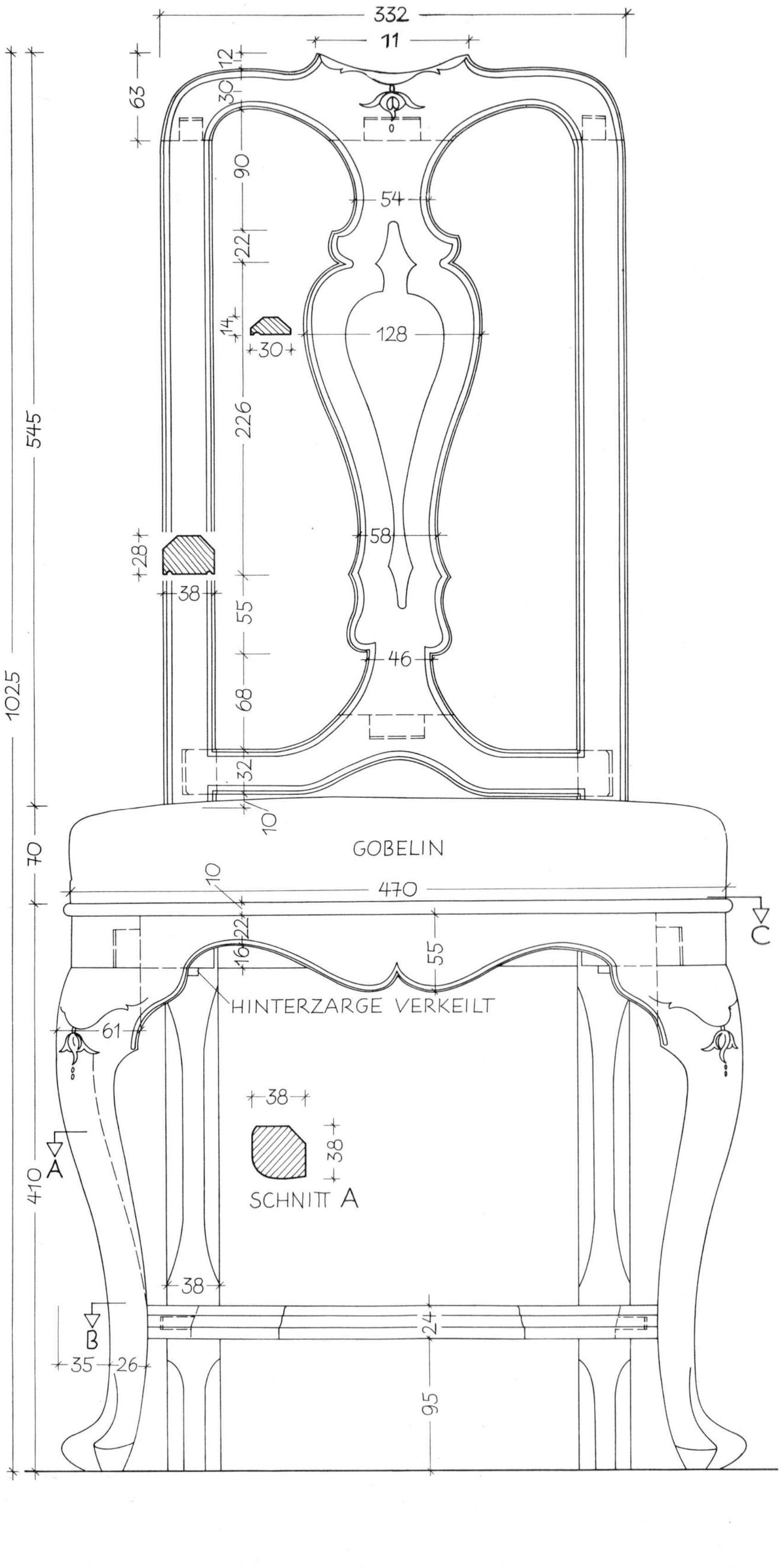

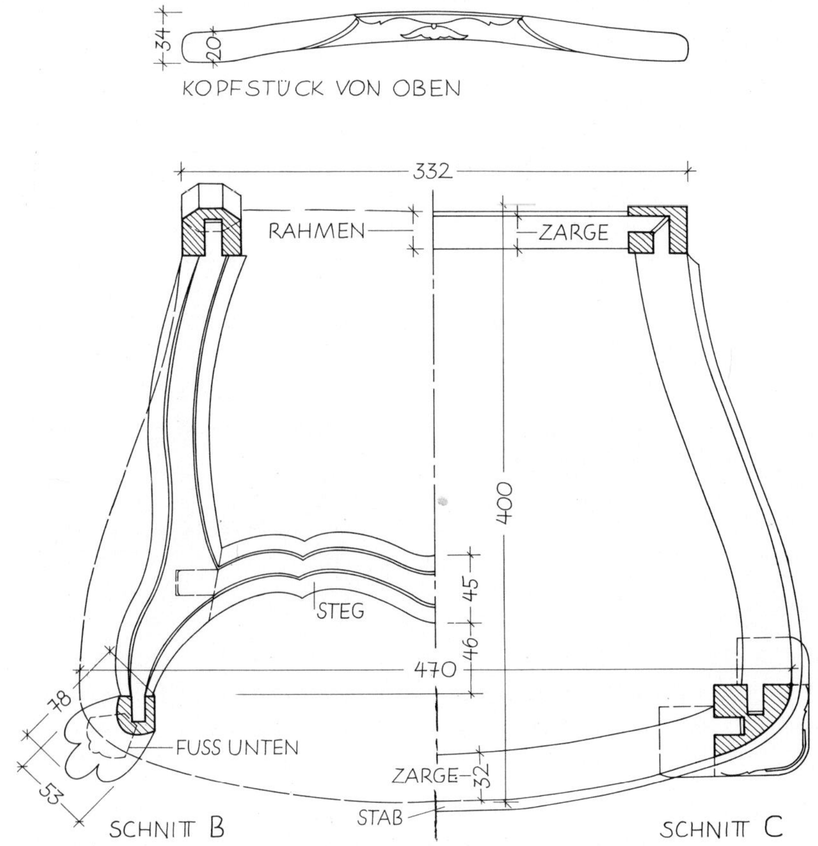

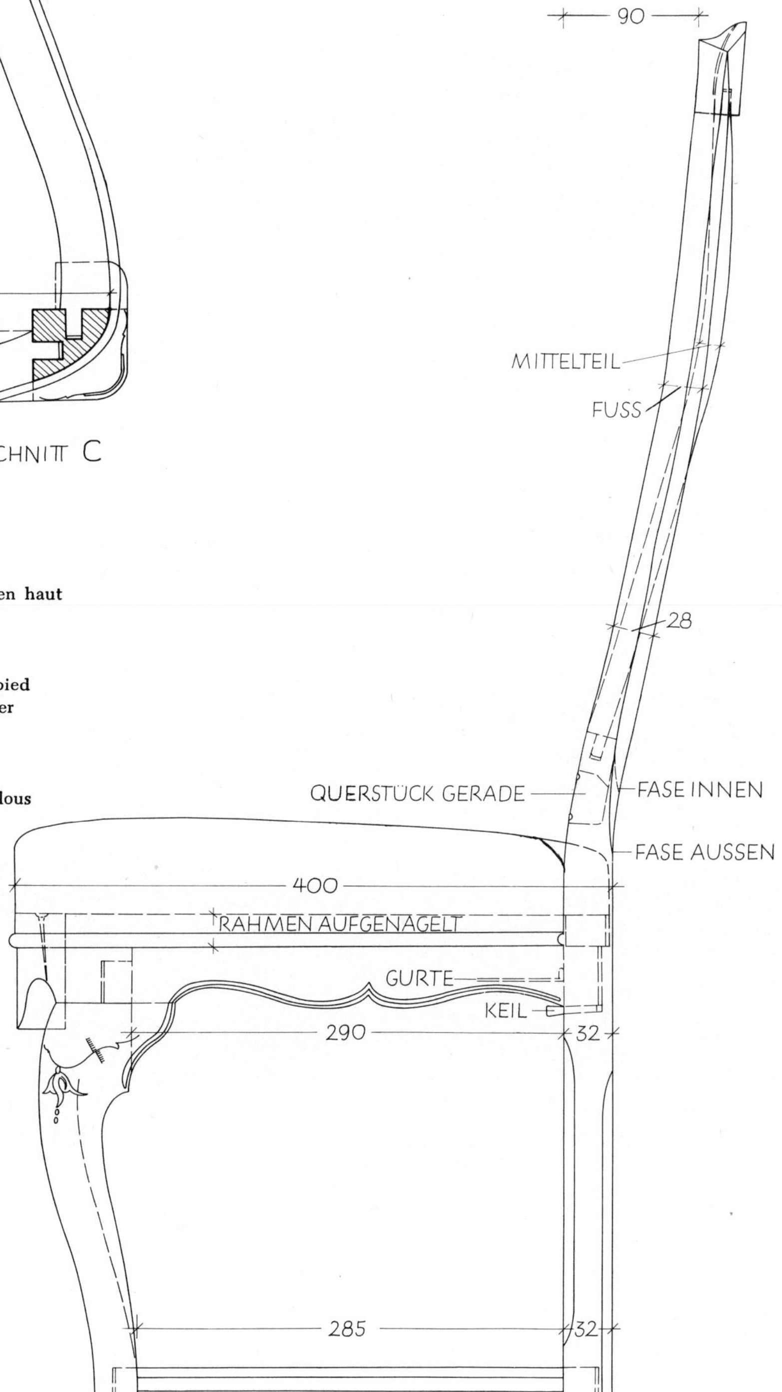

Schnitt	Section	Coupe
Kopfstück von oben	Headboard from above	Tête du dossier vue d'en haut
Rahmen	Frame	Châssis
Zarge	Apron	Traverse
Steg	Upper back rail	Entretoise
Fuß unten	Leg, below	Partie inférieure d'un pied
Mittelteil	Middel part	Partie centrale du dossier
Fase innen	Bevel, inside	Chanfrein intérieur
Fase außen	Bevel, outside	Chanfrein extérieur
Querstück gerade	Crossrail, straight	Traverse rectiligne
Rahmen aufgenagelt	Frame, secured with nails	Châssis fixé avec des clous
Gurte	Straps	Sangles
Keil	Wedge	Cale

Chaise d'Aix la Chapelle, 1750 environ

Ce modèle est caractérisé par une ceinture de siège qui assemble les pieds entre eux et dont le principe est très classique. La partie supérieure des pieds frontaux est très largement dimensionnée pour recevoir les tenons correspondants de la ceinture. Des coins de renforcement augmentent la solidité de ces assemblages. Les pièces qui constituent le dossier sont chanfreinées et lui donnent un caractère animé. Les pieds arrières ont un très léger renvoi de sorte que le fil du bois n'est pas tranché, ce qui leur donne une meilleure solidité. Un jeu de traverses basses tenonnées relie les pieds entre eux et augmente leur rigidité, soulageant ainsi les assemblages de la ceinture.

Les ornements de cette chaise sont très sobres. Seul le haut du dossier et des pieds frontaux sont animés d'une légère sculpture.

Westdeutscher Armlehnsessel, Mitte 18. Jahrhundert

Schloß Heiligenberg

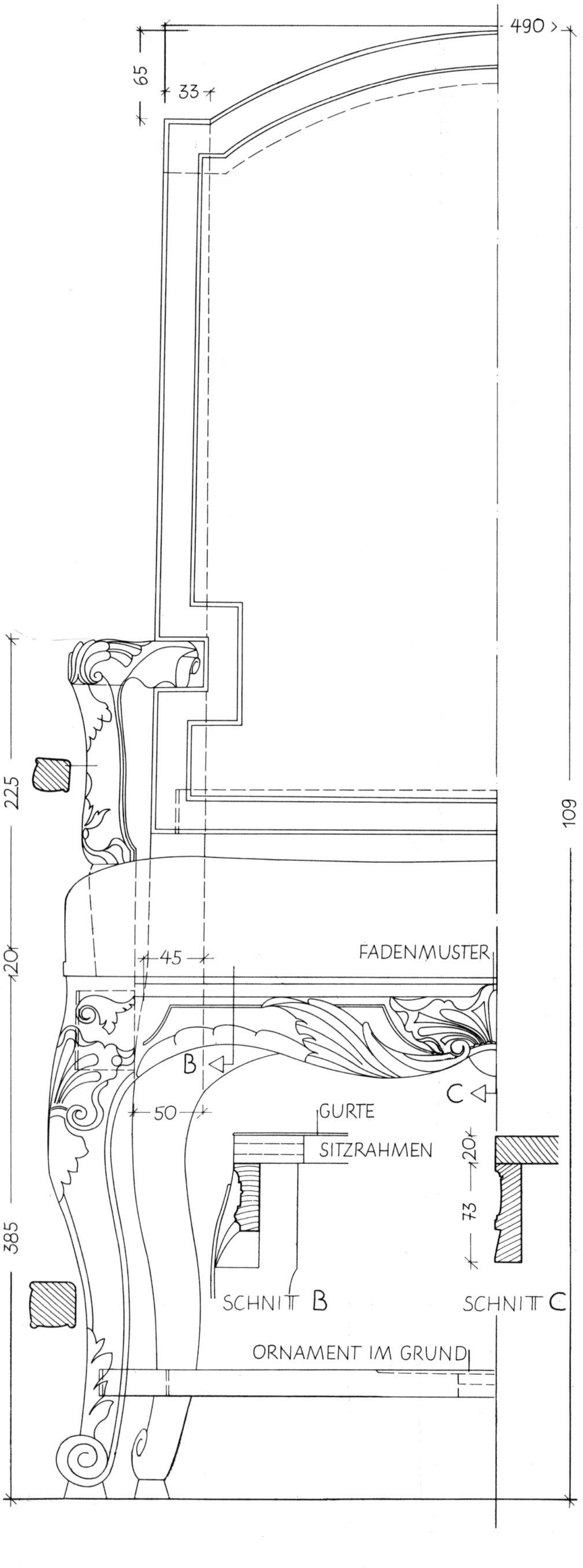

Die Holzverbindungen eines Armlehnsessels sind kaum anders als die eines Stuhles. Dieser Sessel ist aus Birkenholz. Er hat einen geschweiften Kreuzsteg, der bei seitlichem Druck nicht starr bleibt, sondern elastisch mitschwingt. Die Überplattung der Stegteile ist verleimt und wird durch Holznägel gehalten. Die Zapfen der Zargen sind in mehr als Dreiviertelbreite mit Gehrungsspitze gearbeitet und mit Holznägeln verbohrt.

Der zusammengeschlitzte Sitzrahmen ist an den Hinterfüßen ausgeklinkt und auf die Zargen geleimt; dies gibt dem Sessel noch zusätzlichen Halt. Die Armlehne liegt auf einer an der Seitenzarge befestigten Stütze. Bei vielen Sesseln wird sie vom Vorderfuß aufgenommen.

West German Arm Chair, middle of 18th century

The joints in arm chairs are hardly different from those in normal chairs. This is a birch-wood chair. It has curved cross stretchers which resiliently absorb lateral pressure. The cross lap of the stretchers is glued and wood-pegged. The rails are secured to the legs with mitered mortise and tenon joints. The tenons are of almost rail width and are wood-pegged.

The mortise and tenon jointed seat frame is notched at the rear corners and glued to the rails for added stability. The arm rails are not, as in many chairs, supported on the front legs but rest on arm stumps secured to the side rails.

Fauteuil originaire de l'Allemagne Occidentale, 1750 environ

Le principe de montage de ce fauteuil se distingue à peine de celui d'une chaise courante. Ce modèle est réalisé en bouleau. Le croisillon du pied est d'une rigidité relative; il est assemblé à mi-bois, en son centre, collé et chevillé. Les tenons des traverses de ceinture sont taillés en onglet sur plus des trois quarts de leur longueur et chevillés à l'aide de chevilles de bois.

Un cadre assemblé à enfourchement, encoché à ses quatre angles et qui constitue le fond de siège, augmente la rigidité de la ceinture à laquelle il est collé. Les bras de ce fauteuil sont assemblés d'une part à la traverse latérale d'autre part au montant arrière. Il existent de nombreux autres modèles dont les bras sont associés aux pieds frontaux.

Schnitt	Section	Coupe
Fadenmuster	Thread pattern	Dessin en filets
Gurte	Straps	Sangles
Sitzrahmen	Seat frame	Châssis de siège
Ornament im Grund	Ornaments in ground	Ornements de fond

Schnitt	Section	Coupe
Ansicht von oben	Top view	Vue d'en haut
Ansicht von innen	Inside view	Vue (de dedans) intérieure
Ansicht von außen	Outside view	Vue extérieure
Steg überplattet	Lapped rail	Entretoise chevauchée
Holznägel	Wood pegs	Chevilles en bois
Sitzrahmen	Seat frame	Châssis du siège
Zarge	Apron	Traverse
Polsterklotz	Corner brace	Bloc rembourré
Schlitz	Open mortise	Fente
Armlehnenstütze	Arm rest stump	Support de bras

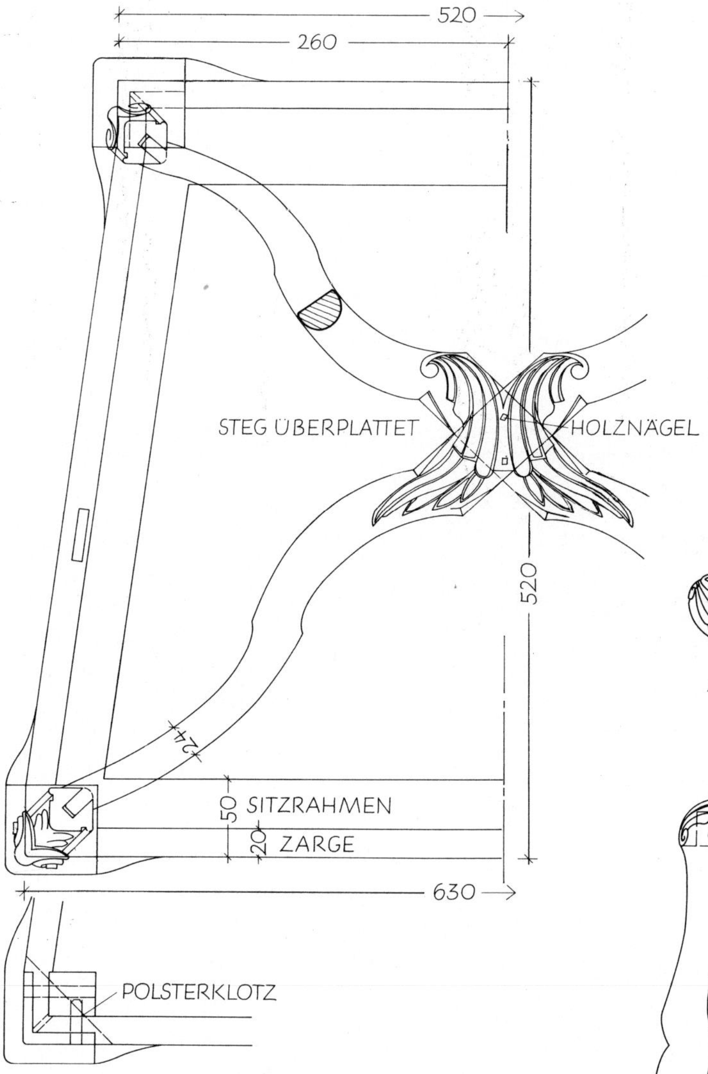

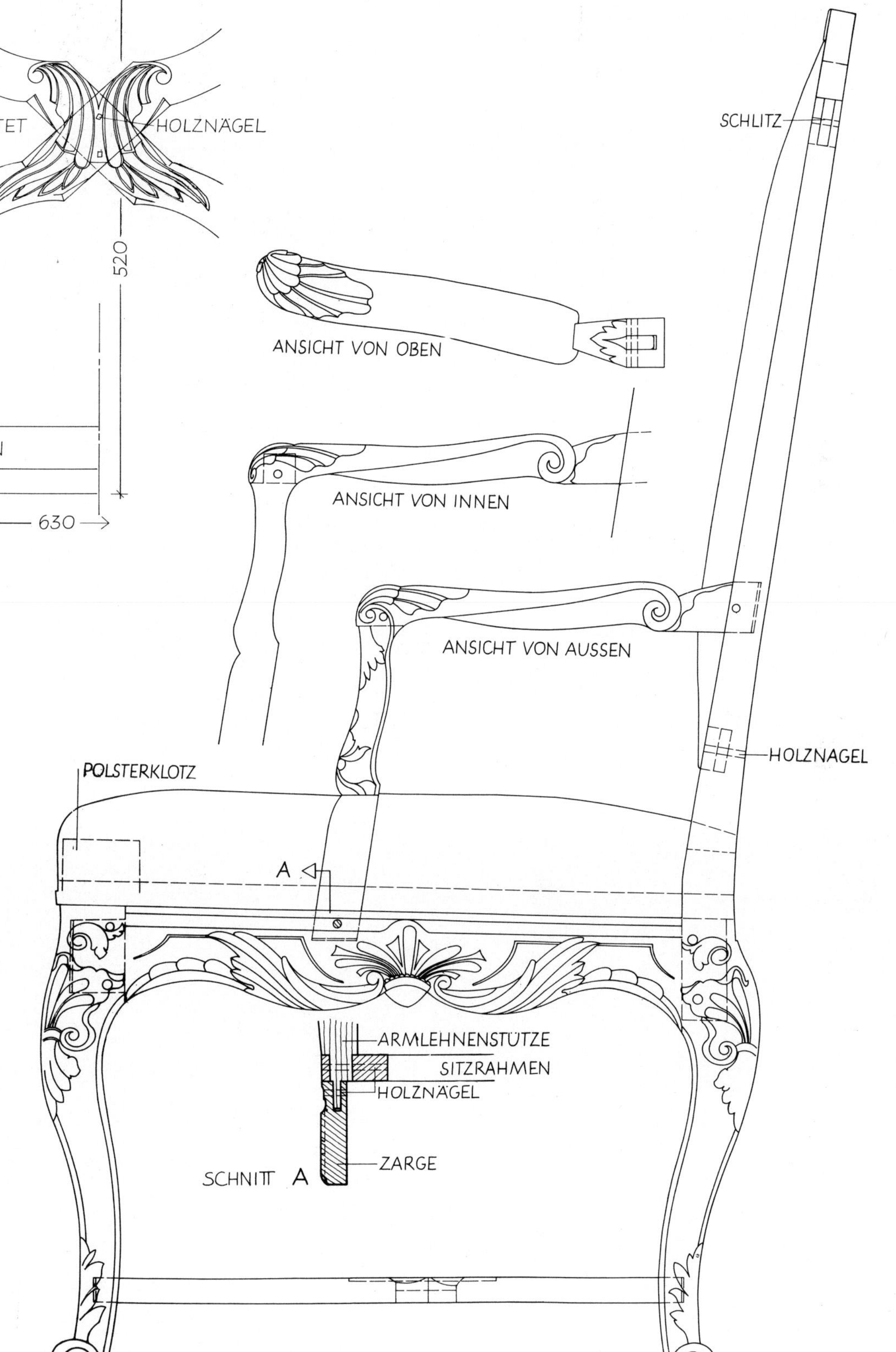

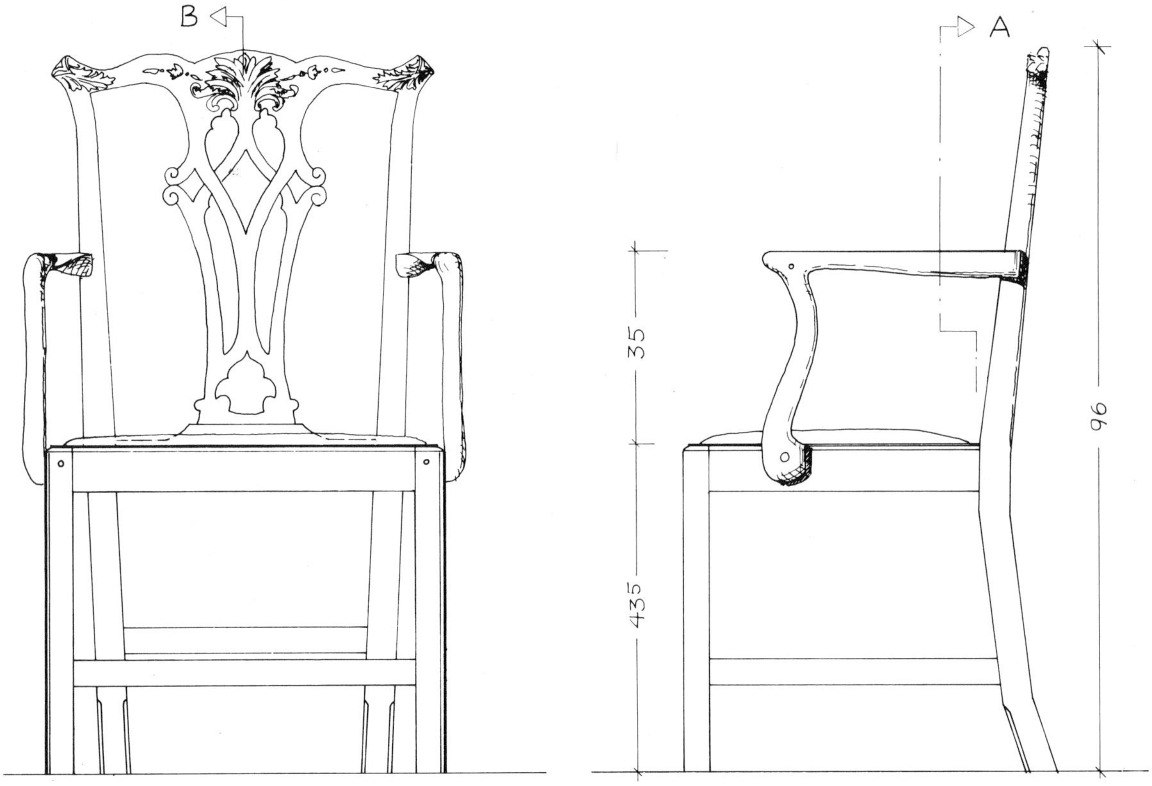

M 1:10

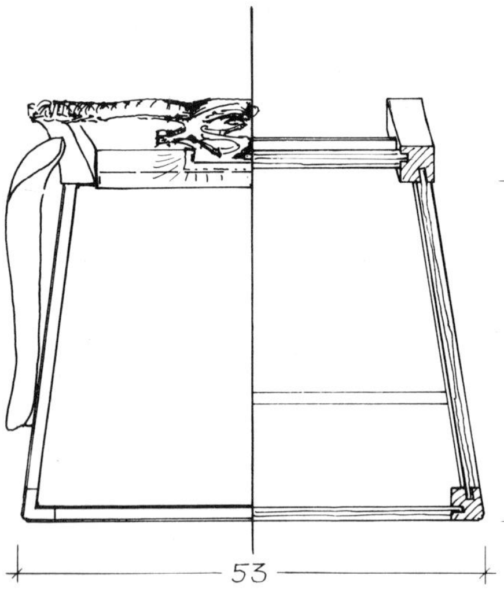

Norddeutscher Armlehnstuhl, um 1760/70

Privatbesitz

Der Stuhl im Chippendale-Stil ist aus Kirschbaumholz, dunkel mahagonifarbig gebeizt und poliert. Die Rückenlehne wird nach oben breiter. Daraus ergibt sich, daß die Hinterbeine nach unten zusammenlaufen. Sie sind, um Holz zu sparen, nur in einer Richtung, nämlich nach hinten, stärker geschweift. Seitlich ist eine geringe Schweifung aus der Holzstärke herausgearbeitet, die aber in ihrer Wirkung unterstrichen wird, weil die Füße schräg stehen.

North German Arm Chair, about 1760/1770

This cherry-wood Chippendale chair has a dark mahogany stain and polish finish. The back grows wider as it approaches the top and the back legs consequently have an inward slant. To save wood, their only marked curving is towards the rear. A slight curve in the sides is cut out from the solid, but its effect is emphasised by the slant of the legs.

Fauteuil de l'Allemagne du Nord, 1760—1770

Ce modèle d'inspiration Chippendale a été réalisé en merisier teinté, façon acajou. Le dossier s'évase vers le haut; les pieds arrières sont donc légèrement pincés. Pour des raisons d'économie, ils ne sont découpés qu'en profil, donnant un léger renvoi au dossier, accusé dans son effet par le pincement des pieds arrières.

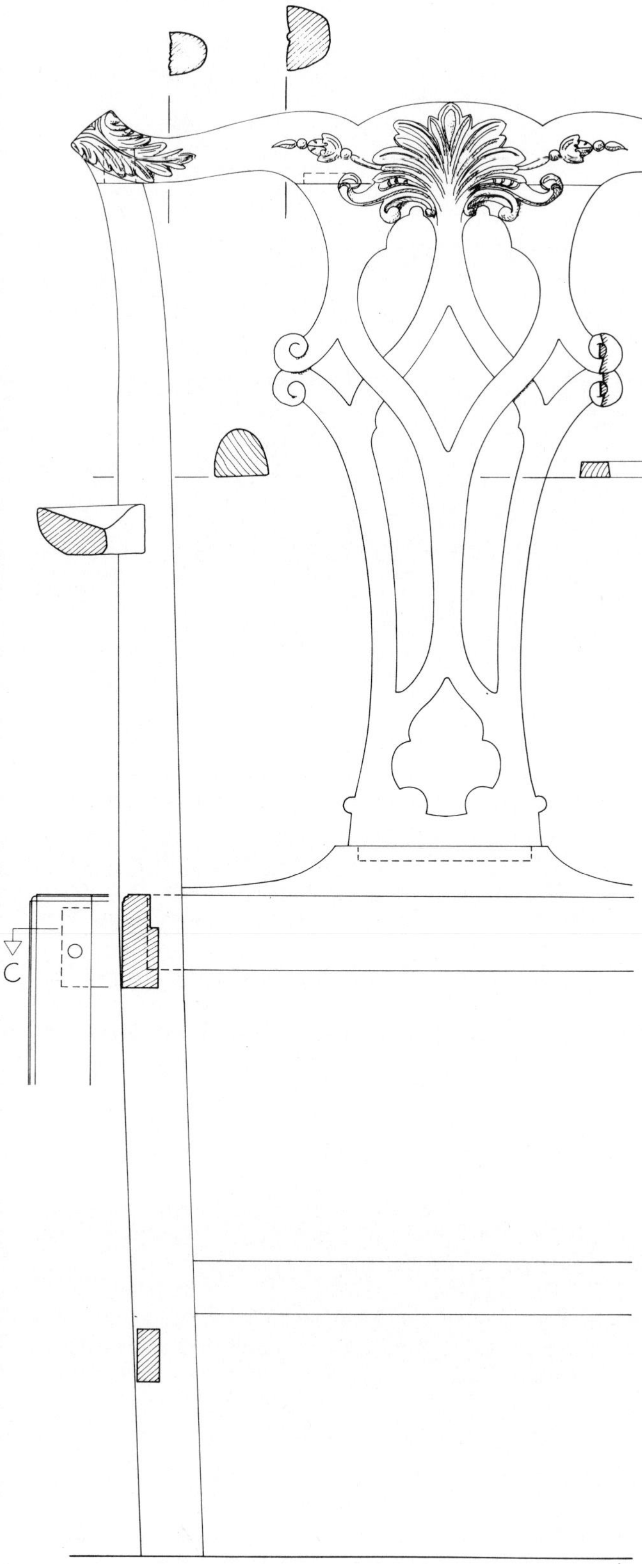

SCHNITT A

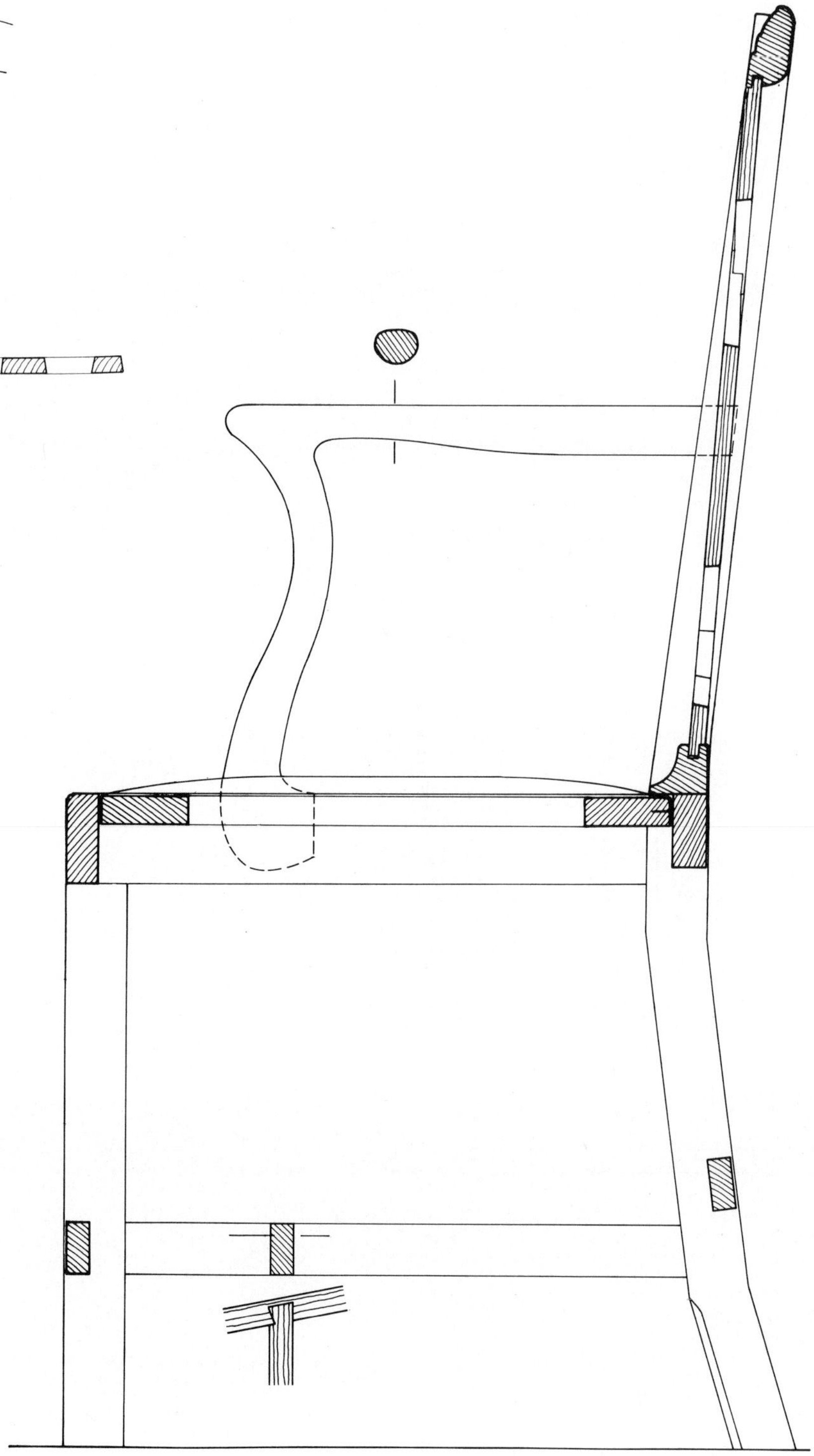

SCHNITT B

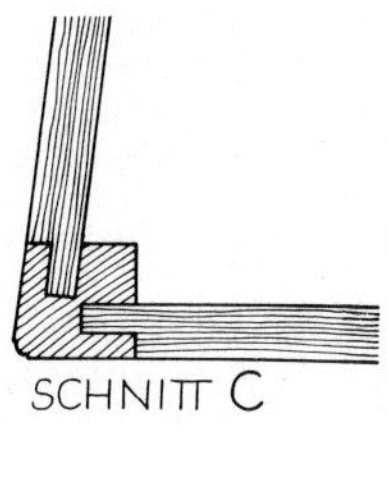

SCHNITT C

Wiener Stuhl, gegen 1820

Privatbesitz

Gesamthöhe	Overall height	Hauteur totale	88 cm
Sitzhöhe	Height of seat	Hauteur du siège	46 cm
Sitztiefe	Dept or seat	Profondeur du siège	38 cm
Breite	Width	Largeur	45 cm

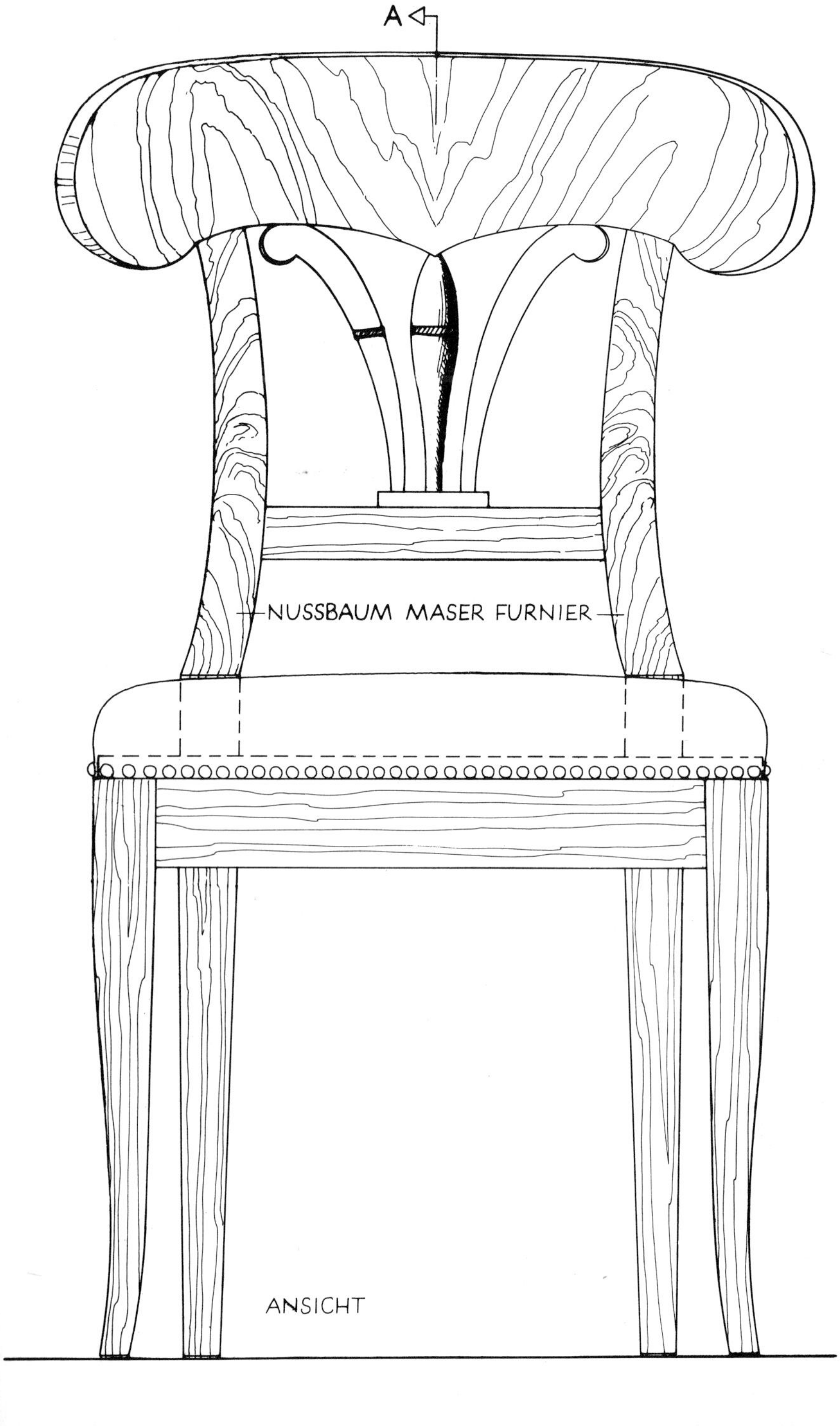

Die Beine des Stuhls sind aus Nußbaumholz. Die Zargen aus Tannenholz sind auf der Außenseite mit kräftigem Nußbaumfurnier belegt. Das geschwungene Rückenbrett ist ebenfalls Tannenholz und mit Maserfurnier belegt, die Kanten sind quer furniert.

Die Hinterbeine sind doppelt geschweift. Unten laden sie nach hinten aus und sind gleichzeitig verjüngt. Im oberen Teil — als Lehne — schwingen sie im Bogen sowohl nach hinten als auch nach innen. Diese zweite Schweifung ist jedoch nicht aus dem Holz herausgearbeitet, sondern entsteht durch angeleimte Stücke. Um diese Fuge und das durch die Rückwärtsschwingung sichtbar werdende Hirnholz zu verdecken, sind die Vorderseiten furniert. Da auch das Rückenbrett geschweift ist, sind die Hinterbeine auch noch in sich gedreht.

Sehr viel sparsamer ist die Schweifung der Vorderbeine. Sie ensteht lediglich durch geschicktes Ausnützen der Verjüngung.

Die ausgesägte Zierform der Rückenlehne ist in schwarz gefärbtem Birnbaumholz eingesetzt. Alle anderen Teile sind im Naturton geblieben und lediglich mattiert.

Viennese Chair, about 1820

The legs of the chair are of walnut. The rails of fir are covered on their outside with thick walnut veneer.

The back posts are double-curved. The leg portion swings back and is tapered. The "back" portion is curved towards the rear and also inwards. That second bend is not, however, cut from the wood but was made by gluing additional plies of wood to the posts. To cover the joints and end grain resulting from the rear bend, the front faces of the posts were veneered. The back rail is also curved and the back posts are thus twisted around their vertical axis.

Very little curving was needed on the front legs by making skilful use of the taper.

The cut-out ornament of the back rail is inlaid in black-stained pear-wood. All other parts are satin-finished in their natural color.

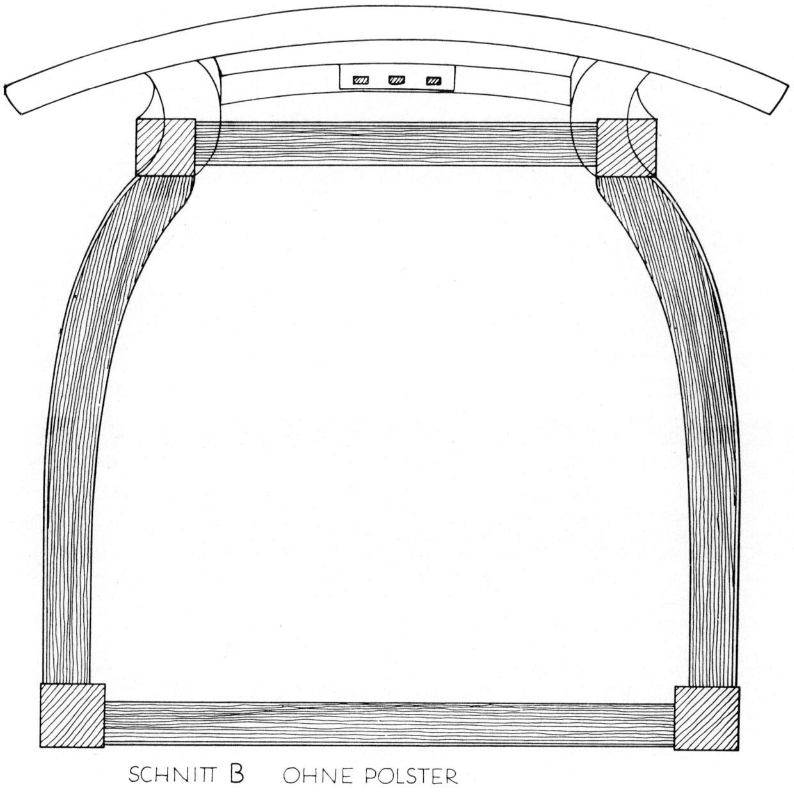

Schnitt ohne Polster	Section without seat	Coupe sans rembourrure
Nußbaum-Maser-Furnier	Walnut crotch veneer	Placage en noyer veiné
Birnbaum schwarz gebeizt	Pear, stained black	Poirier teinté noir
Nußbaum massiv	Solid walnut	Noyer plein
Nuß	Walnut	Noyer
Tanne	Silver fir	Sapin

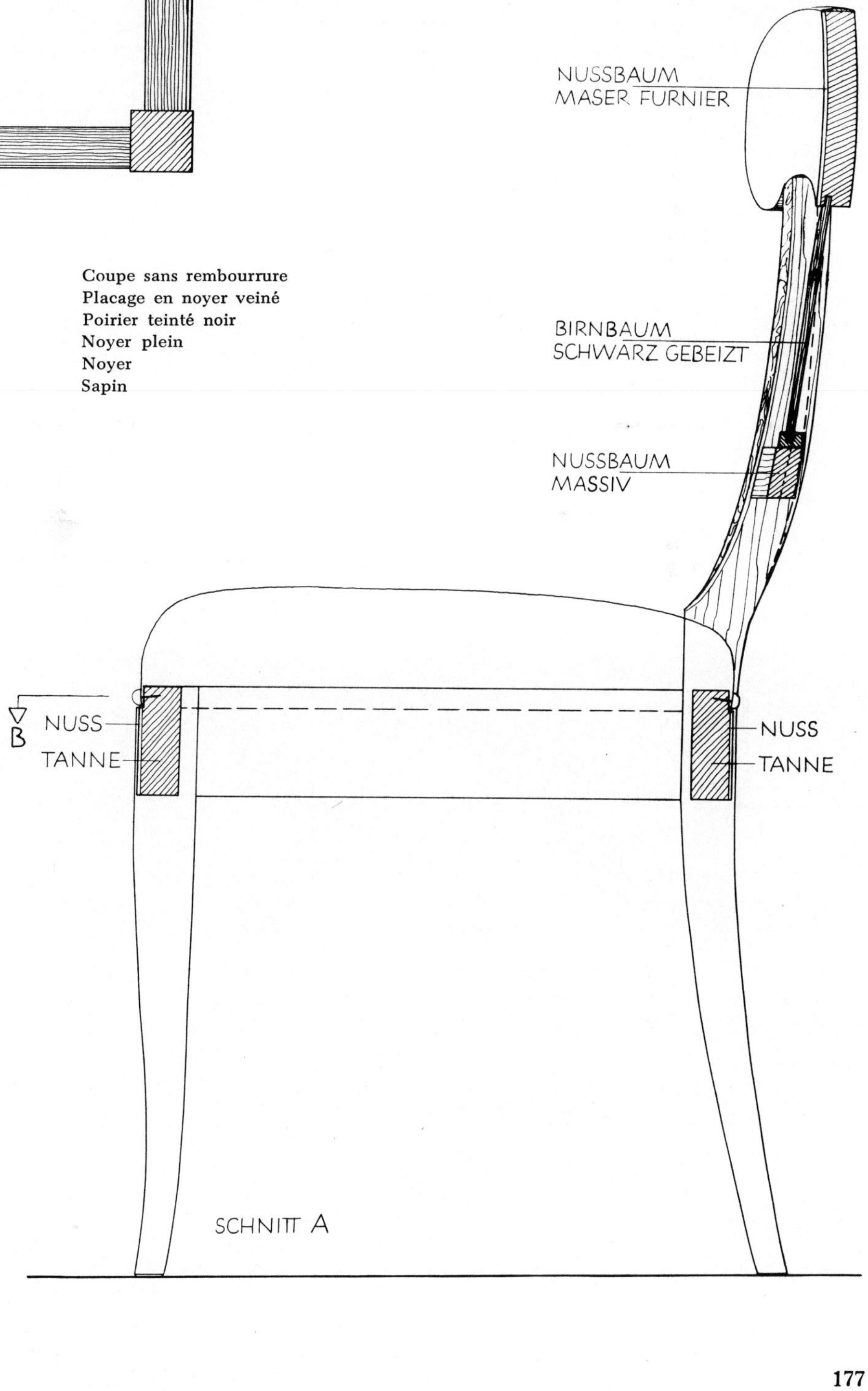

Chaise viennoise, 1820 environ

Les pieds de cette chaise sont en noyer, la ceinture de siège en sapin, plaquée extérieurement de noyer en feuille épaisse. Le dossier est également en sapin plaqué de noyer ramageux sur ses faces et sur les champs où le fil du placage est perpendiculaire.

Les pieds arrières sont debillardés en deux courbes inversées. La courbe inférieure, qui donne un léger renvoi au piétement, la courbe supérieure, résultant de deux découpes perpendiculaires, l'une en profil creusant le dossier, l'autre sur la face, le courbant vers l'intérieur. Cette dernière courbe a été obtenue par l'apport d'une pièce collée dont le joint est dissimulé par un placage sur le devant. Cette courbe supérieure est par ailleurs légèrement voilée pour passer du plan droit d'assemblage des pieds à la courbe du dossier.

La courbure des pieds frontaux est beaucoup plus faible; elle est réalisée uniquement en tirant profit de l'amincissement.

Le dossier est décoré de découpes en poirier teint en noir. Toutes les autres parties ont conservé leur finition mate naturelle.

Kirchenbank aus Kloster Alpirsbach im Schwarzwald, 13. Jahrhundert, Rundhölzer Eiche, Bretter Tannenholz

Church bench from the monastery of Alpirsbach in the Black Forest, 13th century. Oak posts, silver fir boards

Stalle du couvent d'Alpirsbach (Forêt Noire), XIII-e siècle. Baguettes rondes en chêne, planches en sapin

H 1.26 B 6.70 T 0.67

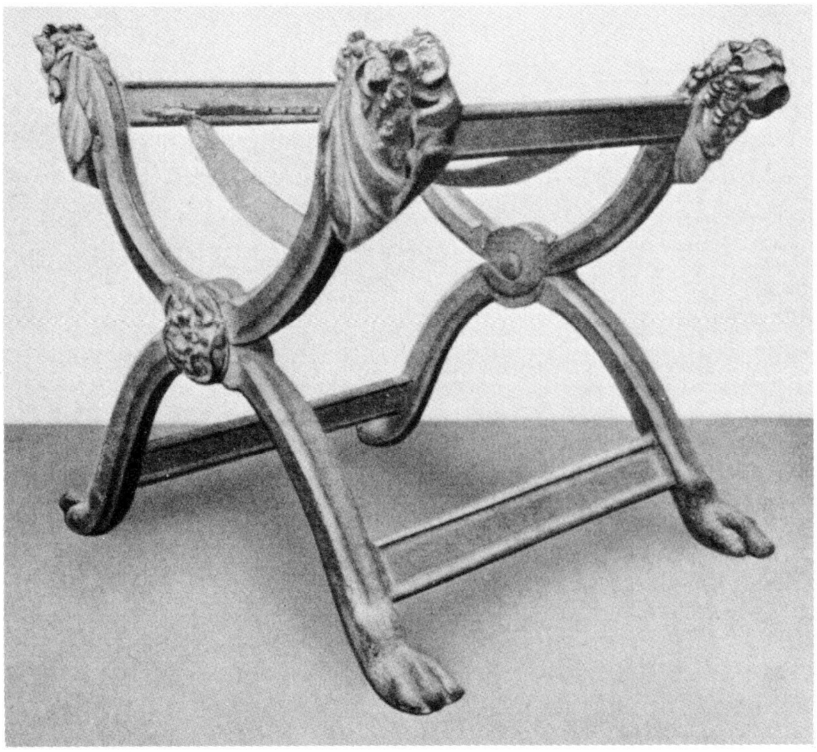

Faltstuhl aus dem Dom in Limburg a. d. Lahn, um 1400

Folding stool from the cathedral of Limburg on Lahn, about 1400

Chaise pliante de la Cathédrale de Limbourg/Lahn, aux environs de 1400.

H 0.63 B 0.75 T 0.56

Wiesbaden, Städt. Museum

Sitztruhe (Cassapanca), Florenz nach 1550

Bench chest (Cassapanca), Florence, after 1550

Coffre-siège (Cassapanca), Florence après 1550

H 1.07 B 2.62 T 0.71
Florenz, Museo Nazionale

Scherenstuhl, Toscana, 1. Hälfte 16. Jahrhundert. Rücklehne abnehmbar, Sitz aus wechselseitig befestigten, drehbaren Hochkantleisten

Tuscan X-chair, first half of 16th century. Removable back, seat of reversible cleats in edgewise arrangement which are alternately secured

Chaise en X, Toscane, première moitié du XVI-e siècle. Dossier amovible, siège composé de baguettes réversibles fixées à leurs extrémités alternatives et disposées de champ

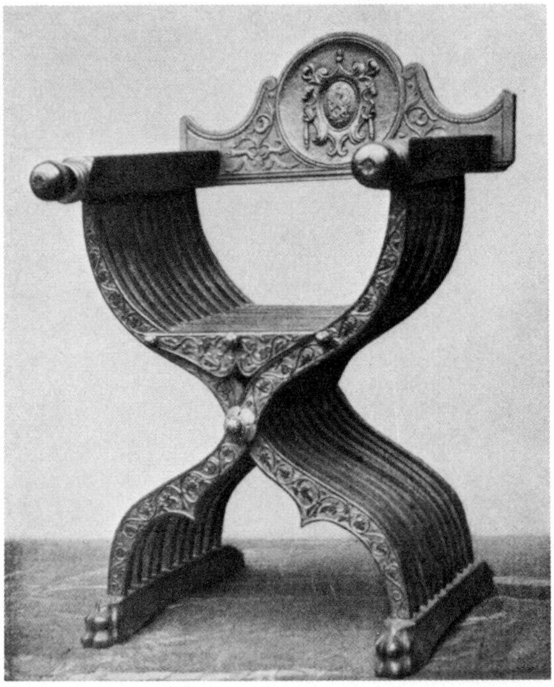

Einfacher Schemel (Sgabello) mit gebogener Lehne, Toskana, 16. Jahrhundert, Nußholz

Simple chair (Sgabello) with bent back. Tuskany, 16th century, walnut

Chaise simple (Sgabello) en noyer au dossier courbe. Toscane, XVI-e siècle

H 1.04 B 0.32 T 0.42
Berlin, Ehem. Staatl. Museen

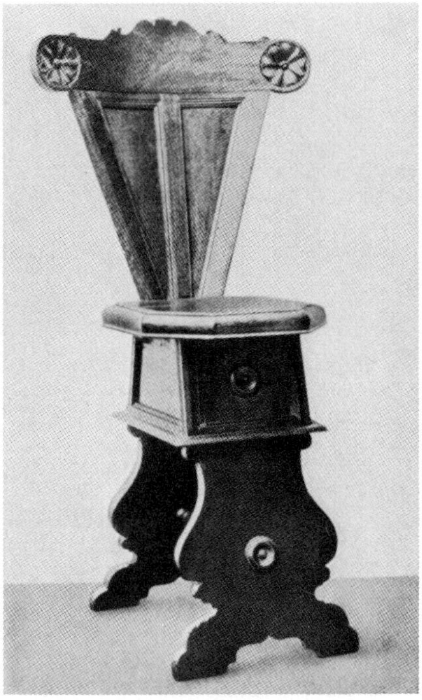

Faltstuhl, Italien, 16./17. Jahrhundert

Folding chair, Italy, 16th/17th century

Chaise pliante. Italie, XVI-e au XVII-e siècle

Lehnstuhl mit Schnitzerei, Bologna, um 1600, Nußholz

Carved arm-chair, Bologna, about 1600, walnut

Fauteuil en noyer sculpté. Bologne, aux environs de 1600

H 1.25 B 0.62 T 0.45
Berlin, Ehem. Staatl. Museen

Stuhl aus Nußholz (Bezug nicht zugehörig), Holland, um 1660

Walnut chair (covering of different origin), Holland, about 1660

Chaise en noyer (tapisserie d'autre origine). Hollande, aux environs de 1660

Amsterdam, Niederländisches Museum

Lehnstuhl mit Lederbespannung, Toscana, Ende 16. Jahrhundert

Arm-chair with leather covering, Tuskany, end of 16th century

Fauteuil garni de cuir. Toscane, fin du XVI-e siècle

H 1.24 B 0.64 T 0.55
Berlin, Ehem. Staatl. Museen

Lehnstuhl mit Genueser Samtbespannung, Frankreich, Mitte 18. Jahrhundert

Arm-Chair with Genoese velvet covering, France, middle of 18th century

Fauteuil à tapisserie en velours de Gênes. France, aux environs de 1750

Paris, Musée des Arts Décoratifs

Kindersessel aus Nußholz mit rotem Plüschbezug, Holland, um 1710

Children's chair of walnut with red plush covering, Holland, about 1710

Fauteuil d'enfants en noyer tapisserie en peluche rouge. Hollande, aux environs de 1710

Amsterdam, Niederländisches Museum

Sessel, Amerika, Ende 17. Jahrhundert

American chair, end of 17th century

Fauteuil d'Amérique, fin du XVII-e siècle

Lehnstuhl mit Tapisserie bezogen, Frankreich, um 1770

Arm-chair covered with tapestry, France, about 1770

Fauteuil à tapisserie. France, aux environs de 1770

New York, Metropolitan Museum

Konstruktionszeichnungen mit entsprechenden Details S. 170—173

Design drawings with details on pages 170 to 173

Détails de la construction voir p. 170—173

Polsterstuhl Köln (?), um 1720

Upholstered chair, Cologne (?), about 1720

Chaise rembourrée. Cologne (?), aux environs de 1720

H 1.23 B 0.47 T 0.41

Queen Anne Stuhl, England, Anfang 18. Jahrhundert
Queen Anne chair, England, beginning of 18th century
Chaise Queen Anne. Angleterre, début du XVIII-e siècle

1. Polstersessel, Hessen, Mitte 18. Jahrhundert
Upholstered chair, Hesse, middle of 18th century
Fauteuil rembourré. Hesse, aux environs de 1750
H 1.06

2. Stuhl aus Kastanienholz, Aachen, Mitte 18. Jahrhundert
Chestnut chair, Aachen, middle of 18th century
Chaise en châtaignier. Aix-la-Chapelle, aux environs de 1750
H 1.07 B 0.48
Köln, Kunstgewerbemuseum

3. Lehnsessel aus Eichenholz, Lüttich, Mitte 18. Jahrhundert
Oak arm-chair, Liège, middle of 18th century
Fauteuil en chêne. Liège, aux environs de 1750
H 1.20 B 0.71
Köln, Kunstgewerbemuseum

1

2

3

Mahagonipolsterbank, entworfen von Chippendale, London, um 1760. Vergleiche dazu Zeichnung Seite 174—175

Upholstered mahagony bench, designed by Chippendale, London, about 1760. See drawings on pages 174 to 175

Banc rembourré en acajou, création de Chippendale. Londres, aux environs der 1760. Voir plans pages 174—175

Chippendale Polsterbank und Stuhl im chinesischen Stil, London, um 1775

Upholstered Chippendale bench and chair of Chinese style, London, about 1775

Banc rembourré Chippendale et chaise style chinois. Londres aux environs de 1775

London, East Anglian Galery

Windsorsessel, Amerika, 2. Hälfte 18. Jahrhundert

Windsor chair, America, 2nd half of 18th century

Fauteuil Windsor. Amérique, seconde moitié du XVIII-e siècle

Hepplewhitestuhl, England, um 1780

Hepplewhite chair, England, about 1780

Chaise Hepplewhite. Angleterre, aux environs de 1780

Chippendale Eckstühle, England, 1750/60. Konstruktion ähnlich wie Zeichnung S. 174—175.

Chippendale corner chairs, England, 1750/60. Construction similar to drawings on pages 174 to 175.

Chaises-encoignures Chippendale. Angleterre, 1750/60. Construction similaire aux plans pages 174—175.

Ottomane von L. C. Carré, Paris, um 1780

Sofa by L. C. Carré, Paris, about 1780

Ottomane de L. C. Carré. Paris, aux environs de 1780

Bergère von L. C. Carré, Paris um 1780

Arm-chair by L. C. Carré, Paris, about 1780

Bergère de L. C. Carré. Paris, aux environs de 1780

Sessel aus dem Marmorpalais bei Potsdam, Berlin, um 1790

Chair from the Marble Palace near Potsdam, Berlin, c. 1790

Fauteuil du Palais de Marbre près Potsdam. Berlin, aux environs de 1790

Polstersessel mit Tapisserie bezogen, Frankreich, um 1780

Arm-chair covered with tapestry, France, about 1780

Fauteuil rembourré et garni de tapisserie. France, aux environs de 1780

Stuhl süddeutsch, Ende 18. Jahrhundert

Chair, Southern Germany, end of 18th century

Chaise de l'Allemagne du Sud. Fin du XVIII-e scle

Stuhl, norddeutsch, um 1800

Chair, Northern Germany, about 1800

Chaise de l'Allemagne du Nord, aux env. de 1800

Stuhl, süddeutsch, um 1820

Chair, Southern Germany, about 1820

Chaise de l'Allemagne du Sud, aux env. de 1820

Ruhebett, süddeutsch, um 1820

Lounge, Southern Germany, about 1820

Chaise longue de l'Allemagne du Sud, aux environs de 1820

Schloß Laupheim

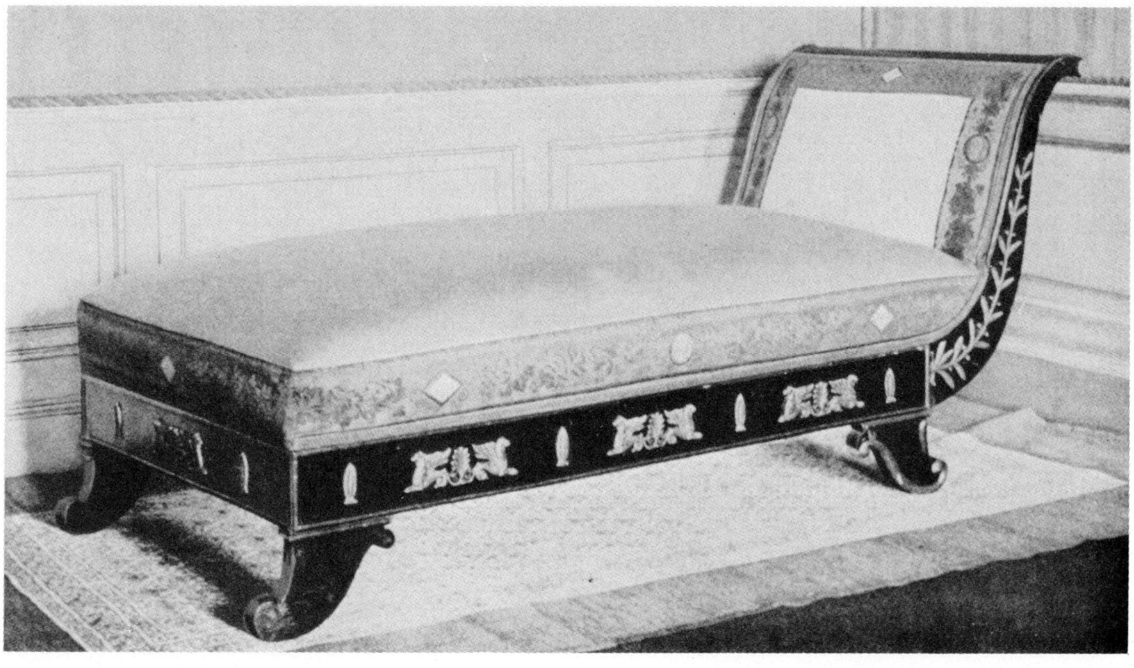

Stuhl aus Schloß Pfaueninsel, norddeutsch, um 1790

Chair from the Castle on the Peacock Isle (near Potsdam), Northern Germany, about 1790

Chaise du Château de l'Île des Paons (près Potsdam). Allemagne du Nord, aux environs de 1790

Gepolsterter Sessel, süddeutsch, um 1830

Upholstered chair, Southern Germany, about 1830

Fauteuil rembourré. Allemagne du Sud, aux environs de 1830

Sofa aus Schloß Wörlitz, norddeutsch, um 1830

Sofa from the Castle of Wörlitz, Northern Germany, about 1830

Canapé du château de Wörlitz. Allemagne du Nord, aux environs de 1830

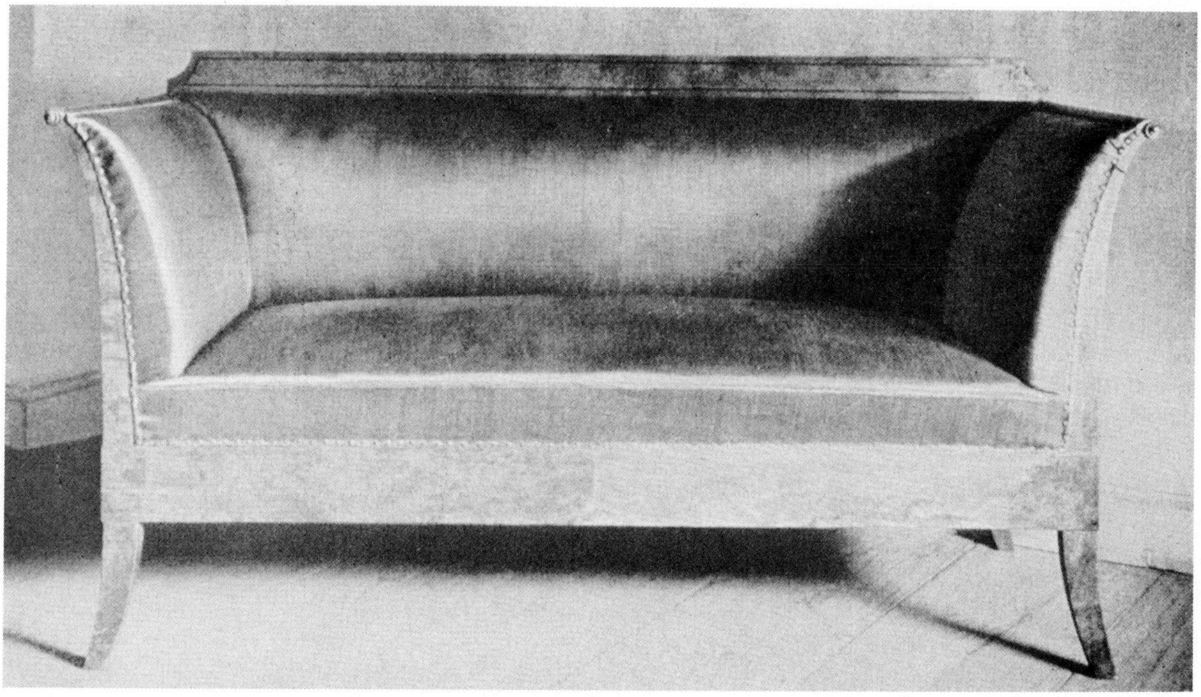

Sofa aus dem Stadtschloß Potsdam, norddeutsch, um 1830

Sofa from the Castle of Potsdam, Northern Germany, about 1830

Canapé du Château de Potsdam. Allemagne du Nord, aux environs de 1830

Gepolsterter Sessel und gepolsterte Bank, süddeutsch, um 1830. Konstruktion vergleiche S. 176—177

Upholstered chair and bench, Southern Germany, about 1830. See pages 176 und 177 for design

Fauteuil et banc rembourrés. Allemagne du Sud, aux environs de 1830. Construction voir pages 176—177

Zeittafel

800 | 900 | 1000 | 1100 | 1200 | 1300

DEUTSCHLAND

Karolingisch – **Ottonisch** – **Frühromanik** – **Spätromanik** – **Frühgotik** – **Hochg**

Aachen Münster
Fulda St. Michael
Quedlinburg Stiftskirche
Köln Gerokreuz
Hildesheim St. Michael
Goslar Pfalz
Speyer Dom
Hirsau St. Peter u. Paul
Maria Laach Klosterkirche
Straßburg Münster Beginn
Marburg St. Elisabeth
Köln, Dom Beginn
Lübe Marienki
Marienb Ostpreu

Ada-Hand-schrift
Arnulf-ziborium
Reichenau Fresken
Reichenauer Buchmalerei
Hildesheim Bronzetür
Braunschweig Bronzelöwe
Bamberg Chorschranken
Manessi Handsc

Hildebrands-lied
'Heliand'
Wesobrunner Gebet
Rabanus Maurus
Notker Balbulus
Ekkehart (Waltharilied)
Roswitha
Merseburger Zaubersprüche
S c h o l a s t i k
Übergang zum Mittelhochdeutsch
Hildegard von Bingen
M i n n e s ä n g e r
Heinrich von Veldeke
Nibelungenlied
Walther von der Vogelweide
Albertus Magnus
Seuse
Meis Ekke

Gregorianische Musik
Neumen
Mehrstimmiger Gesang
„Ars antiqua"

ITALIEN

Karolingisch – **Romanisch** – **Gotik**

Rom Ss. Quattro Coronati
Mailand Paliotto
Aquilea Dom
Venedig S. Marco
Pisa, Dom Beginn
Piacenza Dom
Verona San Zeno
Modena Dom Westportal
Florenz Baptisterium
Monreale Dom
Antelami
Floren Dom g
G. Pisano
Giotto
A. Pis
Cimabue
Dant

Universität Bologna
Guido von Arrezzo
Franz von Assisi
Universität Padua gegr.
Thom. v. Aquin

FRANKREICH

Karolingisch – **Romanisch** – **Frühgotik** – **Hochgot**

Germigny des-Pres
Ebo Evangeliar
Reims St. Remy
Cluny III
St. Denis
Chartres Westportal
Paris Notre Dame
Arles St. Trophime
Reims Kathedrale
Chartres Portale Querhaus
St. Chapelle Paris

Eulalia-lied
Straßburger Eide
Berengar von Tours
Rolands-lied
Abälard
T r o u b a d o u r e
Universität Paris gegr.
Chr. de Troyes
Roman de la Rose
Aucasinet Nicolette
Ph. de V
Odo von Cluny
Erste Mehrstimmigkeit
Bernhard v. Clairvaux
Adam de la Hâle

ENGLAND

Angelsächsisch – **Normannisch-Romanisch** – **Early English** – **Decorate**

Macregol Evangeliar
Bradford-on-Avon Kirche
London Tower beg.
York, Kathedrale beg.
Ely Kathedrale
Canterbury Chor d. Kathedrale
Peterborough Kathedrale, Fass
Exete Kathed
York Kathedr

Übergang zum Mittelenglischen
Buchmalerei Bury St. Edmond
Oxford College
Roger Bacon
Duns Sco
Occ

NIEDERLANDE

Romanisch – **Gotisch**

Utrecht-Psalter
Nijmegen Valkhof-Kapelle
Nivelles St. Gertrud
Tournay Kathedrale
Altar des Nic. de Verdun
Gent St. Bavo
Brügge Kaufhalle
Brüsse St. Gudu

Wachtendonk'sche Psalmen
J. v. Maerlant

1400 1500 1600 1700 1800

Spätgotik **Renaissance** **Barock** **Rokoko** **Klassizismus, Biedermeier**

Ulmer Münster begonnen
Dinkelsbühl St. Georg
Torgau Hartenfels
Heidelberg Ottheinrichsbau
Elias Holl Augsburg
Fischer v. Erlach
Cuvillies
Schinkel

inster thaus
München St. Michael
Schlüter
A. Roentgen
B. Neumann
Bremen Roland
Peter Vischer
Peter Flötner
Bremen Rathaus
München Theatinerkirche
Dresden Zwinger
Sanssoussi Potsdam

Peter Parler
Lochner
Jörg Syrlin
Riemenschneider
Elsheimer
Merian
Asam
Vierzehn-heiligen
C. D. Friedrich
Meister Bertram
Schongauer
Albrecht Dürer
Grünewald
Krumpper
Maulbertsch
Dannecker
Cranach
Kleist

i s t e r s i n g e r
Holbein
Opitz
Grimmelshausen
Haller
Goethe
Gutenberg
Paracelsus
Leibnitz
Universität Prag gegr.
Oswald von Wolkenstein
Nicolaus Cusanus
Kopernikus
Kepler
Gryphius
Lessing
Kant
Eichendorff
Luther
Jakob Böhme
Scheidt
Händel
Gluck
Beethoven
Hans Sachs
Schütz
Ars nova"
Lochheimer Liederbuch
Senfe
Buxtehude
J. S. Bach
Mozart
Weber

Frührenaissance **Hochrenaissance** **Frühbarock** **Spätbarock** **Klassizismus**

Mailand Dom beg.
Florenz Pal. Vecchio
Venedig, Bibliothek S. Marco beg.
Venedig S. Maria della Salute
Brunelleschi
Bramante
Leonardo
Palladio
Bernini
Juvara
Venedig Dogenpalast beg.
Tiepolo
Botticelli
Michelangelo
Tintoretto
Giordano
Piranesi
Canova
Donatello
Verrocchio
Tizian
Cellini
Caravaggio
Uccello
Raffael
Canaletto
Boccaccio
Lorenzo di Medici
Fra Angelico
T. Tasso
Goldoni
Petrarca
Ariosto
G. Bruno
Galilei
Akademie Florenz gegr.
1. Notendruck
Rossini
Landino
Entstehung des Balletts
Amati
Frescobaldi
Stradivari
Pergolesi
Boccherini
Palestrina
Monteverdi
Corelli
Vivaldi

Spätgotik **Renaissance** **Barock** **Klassizismus**

Louis XII
François I
Henry IV
Louis XIV
Louis XV
Louis XVI
Avignon Papstpalast
Rouen Justizpalast
Loire Schlösser
Louvre Westseite
Paris Pl. d. Vosges
Regence
Versailles
Inval.-Dom
Boulle
Cressent
Riesener
Sluter
Maître de Moulins
J. Clouet
Lebrun
Mansart
Ledoux
Beauneveu
Fouquet
Poussin
Lorrani
Watteau
Boucher
Ingres
Margarete von Navarra
Descartes
Pascal
Chardin
Rousseau
David
Fr. Villan
Rabelais
Molière
Voltaire
Montaigne
Diderot
Chambonnières
Couperin
e Machaut
Balladen
Lully
Rameau
Grétry
Auber

Perpendicular **Tudor** **Elisabethan** **Palladianism** **William and Mary** **George I** **Sheraton**

London St. Paul
Chr. Wren
Queen Anne
Chippendale
London Westminster Kathedr. beg.
London Westminster Kapelle Henry VII
I. Jones
Hogarth
Adam
Turner
Gainsborough
Fr. Bacon
Hobbes
Newton
Marlowe
J. Milton
Hume
J. Watt
G. Chaucer
Th. Morus
Shakespeare
Swift
Sterne
Wiclif
John Dunstable
J. Dowland
Purcell
J. Field

Renaissance **Barock** **Klassizismus**

Leuwen Rathaus
C. Floris
H. de Keyzer
Amsterdam Rathaus
Delft Neue Kirche
Rathaus Gent
Rathaus Den Haag
Amsterdam, Zuiderkerk
R. v. d. Weyden
H. Bosch
Fr. Hals
Vermeer
V. de Vries
Ruisdael
Jan van Eyck
H. Memling
P. Brueghel d. Ä.
Rubens
Rembrandt
Erasmus
Spinoza
Vondel
Binchois
Okegehm
Willaert
Sweelinck
Huygens
Dufay
Jsaak
Orl. di Lasso

Stilhandbuch

Ornamentik, Möbel, Innenausbau. Von den ältesten Zeiten bis zum Biedermeier. Herausgegeben von Ernst Rettelbusch. 10., erweiterte Auflage. 302 Seiten mit 1430 Zeichnungen. Format 28 × 35 cm. Leinen

In diesem Werk wurde systematisch zusammengetragen, was Museen, Sammlungen und Spezialwerke zur Entwicklungsgeschichte der Stilformen bieten. Der Verfasser beginnt mit der Ägyptischen Kunst und zeigt dann Beispiele aus dem Assyrischen Reich und aus Persien. Den Wiedergaben griechischer und römischer Arbeiten folgen solche altchristlicher und byzantinischer Kunst, sowie Bilder aus dem germanischen und dem maurisch-arabischen Kulturkreis. Dann sieht man Romanik und Gotik ausführlich dargestellt. Die eingehendste Würdigung finden aber die verschiedenen Stilrichtungen der Neuzeit aus allen europäischen Ländern: von der Renaissance über Barock und Rokoko bis Louis XVI., Empire und Biedermeier.
Aus allen diesen Epochen wird das gezeigt, was innenarchitektonisch bedeutsam und charakteristisch ist, also in erster Linie die verschiedenen Möbel. Da neben der Gesamtform das Ornament dabei immer besonders kennzeichnend ist, werden seine Spielarten ebenfalls ausführlich wiedergegeben.
Dieses umfangreiche Material war von Anfang an als Einführung für Studierende und Liebhaber der Kunstgeschichte gedacht. Seine Bedeutung als Anschauungswerk ist heute noch umfassender geworden, nachdem so viele wertvolle alte Stücke untergegangen sind. Eine unmittelbare praktische Aufgabe kann dem Werk außerdem da erwachsen, wo beschädigte Originale kunstgerecht ergänzt oder nachgeschaffen werden sollen. Dabei wird gerade die liebevolle Herausarbeitung von Details durch den Verfasser, der selbst auf dem Gebiet der Innenarchitektur und des Möbelbaues tätig war, besonders begrüßt werden.

Alte Möbel erkennen und restaurieren

Von Martin Rotter. 2. Auflage. 150 Seiten mit 154 Fotos, davon 24 in Farbe, und 149 Zeichnungen. Format 22 × 29 cm. Leinen

Wer ein altes Möbel erwirbt, sollte sich nicht nur auf die Aussagen des Verkäufers verlassen, sondern auch selbst die Kriterien kennen, die historische Originale von Nachschöpfungen des 19. Jahrhunderts oder von bewußten Fälschungen unterscheiden. Und wer dann noch die Techniken beherrscht, mit denen man Furnierblasen „herunterleimt", Füße werkgerecht ersetzt oder auch größere Restaurierungen vornehmen kann, spart nicht nur sehr erhebliche Reparaturkosten, sondern eröffnet sich ein beglückendes Arbeitsfeld.
Martin Rotter ist ein gewitzter Sammler und ein Möbel-Restaurierer mit großer Erfahrung. Er erklärt zunächst, an welchen Merkmalen man wirklich alte Möbel erkennt. Anschließend beschreibt er die Arbeitsvorgänge bei der Instandsetzung eines klassizistischen Zylinderbureaus – vom Ersetzen der Lauf- und Streichleisten bis zur abschließenden Schellackpolitur. Zum Abschluß des Buches werden etwa 40 Möbelstücke vorgestellt: wann und wo erworben, Preis, notwendige Arbeiten usw.

Julius Hoffmann Stuttgart